"十三五"职业教育规划教材

SHINEI ZHUANGSHI ZHUANGXIU SHIGONG

室内装饰装修施工

广州致和装饰工程有限公司 组编

陈雪杰 余斌 杜志伟 等 编著

内 容 提 要

本书为“十三五”职业教育规划教材。全书共分7章，详细介绍了室内装饰装修施工的基础知识，系统全面地讲述了装修前期准备、泥水施工、电工施工、水工施工、木工施工、扇灰施工、油漆施工。本书在内容上突出强调实用性原则，全书图文并茂，在专业化的基础上充分考虑读者的易懂性和易学性，所有施工环节均采用图解的方式，所有涉及的材料环节有人使用了样图，让复杂艰涩的内容变得一目了然。

本书按照最新的标准和规范编写，并将市场上最新的装饰装修材料与工艺整合进书中，具有很强的实用性和参考性，可作为高职高专院校作为室内设计、工程造价、建筑工程、环境艺术设计等相关专业的教材，也可供从事建筑装饰装修行业的设计人员以及准备装修家居的朋友阅读参考。

图书在版编目（CIP）数据

室内装饰装修施工／陈雪杰等编著；广州致和装饰工程有限公司组编．—北京：中国电力出版社，2019.1（2020.7重印）

“十三五”职业教育规划教材

ISBN 978-7-5123-9369-1

Ⅰ.①室… Ⅱ.①陈… ②广… Ⅲ.①室内装饰－工程施工－高等职业教育－教材②室内装修－工程施工－高等职业教育－教材 Ⅳ.①TU767

中国版本图书馆CIP数据核字（2016）第111291号

出版发行：中国电力出版社
地　　址：北京市东城区北京站西街19号（邮政编码100005）
网　　址：http://www.cepp.sgcc.com.cn
责任编辑：熊荣华（010-63412543　124372496@qq.com）　柳　璐
责任校对：马　宁
装帧设计：张俊霞
责任印制：钱兴根

印　刷：北京天宇星印刷厂
版　次：2019年1月第一版
印　次：2020年7月北京第二次印刷
开　本：889毫米×1194毫米　16开本
印　张：11.75
字　数：366千字
定　价：56.00元

前 言

此前编者出版的《室内装饰材料应用与施工》一书进入市场后，反响极佳，重印十余次，销售数万册，备受广大读者好评。考虑到各大院校将装饰材料与装饰施工作为两门课程分开设立，根据教学需要，重新编写了《室内装饰装修材料》与《室内装饰装修施工》两书。《室内装饰装修材料》侧重于材料介绍，对于主要材料也进行了相应的实用性讲解；《室内装饰装修施工》则侧重于施工介绍，对于主要施工环节采用图解方式进行讲解。

室内设计或者建筑装饰不同于一般的艺术类学科，除了艺术化的设计追求外，还需要考虑设计落地的问题，这就要求必须掌握装饰工程的材料选择和工艺做法。对于室内设计专业的学生和装修行业的从业人员而言，关于材料的鉴别、选购，施工的工艺流程、细节做法等实用知识是最需要掌握的内容。

本书共分 7 章，详细介绍了建筑装饰施工的基础知识，系统全面地讲述了装修前期准备、泥水施工、电工施工、水工施工、木工施工、扇灰施工、油漆施工。该书在内容上突出强调实用性原则，全书图文并茂，在专业化的基础上充分考虑读者的易懂性和易学性，所有施工环节均采用图解的方式，涉及的材料环节使用了样图，让复杂艰涩的内容变得一目了然。

本书在编写过程中，得到了星艺培训学院以及艺邦集团下辖星艺装饰、三星装饰、名匠装饰、华浔装饰等各个品牌装饰公司的鼎力支持，在此特别致谢。

由于时间仓促和作者水平有限，书中疏漏与不妥之处在所难免，诚待广大读者和专家批评指正。

编 者

2016 年 12 月

微信扫码，关注

1

加入建筑装饰圈丨成为更好的设计师、工程师，分享您的装饰见闻。圈内将不定期发布建筑装饰材料、施工、设计等相关内容。

2

阅览室内装饰施工工艺视频，包括水工、电工、木工、扇灰、油漆等施工作业的标准工艺视频，以及质量验收标准。掌握工艺要领。

3

阅览室内装饰材料、室内装饰施工课件，保存在手机，方便自主复习。

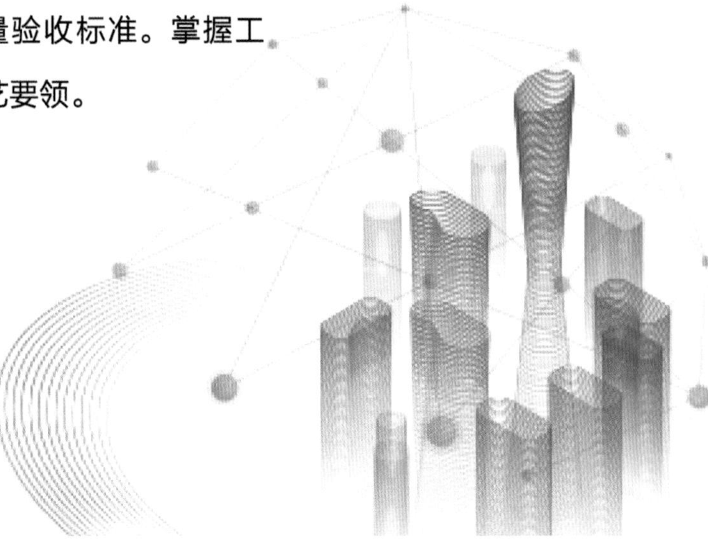

目 录

第 1 章　装修前期准备

装修是个烦琐的事情，涉及设计、材料、施工等各个环节，而且，由于目前我国装修市场的不规范，导致从报价、购买材料到施工的各个环节都存在着各种不规范操作，这就要求在装修的前期必须进行精心准备。对于不少的业主朋友来说，家居装修是一件之前从来没有体会过的新鲜的事情，当拿到新房钥匙的时候，看着空荡荡的毛坯房，高兴之余更多的是一种不知所措，不知道要装修什么风格、如何布置空间、装修材料如何购买、如何选择装修公司。本章主要介绍装修前期准备工作。

1.1　选择合适的装修公司

1.1.1　大型品牌装修公司特点分析

大型的品牌装修公司给人的感觉往往是很可靠、很放心的，但是大型品牌修饰公司也会存在着一些良莠不齐的现象，因此在选择装修公司时不能只看牌子，还得注意他们实际的工程质量。

优点： 有自己专门的设计师，有相对稳定的施工队伍，有相对可信的质量保障，有后期的保修服务。

缺点： 大型的品牌装修公司的报价相对而言也是相当高的，对于一些小的装修单可能不会很上心，部分品牌装修公司还有接到小单马上转手承包给其他小的装修公司或者个人的现象。

1.1.2　中小型装修公司特点分析

中小型装修公司的情况也很难一下子概括，有些中小型装修公司在设计和质量上确实不如大品牌装修公司。但还有很多中小型的装修公司无论在报价、设计，还是施工质量上都比那些大型的装修公司更有优势，这是因为很多中小型装修公司的老板本身就是从大型装修公司里出来自己创业的精英分子，在设计、施工上都是一把抓。尤其重要的是中小型装修公司在运营成本上的费用较少，体现在报价上就比较便宜了。

优点： 大型装修公司能够提供的基本上也全部能够提供，而且报价便宜不少。

缺点： 同类别的公司之间设计水平、施工水平和管理水平差距非常大，在选择时需要特别注意。

1.1.3　装修游击队特点分析

装修游击队大多是由一些经验丰富的包工头或者施工师傅组建的，他们可以说是完全靠经验吃饭，甚至很多的装修游击队在施工时连施工图都不配，即使有施工图也是临时找一些设计师兼职绘制的。但有些装修游击队基本上全是靠做熟人生意，很看重回头客，因此这些施工队对于工程质量控制得非常好。不排除有些装修游击队的水平确实不错，甚至不比那些正规的装修公司差，但在现实中往往是可遇不可求的。

优点： 价格便宜且弹性大，可砍价的空间很大，有部分装修师傅对于施工质量非常负责，工程质量上有所保证。

缺点： 没有多少设计的成分，基本上都是做些市面上已经成熟了的装修风格，后期的保修也没有保证。

由此可见，不同类型的装修公司也是有其优劣势的，选择何种装修公司也是要根据自己的实际情况考虑。但不管选择哪种类型的装饰公司，最重要的不是听他们说自己水平如何，更重要的是自己实地去看一下，打听一下在他们这里做过装修的业主的评价。不少人有个误区，即认为大品牌的装修公司有自己专门的施工队伍，施工质量会更好，其实这是错误的。在国内，绝大多数的家装公司都不会有专门自己公司的工人，都是有了工程后由项目经理去找一些自己熟悉的工头或工人。综上所述，业主应根据自己的经济实力、需求、时间等条件来选择适合的装修机构。例如，若业主对居室风格的个性化需求很多且有充足的装修预算，而又没有太多的时间和精力来监管装修工程，则应选择口碑较好的大型装修公司；若业主的装修预算有限，但有时间和精力全程监管装修工作，则适合选择中小型装修公司；至于装修游击队，业主就要慎重选择了，工程质量和后期维护都得不到充分的保障。

1.2 装修风格的确定

1.2.1 中式风格案例

现代中式风格源自中国古代传统居室风格，加入了一些现代元素，形成古为今用的特色，别具一番风味，其中中式书房更是别具风韵。中式风格装饰现在较受业主青睐。做中式风格对于设计和施工的要求比现代风格相对要高，因为设计上中式风格多采用一些深色的饰面，再加上深色的实木家具，处理不好很容易形成压抑的感觉。施工的要求也比较高，尤其是要想做出原汁原味的中式风情，对于施工的要求就更高了。

中式风格具有气势恢宏、壮丽华贵、高空间、大进深、雕梁画栋、金碧辉煌的显著特点。中式风格装饰在造型上多讲究对称，在色彩上尤其讲究，多以木材作为其装饰材料，图案常用龙、凤、龟、狮等，精雕细琢，瑰丽奇巧，中式风格如图 1-1 和图 1-2 所示。

图 1-1　中式客厅及电视背景墙

图 1-2　中式书房

1.2.2 欧式风格案例

欧式风格源自欧洲传统风格，多是在欧式巴洛克和洛可可风格基础上进行简化处理，再加入一些现代元素而成。欧式风格讲究曲线变化且多装饰细节，早期的巴洛克和洛可可风格在装饰上更是到了极致繁复的程度，整个空间几乎没有任何地方不加以装饰。

图 1-3　欧式客厅及电视背景墙

欧式风格于 17 世纪盛行欧洲，强调线形流动的变化，色彩华丽。它在形式上以浪漫主义为基础，装修材料常使用大理石、多彩的织物、精美的地毯、精致的法国壁挂，风格整体豪华、富丽，充满强烈的动感效果，欧式风格如图 1-3 和图 1-4 所示。

1.2.3　田园风格案例

图 1-4　欧式客厅

田园风格是指采用具有“田园”风格的建材进行装修的一种方式。简单地说就是以田地和园圃特有的自然特征为形式手段，带有一定程度的农村生活或乡间艺术特色，表现出自然闲适内容的作品或流派。

其特点是通过装饰装修表现出田园舒适的气息。不过这里的田园并非农村的田园，而是一种贴近自然，向往自然的风格。田园风格之所以称为田园风格，是因为田园风格表现的主题以贴近自然，展现朴实生活的气息。田园风格最大的特点就是朴实、亲切、实在、舒适。田园风格如图 1-5 和图 1-6 所示。

图 1-5　田园客厅及电视背景墙

图 1-6　田园客厅

1.2.4　现代风格案例

现代风格可以定义为简约、流行，符合现代人审美观的风格。在材料上多采用玻璃、不锈钢、饰面板以及各种现代复合材料，是目前采用最广泛的一种风格。

现代风格装饰特点：由曲线和非对称线条构成，如花梗、花蕾、葡萄藤、昆虫翅膀以及自然界各种优美、波状的形体图案等，体现在墙面、栏杆、窗棂和家具等装饰上。

线条有的柔美雅致，有的遒劲而富于节奏感，整个立体形式都与有条不紊的、有节奏的曲线融为一体。大量使用铁制构件，将玻璃、瓷砖等新工艺，以及铁艺制品、陶艺制品等综合运用于室内。注意室内外沟通，竭力给室内装饰艺术引入新意，现代风格如图 1-7 和图 1-8 所示。

图 1-7　现代客厅及电视背景墙

图 1-8　现代风格客厅

1.3 设计方案的确定

1.3.1 业主的家庭情况（设计要点）

家庭装修时应该如何制定设计方案呢？不少业主认为自己只管选好装修公司就好，设计方案是设计师的事，这是错误的。设计思路的确定、设计方案的选择是家庭装修的重点，业主必须要亲自参与，因为希望把家装修成什么样只有自己最清楚，而装修的基本思路是否正确，是决定装修成败的关键。

业主最好事先了解一下所有装修风格的特征，看喜欢哪种装修风格，然后再确定装修风格。业主可根据日常生活习惯来判断自己到底适合哪种装修风格。

一般情况下，业主要先与设计师进行沟通，沟通时设计师会问业主的家庭情况，如家庭成员结构、生活习惯、兴趣爱好等相关的问题，这些问题有助于设计师更好地对房间进行专门设计，更容易达到业主心中想要的效果，满足业主的各种生活功能要求。在沟通的过程中，业主要尽可能详细地表达清楚自己的家庭情况，这样更有利于设计师设计出令自己满意的方案。

1.3.2 业主的设计要求（居住条件）

业主的设计要求一般是对装饰风格、照明设计、颜色的看法和对主要材料、电器设备选取的个人意见。在沟通的过程中业主要详细地表达出自己心中想要的设计风格及色彩搭配要求，告诉设计师自己的想法，只有这样设计师才能根据要求来设计房子，并且直到满意为止。照明设计也是很重要的一环，可以用泛黄的灯光营造出一种温馨的感觉，充分体现出家的温馨、温暖。还有就是灯具的选择应用，每个装饰风格都有它独特的灯具搭配。

主要材料、电器设备选取是施工后的事情，业主也要跟设计师进行沟通，在沟通的过程中，如果业主不太熟悉行情或不知道该怎么选择时，设计师会以自己的经验结合业主的设计要求进行建议，力求达到业主满意的效果。

1.4 装修施工流程

规范的装修施工流程会使整套施工运行起来很顺畅，每个工种都衔接好，时间也衔接好，施工效率也会提高，这是每个业主都想看到的。

施工的一般流程及工种如下：

（1）首先是办理入场手续。一般来说，办入场手续需要装修队负责人的身份证原件与复印件、业主身份证原件与复印件、装修公司营业执照复印件、装修公司建筑施工许可证复印件，还有装修押金。当然办理之前还需具体询问一下业主所在的房屋管理处。

（2）然后是敲墙。敲墙面积可以根据房屋的平面图纸计算，图纸上有关于房屋所有详细的各种数据。敲墙之前将要敲墙的面积量好，因为敲墙是按面积算价钱的。

（3）敲完墙后，垃圾清理完毕，泥水工应该进场了。泥水工主要负责砌墙、批灰、零星修补、贴瓷砖、做防水、地面找平、装地漏。砌墙和批灰都要用到水泥砂浆，区别只是比例不同而已。砌墙、批灰是泥水工的前期工作，做完这两项后，泥水工会先量好砌墙、批灰的实际面积，然后跟业主复量这些尺寸。另外，一个房间内的瓷砖最好由一个人来贴，如果由两个人来做的话，因其风格不一样有可能贴出来的效果会有差别。

（4）泥水工砌墙之后批灰之前，水电工同时进场进行水电改造。水电改造的主要工作有水电定位、打槽、埋管、穿线。

1）水电改造的第一步是水电定位，也就是根据用户的需要定出全屋开关插座和水路接口的位置，水电工要根据开关、插座、水龙头的位置按图把线路走向跟用户讲清楚。

2）水电定位之后，就是打槽。好的打槽师傅打出的槽基本是一条直线，而且槽边基本没有毛齿。注意打槽之前，务必让水电工将所有的水电走向在墙上划出来标明，并对照水电图，看是否一致。

3）水路改造时，注意周围一定要整洁。水路改造订合同时，最好注明水路改造用的材料。另外，水路改造中要注意原房间下水管的大小，外接下水管的管子最好和原下水管匹配。

4）电路改造中，应注意事先要想好全屋的灯具、电器位置，以便确定开关插座的位置，同时要注意新埋线和换线的价格是不一样的。门铃最好买无线门铃。

最后要注意的是，最好在合同中注明务必等水电改造完成后木工才能进场，这样做的好处是：用户不用同时关注两样事情，水电改造是装修中一项很重要的工作，也是装修公司利润的主要来源。而且水电改造隐蔽性很大，如果木工同时进场施工，会分散业主的注意力而不会全心关注水电改造。

（5）水电改造完成后木工进场，木工主要是天花吊顶和家具的现场制作，木工施工要注意：

1）拿到设计师的图纸时，最好在签字前仔细地复核一下尺寸。

2）木工应自带工具箱、工作台、空气压缩机等常用工具，特别是工作台一定不要用业主买的木材订做。在装修前一定要跟装修公司或装修队工头讲清楚。

3）木工进场前，板材先进场，仔细看一下进场的板子是否与合同相符，是否是正品。在南方的有些地方装修时，还要记得让白蚁公司来防白蚁。

和水电工一样，木工也是装修队利润的主要来源，同时也是装修中的主要甲醛来源。要控制甲醛，除了板子要符合国家环保规定外，所用的木器漆也要选好的。

（6）扇灰工和油漆工主要是内墙刮灰刷乳胶漆和家具刷油漆，这两个工种都是表面工程，所以对施工工人技术的要求也相对比较高，这两个工种都完成了基本上就进入最后的收尾阶段了，安装灯具、木地板、抽油烟机、洁具、五金配件、房门、窗帘等。

装修刷漆如果是一遍底漆两遍面漆，那么必须用砂纸打磨墙面三次。第一次打磨是在批完腻子刷第一遍底漆前，务必用砂纸将批完腻子且已经干透的墙面打磨一遍；第二次打磨是在刷完底漆且干透刷第一遍面漆之前，用的砂纸最好比第一遍打磨的砂纸标号高一些；第三遍是在刷完第一遍面漆且干透后刷第二遍面漆之前，务必用高标号的砂纸打磨墙面，只有这样才可以保证墙面的涂刷效果。否则，墙面涂刷完之后可能会出现摸上去像面粉的那种手感。

注意事项如下：

（1）切忌装修急躁，按照步骤一步一步走，才能够使得装修工作顺利进行，同时为了保证施工质量，每个步骤完成之后要做详细检查。

（2）保证施工期间环境整洁是每个施工队的责任。

（3）施工过程要注意细节，墙面、地面的平整、角落施工的好坏是最能检验一个施工队施工质量的重要依据。

1.5　材料进场时间与顺序

装修材料是装饰施工工程的物质基础，是装饰工程的实际效果与装饰材料的色彩、质感和纹理的具体展现。沿承着安全牢固、美观大方和便捷舒适等设计原则，将适合的装饰材料和规范标准的施工工艺相结合，可以展现更美、更和谐的装饰效果。因此，人们对某一空间进行装饰时，首先要了解各类装饰材料的性能特征及应用，然后才能合理而艺术地使用装饰材料。随着装饰行业的迅猛发展，人们对装饰材料的研发、生产与应用有了更高的要求和更严格的标准，同时也提出了环保与环境的可持续发展的要求，使装饰材料及其施工工艺发生了一些变化。

施工材料的进场时间与顺序的规范直接会影响到施工的效率，规范的进场时间与顺序会让整套施工衔接得很流畅，不会出现停工的现象，每个工种、每个施工工艺施工起来都得心应手。反之，则会出现因材料跟不上而停工或因施工顺序混乱而导致工程质量下降等问题。所以，合理的材料进场时间与顺序显得尤其的重要。材料进场时间与顺序见表 1-1。

表 1-1　材料进场时间与顺序

序号	项目	建议购买时间	备注
1	装修设计费	开工前	
2	防盗门	开工前	最好一开工就能给新房安装好防盗门，防盗门的定做周期一般为一周左右
3	水泥、砂子、腻子等	开工前	一开工就能拉到工地，商品一般不需要提前预订
4	龙骨、石膏板、水泥板等	开工前	一开工就能拉到工地，商品一般不需要提前预订
5	白乳胶、原子灰、砂纸等	开工前	木工和油工都可能需要用到这些辅料
6	滚刷、毛刷、口罩等工具	开工前	一开工就能拉到工地，商品一般不需要提前预订
7	装修工程首期款	材料入场后	材料入场后交给装修公司装修总工程款的 30%
8	热水器、小厨宝	水电改前	其型号和安装位置会影响到水电改造方案和橱柜设计方案
9	浴缸、淋浴房	水电改前	其型号和安装位置会影响到水电改造方案
10	中央水处理系统	水电改前	其型号和安装位置会影响到水电改造方案和橱柜设计方案
11	水槽、面盆	橱柜设计前	其型号和安装位置会影响到水改方案和橱柜设计方案
12	抽油烟机、灶具	橱柜设计前	其型号和安装位置会影响到电改方案和橱柜设计方案
13	排风扇、浴霸	电改前	其型号和安装位置会影响到电改方案
14	橱柜、浴室柜	开工前	墙体改造完毕就需要商家上门测量，确定设计方案，其方案还可能影响水电改造方案
15	散热器或地暖系统	开工前	墙体改造完毕就需要商家上门改造供暖管道
16	相关水路改造	开工前	墙体改造完就需要工人开始工作，这之前要确定施工方案和确保所需材料到场
17	相关电路改造	开工前	墙体改造完就需要工人开始工作，这之前要确定施工方案和确保所需材料到场
18	室内门	开工前	墙体改造完毕就需要商家上门测量
19	塑钢门窗	开工前	墙体改造完毕就需要商家上门测量

续表

序号	项目	建议购买时间	备注
20	防水材料	瓦工入场前	卫生间先要做好防水工程，防水涂料不需要预定
21	瓷砖、勾缝剂	瓦工入场前	有时候有现货，有时候要预订，所以应计算好时间
22	石材	瓦工入场前	窗台、地面、过门石、踢脚线都可能用石材，一般需要提前三四天确定尺寸预订
23	地漏	瓦工入场前	瓦工铺贴地砖时同时安装
24	装修工程中期款	瓦工结束后	瓦工结束，验收合格后交给装修公司装修总工程款的 30%
25	吊顶材料	瓦工开始	瓦工铺贴完瓷砖三天左右就可以吊顶，一般吊顶需要提前三四天确定尺寸预订
26	乳胶漆	油工入场前	墙体基层处理完毕就可以刷乳胶漆，一般到超市直接购买
27	衣帽间	木工入场前	衣帽间一般在装修基本完成后安装，但需要 1 ~ 2 周的制作周期
28	大芯板等板材及钉子等	木工入场前	不需要提前预订
29	油漆	油工入场前	不需要提前预订
30	地板	较脏的工程完成后	最好提前一周订货，以防挑选的花色缺货，安排前两三天预约
31	壁纸	地板安装后	进口壁纸需要提前 20 天左右订货，但为防止缺货，最好提前一个月订货，铺装前两三天预约
32	门锁、门吸、合页等	基本完工后	不需要提前预订
33	玻璃胶及胶枪	开始全面安装前	很多五金洁具安装时需要打一些玻璃胶密封
34	水龙头、橱卫五金件等	开始全面安装前	一般款式不需要提前预订，如果有特殊要求可能需要提前一周
35	镜子等	开始全面安装前	如果定做镜子，需要四五天的制作周期
36	马桶等	开始全面安装前	一般款式不需要提前预订，如果有特殊要求可能需要提前一周
37	灯具	开始全面安装前	一般款式不需要提前预订，如果有特殊要求可能需要提前一周
38	开关、面板等	开始全面安装前	一般不需要提前预订
39	装修工程后期款	完工后	工程完工，验收合格后交给装修公司装修总工程款的 30%
40	升降晾衣架	完工前	一般款式不需要提前预订，如果有特殊要求可能需要提前一周
41	地板蜡、石材蜡等	保洁前	可以买好点的蜡让保洁人员使用

序号	项目	建议购买时间	备注
42	保洁	完工前	需要提前两三天预约好
43	窗帘	完工前	保洁后就可以安装窗帘了，窗帘需要一周左右的订货周期
44	装修工程尾款	保洁、清场后	最后的 10% 工程款可以在保洁后支付，也可以和装修公司商量，一年后支付，作为保证金
45	家具	完工前	保洁后就可以让商家送货
46	家电	完工前	保洁后就可以让商家送货安装
47	配饰	完工前	油画、地毯、花等装饰能让居室添色不少

第2章 泥 水 施 工

泥水施工是装修环节中重要的一环，也是装饰施工五大工种之一。泥水施工主要是对室内的墙地面进行批荡、找平、贴瓷砖、贴地脚线、做防水、拆砌墙等施工。需要注意的是目前的防水工程大多是由泥水工人完成，因此将防水工程归入泥水施工工序。

墙地面装饰是室内装饰工程中的重要内容，是日常生活中经常受到摩擦、清洗和冲洗的部分，要求做到耐磨、耐脏、不易破损、便于清洁。就目前看，地面装饰主要有贴地砖、安装木地板和地毯等方式；墙面装饰则主要有刷乳胶漆、贴壁纸和贴墙砖等方式。其中贴地砖和贴墙砖属于泥水施工的环节，而现在家居装修中的客厅、餐厅、厨房、卫生间等大多选用铺贴地砖或大理石，因而泥水施工在整套家装装修来说还是举足轻重的。

2.1 泥水施工常见工具及相关材料

2.1.1 泥水施工常见工具

在过去工具欠缺的情况下，很多坚硬材料都要在工厂加工好，再运到现场，现场自行加工处理几乎是不可能的事情，从而导致了施工效率低、耗时间的情况。当许多便携式的电动工具发明后，这些不可能都变成了现实，在室内等狭小的空间中，都可以进行现场裁切，增加了灵活性和方便性，提高了装修效率，装修模式也趋于多元化。

1. *云石机*

云石机又称石材切割机，可以用来切割石料、瓷砖、木料等。不同的材料选择相适应的切割片。整机主要由电动机、切割片、底板、手柄、开关等部件组成，同一直径的切割片均可以安装在转动轴上，如装上云石片可以切割瓷砖、石材和钢筋，装上木工锯片可以切割木板和木方，装上砂轮片可以切割金属等，如图 2-1 所示。

图 2-1 云石机及适用的锯片

但是由于云石机质量较小，转速较快，在手持使用时振动感较强，稳定性不好，容易造成遇阻力反弹的情况，存在一定的危险性，在使用上应注意安全。

在泥水施工中，云石机主要用于现场切割各种瓷砖和石材，施工比较灵活，是泥水工种的重要工具之一。

2. *角磨机*

电动角磨机就是利用高速旋转的薄片砂轮以及橡胶砂轮、钢丝轮等对金属构件进行磨削、切削、除锈、磨光

加工。角磨机适合用来切割、研磨及刷磨金属与石材，如果在此类机器上安装合适的附件，也可以进行研磨及抛光作业，如图 2-2 所示。

在装修施工中角磨机的作用和云石机差不多，可以替代云石机进行瓷砖和石材的切割，同时，角磨机还能进行角向切割、打磨，由于其可以拆下保护罩，所以在使用中比较灵活，可以在任何角向上操作。角磨机可以安装云石片、木工锯片、砂轮片、金刚砂片，并且还可以安装羊毛轮、塑胶轮进行打磨、抛光等操作。

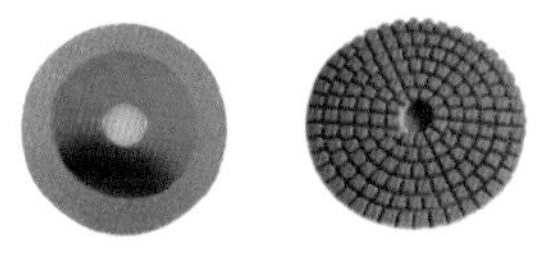

图 2-2 角磨机及适用的磨片

在泥水施工中角磨机可以用于切割瓷砖、石材，休整石材毛边，对石材进行倒角，墙体开槽等施工。

3. 飞机钻

图 2-3 飞机钻

飞机钻为电钻的一种，相对于手电钻而言功率更大，转速较慢，主要特征是机身具有手提式把柄和双手手握式把柄，适合抓握，主要用于水泥浆和腻子粉的搅拌，也是煽灰施工中最主要的工具。木工施工中只要换上相应的钻头也常用来开烟斗合页的安装孔，如图 2-3 所示。

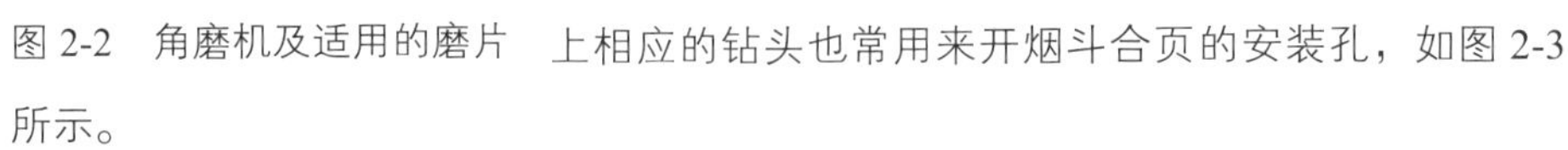

在传统的泥水施工工艺中，素水泥浆是用浸浆法来准备下一施工阶段要用到的水泥浆，需要 10min 的等待时间，而用飞机钻进行搅拌，能快速获得均匀的水泥浆，大大提高了工作效率。

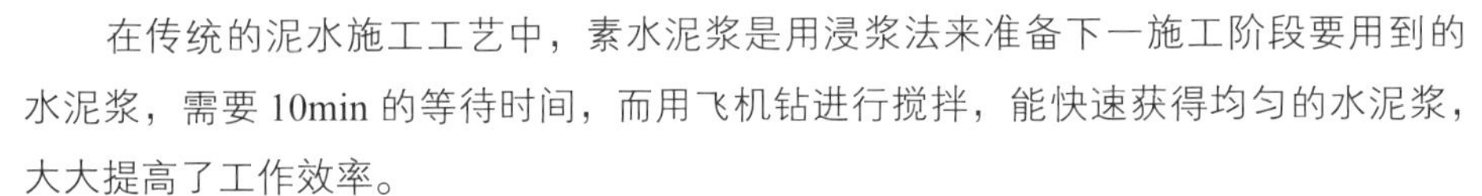

4. 手动瓷砖推刀

手动瓷砖推刀又称手动自测型瓷砖切割机（手动瓷砖划刀、手动瓷砖切割机、手动瓷砖拉机、手动瓷砖推刀）等。手动瓷砖推刀是杜绝尘肺病的环保机械。高级抛光砖、地砖等硬度高，用电动切割机会产生崩边；而用手动瓷砖推刀，可精确地把釉面划开，分离机构杠杆原理一次分离，切口整整齐齐，如图 2-4 所示。

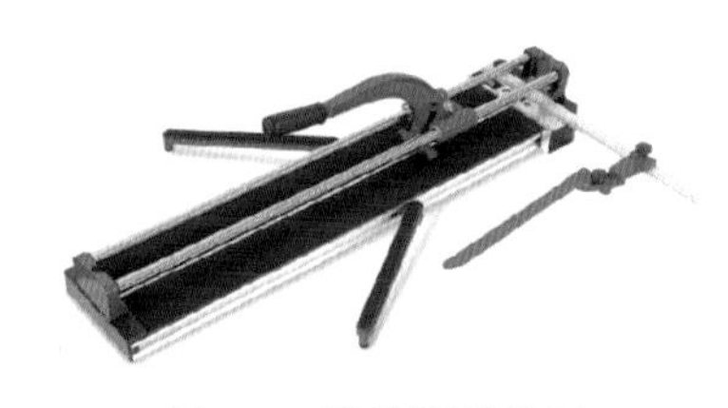

图 2-4 手动瓷砖推刀

手动瓷砖推刀具有以下特点：

（1）切割速度快，数秒完成作业；

（2）切割效果好，直线精度高，边缘平整；

（3）切割成本低，一个刀轮可切割 5 万 ~ 7 万 m；

（4）不用电，不用水，无噪声，无粉尘；

（5）操作简单方便、安全。

因为其方便性和环保性，手动瓷砖推刀使用越来越广泛，在泥水施工中常用来切割抛光砖、仿古砖等瓷砖材料，陶制瓷砖和大理石不适合用推刀切割。

5. 水平尺

水平尺主要用来检测或测量水平和垂直度，可分为铝合金方管型、工字型、压铸型、塑料型、异形等多种规格，长度从 10 ~ 250cm 多个规格。水平尺材料的平直度和水准泡质量，决定了水平尺的精确性和稳定性，如图 2-5 所示。

图 2-5 水平尺

水平尺用于检验、测量、划线、设备安装、工业工程的施工，在泥水施工中，水平尺主要用于地面和墙面铺装时调整水平度和垂直度，保证完成面在同一个水平高度和垂直面上。

6. 砖刀、泥刀、砂板

砖刀、泥刀、砂板等工具为泥水施工必不可少的随身小工具。砖刀形似菜刀，刀身较厚，无刀锋，用于砍断石块和砌墙施工；泥刀形似小铲子，铁皮轻薄，表面光滑，用于墙面的水泥层批荡，地面找平和收光、压光等施工；砂板一般为塑料材质或木质，塑料材质板面满布细小的凹洞，木板材质表面为原木，质地粗糙，用于墙面的戳毛、打花，方便后续的贴砖和扇灰施工，如图 2-6 所示。

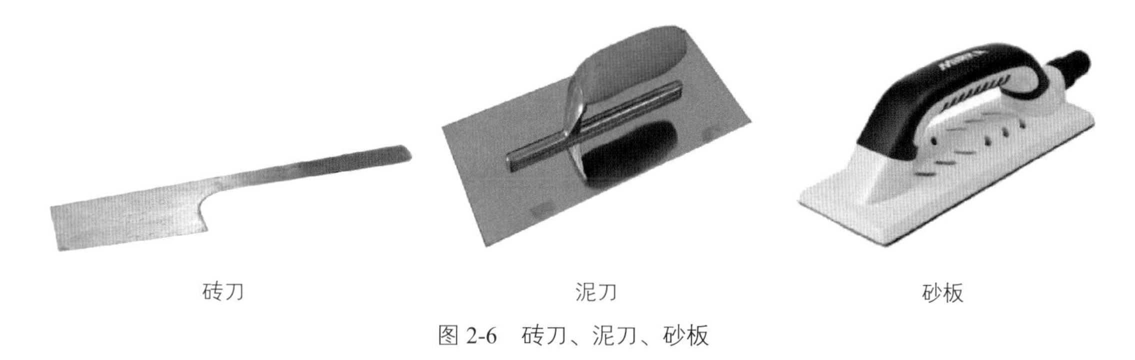

砖刀　　泥刀　　砂板

图 2-6　砖刀、泥刀、砂板

7. 其他常用工具

（1）灰桶。橡胶材质或塑料材质，用于盛装水泥砂浆，柔韧性非常好，可随意抛丢而不会破损，可加快了泥水工在高空作业时材料的传递速度，如图 2-7 所示。

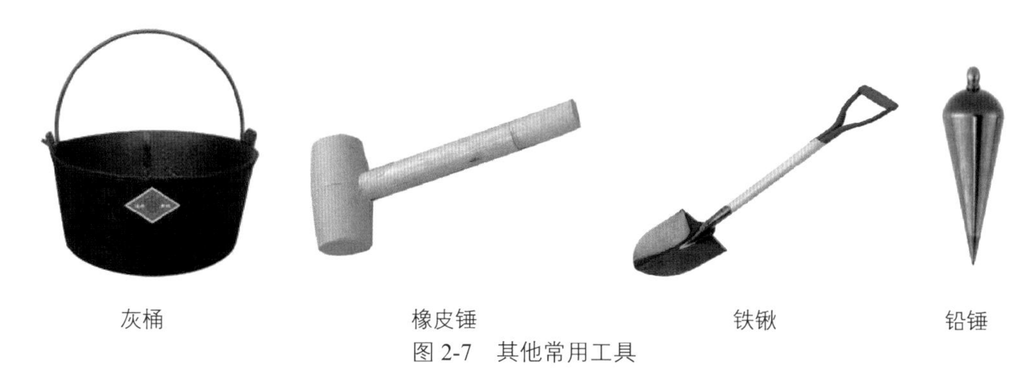

灰桶　　橡皮锤　　铁锹　　铅锤

图 2-7　其他常用工具

（2）橡皮锤。泥水工贴砖的必备工具，由木柄和橡皮锤头组成，在铺装时既能敲击石材表面进行找平，又不会损坏石材和发出太大的噪声，当然，在铺贴瓷砖时力度也不能敲击太大，否则瓷砖会崩裂，如图 2-7 所示。

（3）铁锹。一种扁平长方形半圆尖头的适于用脚踩入地中翻土的构形工具，由宽铲斗或中间略凹的铲身装上平柄组成，在泥水施工中用于搅拌水泥砂浆，如图 2-7 所示。

（4）铅锤。铅锤就是上面一根很轻的线，下面挂一根较重的铅块，铅块成倒圆锥体，利用重力作用，铅垂悬挂后，铅垂竖直向下指向地心，旁边的物体通过与铅垂线比较后，确定其是否竖直，多用于建筑测量。在泥水施工中用于墙体砌筑时作垂直矫正之用，如图 2-7 所示。

8. 公共工具

除以上材料外，泥工还有一些常用工具，主要包括激光投线仪、电锤、锤子、楼梯、墨斗、卷尺等。这些工具不是泥水施工的主要工具，有的是水电施工的主要工具，所以就先不介绍，在后面的章节再详细介绍。

2.1.2　泥水施工常用材料

泥水施工主要涉及的材料有水泥、砂、砖、墙地面砖、马赛克、踢脚线、天然石材、人造石材、勾缝剂、胶黏材料。装修材料通常分为主材和辅料两种，主材指装修的主要材料，包括瓷砖、洁具、地板、橱柜、灯具、门、楼梯、乳胶漆等，在装修中通常是由业主自购；辅料则是辅助性材料，除了主材之外的所有材料都基本上可以统称为辅料。辅料种类非常多，在装修中通常是由装修公司提供。现在先将泥水施工中常用到水泥、砂、砖、勾缝剂、胶黏剂等材料归为专门的辅料类别进行介绍。

一、辅料

1. 水泥

水泥是以石灰石和黏土为主要原料，经破碎、配料、磨细制成生料，加入水泥窑中煅烧成熟料，加入适量石膏（有时还掺加混合材料或外加剂）磨细而成。水泥是最为常见的胶凝材料，成品为粉状，加水搅拌后能把砂、石等材料牢固地胶结在一起，是不可或缺的装饰工程基础材料。

水泥的品种非常多，有普通硅酸盐水泥、矿渣水泥、火山灰水泥和粉煤灰水泥等多个品种，室内装饰常用的主要有以下三种：

（1）普通硅酸盐水泥。是最为常用的水泥品种，多用于毛地面找平、砌墙、墙面批荡、地砖、墙砖粘贴等施工，还可以直接用作饰面，被称为清水墙。

（2）白色硅酸盐水泥。俗称白水泥，以硅酸钙为主要成分，加少量铁质熟料及适量石膏磨细而成。通常被用于室内地砖铺设后的勾缝施工。白水泥勾缝缺点是易脏，现在市场上已经有了专门的勾缝剂，白水泥粘贴的牢度、硬度、抗变色能力都不如勾缝剂好，所以勾缝剂成为白水泥的优良替代品，在装修中得到了广泛的应用。

（3）彩色硅酸盐水泥。彩色水泥是在普通硅酸盐水泥中加入了各类金属氧化剂，使得水泥呈现出各种色彩，在装饰性能上比普通硅酸盐水泥更好，所以多用于一些装饰性较强的地面和墙面施工中，如水磨石地面。

水泥一般按袋销售，普通袋装的质量通常为 50kg。水泥依据黏力的不同，又分为不同的标号。我国用于装饰工程的硅酸盐水泥分 3 个强度等级 6 个类型，即 32.5、32.5R、42.5、42.5R、52.5、52.5R，其他水泥品种也有强度等级划分。水泥的标号代表着水泥的黏结强度，标号越高强度也越高。

水泥通常会按照一定比例和砂调配成水泥砂浆使用。水泥砂浆一般应按水泥：砂 =1 ∶ 2（体积比）或 1 ∶ 3 的比例来配制。需要注意的是并不是水泥占整个砂浆的比例越大，其黏结性就越强，以粘贴瓷砖为例，如果水泥标号过高或者所占比重过大，当水泥砂浆凝时，水泥大量吸收水分，这时面层的瓷砖水分被过分吸收，反而更容易造成瓷砖拔裂和黏结不牢的问题。

2. *砂*

砂是调配水泥砂浆的重要材料，水泥砂浆的调配，水泥和砂两者缺一不可。从规格上砂可分为细砂、中砂和粗砂，粒径 0.25 ~ 0.35mm 为细砂，粒径 0.35 ~ 0.5mm 为中砂，粒径大于 0.5mm 的为粗砂。一般装修通常都是使用中沙。

从来源上，砂可分为海砂、河砂和山砂。海砂通常不能用于装饰施工中，因为海砂盐分含量高，容易起化学反应，会对工程质量造成很严重的影响。山砂则不够洁净，通常会含有过多的泥土和其他杂质。装修中最常用的是筛选后的河砂。

调制水泥砂浆是为了加强水泥砂浆的黏结力和柔韧性，有时还会添加一些如白乳胶、瓷砖胶等胶黏剂作为添加剂。在游泳池、卫生间等潮湿区域最好使用专门的瓷砖胶水泥砂浆添加剂，它除了能加强水泥砂浆的黏结力外，还能增强水泥砂浆的耐水性。

3. *砖*

普通砖的尺寸通常为 240mm × 115mm × 53mm，根据抗压强度（N/mm^2）的大小分为 MU30、MU25、MU20、MU15、MU10、MU7.5 这 6 个强度等级。在室内装饰砌筑工程中主要有如下品种：

（1）红砖。红砖是黏土在 900℃左右的温度下以氧化焰烧制而成的。由于抗压强度大、价格便宜、经久耐用，红砖曾经在土木建筑工程中广泛使用，但是，烧制红砖需要大量的黏土，一块红砖需要几倍于它体积的土地来做原料，这样就会大量毁坏耕地，消耗煤炭。出于环保的考虑，现在我国许多城市都禁止使用红砖，但是由于红砖造价低廉，利润大，还是有生产和销售渠道。

（2）青砖。青砖是我国独具传统特色的砖种。青砖制作工艺和红砖基本相似，只是在烧成高温阶段后期将全窑封闭从而使窑内供氧不足，促使砖坯内的铁离子被从呈红色显示的三价铁还原成青色显示的低价铁，这样本来呈红色的砖就成了青色。青砖在抗氧化、水化、大气侵蚀等方面性能明显优于红砖，但是由于青砖的烧成工艺复杂，能耗高，产量小，成本高，难以实现自动化和机械化生产。轮窑及挤砖机械等大规模工业化制砖设备问世后，红砖得到了突飞猛进的发展，而青砖除个别仿古建筑仍使用外，已基本退出历史舞台。

（3）灰砖。灰砖即水泥砖，是利用粉煤灰、煤渣、煤矸石、尾矿渣、化工渣或者天然砂、海涂泥等（以上原料的一种或数种）作为主要原料，用水泥做凝固剂，不经高温煅烧而制成的，是一种新型墙体砌筑材料。水泥砖自重较轻，强度较高，无须烧制，比较环保，国家已经大力推广。灰砖的缺点就是与抹面砂浆结合不如红砖，容易在墙面产生裂缝，影响美观。施工时应充分喷水，要求较高的别墅类可考虑满墙挂钢丝网，以有效防止裂缝。按照原料的不同，灰砖分为以下种类：

1）灰砂砖。以适当比例的石灰和石英砂、砂或细砂岩，经磨细、加水拌和、半干法压制成型并经蒸压养护而成。

2）粉煤灰砖。以粉煤灰为主要原料，加石灰、水泥和添加剂后放进模子，经过蒸汽养护后成型。由于其可充分利用用电厂的污染物粉煤灰做材料，节约燃料，现在国家正在大力推广，在各个建筑工地中最为常见。

（4）烧结页岩砖。烧结页岩砖是一种新型建筑节能墙体材料，以页岩为原料，采用砖机高真空挤出成型、一次码烧的生产工艺。与普通烧结多孔砖相比，具有保温、隔热、轻质、高强和施工高效等特点。

除了以上砖种外，还有不烧砖、透水砖、草坪砖、劈开砖等种类，因为在室内装饰的应用很少，这里就不一一介绍了。

4. 勾缝剂

早期施工瓷砖勾缝基本上都是采用白水泥，但随着专用的勾缝剂的出现，白水泥的地位渐渐被性能更好的勾缝剂所取代，不少高档瓷砖甚至本身就配有专用的勾缝剂。

勾缝剂又称为填缝剂，主要用于嵌填墙地砖的缝隙。勾缝剂分为无砂勾缝剂和有砂勾缝剂两种。一般来说，无砂勾缝剂适用于 1～10mm 的瓷砖缝宽，而有砂勾缝剂适用的缝宽可以更宽。在施工时，可以根据砖缝宽度来决定选择哪种勾缝剂。勾缝剂颜色很多，但大多以白色、灰色、褐色等，选购时可以根据瓷砖的颜色选择相近颜色的勾缝剂，形成整体统一的效果。

使用勾缝剂需要注意的是：第一，不能在瓷砖贴完后马上使用勾缝剂进行勾缝处理，因为瓷砖贴完还有很多施工，粉尘很大，过早勾缝易脏，一般可以在整体施工基本完成后再进行勾缝处理；第二，勾缝时注意要将粘在瓷砖上的部分必须及时擦去，否则勾缝剂干了后会牢牢地粘到瓷砖上，很难擦掉。如果不慎勾缝剂擦晚了，粘牢在瓷砖上，则必须购买专门的瓷砖清洁剂或者草酸才能彻底擦除。

5. 胶黏剂

胶黏剂就是俗称的胶水，是施工中必不可少的材料。在泥水施工中常用的胶黏剂主要有瓷砖胶、大理石胶和胶条。需要注意的是，胶黏胶本身含有很多的有毒有害物质，是造成环境污染的重要源头之一。

（1）瓷砖胶。又称陶瓷砖黏合剂，主要用于粘贴瓷砖、面砖、地砖等装饰材料，广泛适用于内外墙面、地面、浴室、厨房等建筑的饰面装饰场所。其主要特点是施工方便、黏结强度高、耐水、耐冻融、耐老化性能好，而且瓷砖胶在粘贴瓷砖后 5～15min 内可以移动纠正，是一种非常理想的瓷砖黏结材料。瓷砖胶施工前应将施工墙面湿润（外湿里干），同时要求墙面基层平整，如有不平整则需要用水泥砂浆找平。此外，基层必须清除浮灰、油污等污垢以免影响黏结度。因材料不同而实际耗用量不同，一般每平方米用量约为 4～6kg，粘贴厚度约 2～3mm，使用时水灰比约为 1 ∶ 4，搅拌均匀后的黏结剂应在 5～6h 内用完（温度在 20℃左右时），使用时将混合后的黏合剂涂抹在粘贴砖材的背面，然后用力按，直至平实为止。

（2）大理石胶。大理石胶通常在胶黏大理石施工中，通常为胶粉状态。在施工中不用水泥砂子，现场加水即可使用，效率大大提高。其结合层厚度约 3～5mm，每平方米用量约为 3～5kg，而使用传统水泥砂浆加胶粘贴时，结合层厚度需 15～20mm，每平方米用量约为 11kg，这样可大幅度减轻建筑物负重。但是采用胶黏大理石的方法时注意，必须采用强力型大理石胶粉。用 A、B 干挂胶、云石胶同时固定的方法，只能应用于薄型大理石和花岗岩，这样施工才能使得大理石粘贴牢固。对于较厚的大理石和花岗石，最好还是采用干挂和湿挂的方法。除了应用于大理石的粘贴，大理石胶还可以应用于室内外墙面、顶棚等部位粘贴聚苯板或岩棉板等。

（3）胶条。胶条主要解决大理石修补问题，用于修补石材孔隙及裂缝，使用简便。施用后的填补处再加以打磨，打磨后与石材表面一样的光泽，看不出修补痕迹。可根据不同的石材颜色，选择相应的胶条。使用时用 75W

或100W的带刀头电烙铁加热溶化，溶入需填补的石材；如石材填补洞比较大，也可添加石材粹块，混合一起填补。在1min后冷却固化，表面出现凹凸不平时，采用灰铲（水泥工使用的铲石灰用的工具）将表面凸出部分水平铲除即可，充分冷却后硬度和石材无异，然后再加以打磨。

6. 防水涂料

防水涂料一般用于一些较潮湿的空间，如家居空间的卫生间、厨房和生活阳台等处。建好的住宅在交付使用时，一般不会出现渗漏现象，但家庭装修中常常对卫浴设施和上下水管线移动位置，这就会使原有的防水层遭到破坏，在这种情况下，就要重新做防水处理。一般在地面找平的水泥干透之后，就可以做防水处理了。如果是带淋浴的卫生间，墙面也必须同步做防水处理，如果没有防水层的保护，墙面容易潮湿，发生霉变。墙面防水至少要做到1.8m高，最好是整面墙都做防水处理。特别要注意边角，严格防止其发生滴漏。

防水涂料施工完成后必须进行一次24h的闭水实验，检测防水层的质量。具体办法是将厨房、卫生间的地漏塞住，在室内加不低于3cm深的水，经过24h查看是否出现渗漏，确认没有问题后才能进行地面贴砖或者其他面层处理。

目前，市场上的防水材料有三大类：一是聚氨酯类防水涂料，它是用沥青代替煤焦油作为原料，但是，使用这种涂料时，一般采用含有甲苯、二甲苯等有机溶剂来稀释，因此含有一定量的毒性；二是改性沥青防水涂料加玻璃丝布，玻璃丝布可以起到提高强度、增加柔韧的作用，使用这种涂料，防水工程较复杂，但价格便宜；三是聚合物水泥基防水涂料，它由多种水性聚合物合成的乳液与掺有各种添加剂的优质水泥组成，聚合物（树脂）的柔性与水泥的刚性结为一体，使得它在抗渗性与稳定性方面表现优异，优点是施工方便，综合造价低，工期短，且无毒环保。

二、主材

1. 墙地砖

墙地砖是墙地面装饰的主要材料，除了装饰公司完全的包工包料外，在一般情况下常常是由业主自购。考虑到业主多为非专业人士，在很多的情况下需要设计师陪同购买，提供专业的意见，所以掌握墙面砖的相关知识是非常必要的。

在楼地面工程中，地砖因其表面洁净、图案丰富、易于清理和价格实惠深受市场的青睐，是室内装饰地面饰材最主要品种，得到了广泛的应用。地砖常见尺寸为300mm×300mm、400mm×400mm、500mm×500mm、600mm×600mm、800mm×800mm、1000mm×1000mm等正方形幅面，但目前设计中也越来越流行采用长方形规格的地砖，如300mm×600mm尺寸。地砖尺寸大小的选择要根据空间大小来定，小空间不能用大尺寸，否则容易产生比例不协调的感觉。一般客厅等面积较大的空间可选择尺寸较大的地砖，如800mm×800mm的地砖，而厨房、卫生间等较狭促的空间宜采用300mm×300mm左右的地砖。

瓷砖的主要品牌有亚细亚、协和、斯米克、维也纳、冠军、新中源、朗高、诺贝尔、鹰牌、罗马、东鹏、蒙娜丽莎、金舵、欧神诺、维罗等。

现在市场上装饰用的瓷砖，按照使用功能可分为地砖、墙砖、腰线砖等；从材质上大致可以分为釉面砖、通体砖（防滑砖）、抛光砖、玻化砖和马赛克等几种大类。

（1）釉面砖。釉面砖是表面经过烧釉处理的砖，由底胚和表面釉层两个部分构成，是装修中最常见的瓷砖品种。由于釉面砖表面色彩图案丰富，而且防污能力强，易于清洁，因此被广泛使用于室内的墙面和地面装饰。根据釉面砖底胚采用原料的不同可以细分为陶质釉面砖和瓷质釉面砖。

1）陶质釉面砖：采用陶土烧制而成，色泽偏红，空隙较大，强度较低，吸水率较高，在装饰工程中较少采用。

2）瓷质釉面砖：采用瓷土烧制而成，色泽灰白，质地紧密，强度较高，吸水率较低，在装饰工程中采用较多。

釉面砖按照表面对光的反射强弱可以分为亮光和亚光两大类。现在市场上非常流行的仿古砖即为亚光的釉面砖。所谓"仿古"就是故意将釉面砖表面打磨成不规则纹理，造成经岁月侵蚀的外观，给人以古旧、自然的感觉。仿古地砖颜色通常较深，多为黑褐、陶红等古旧颜色，因为纹理的原因，表面看似凹凸不平，相对于亮光釉面砖有更好的防滑性。在室内装饰日益崇尚自然、复古的风格中，古朴典雅的仿古地砖日益受到市场的追捧，在卫生间和阳台等各个空间均有广泛应用。釉面砖、仿古砖样图如图 2-8 和图 2-9 所示。

图 2-8　釉面砖样图

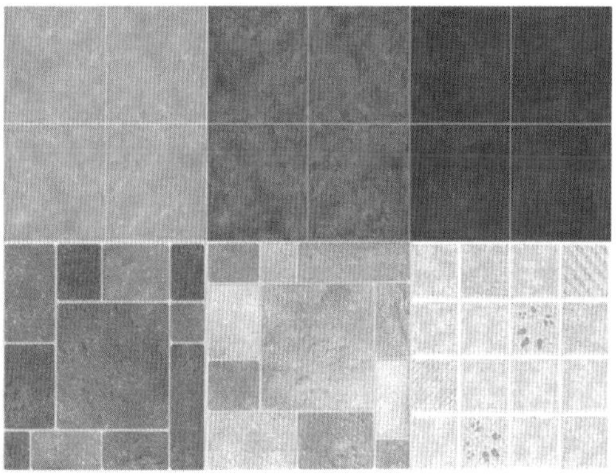

图 2-9　仿古砖样图

釉面砖现在主要用于厨房卫生间的墙地面，仿古砖可用于室内的各个空间，实际中多用于阳台、厨房等空间的地面，釉面砖和仿古砖装饰实景图如图 2-10 和图 2-11 所示。

图 2-10　釉面砖装饰实景图

图 2-11　仿古砖装饰实景图

（2）通体砖。通体砖是一种表面不上釉，正面和反面的材质和色泽一致的瓷砖品种。因为通体一致，所以被称为通体砖。通体砖的耐磨性和防滑性能优异，有时也被称为耐磨砖或者防滑砖。

通体砖在色彩、图案上远不及釉面砖，虽然也有一种渗花通体砖同样具有漂亮的纹理，总体而言，通体砖在纹理和颜色上还是比较单调的，通体砖样图如图 2-12 所示。当前室内设计越来越讲究简约的风格，在用色上也更倾向于素色设计，再加上通体砖本身具有的防滑性能，因此通体砖在各种室内空间的地面中有着越来越广泛的应用。通体砖装饰效果如图 2-13 所示。

图 2-12　通体砖样图

图 2-13　通体砖装饰实景图

（3）抛光砖。抛光砖是在通体砖坯体的表面经过机械研磨、抛光，表面呈镜面光泽的陶瓷砖种。严格分类，抛光砖也可以算是通体砖的一种，但由于目前市场基本上都将抛光砖作为一个单独的砖种推出，这里也不将抛光砖归入通体砖范畴。

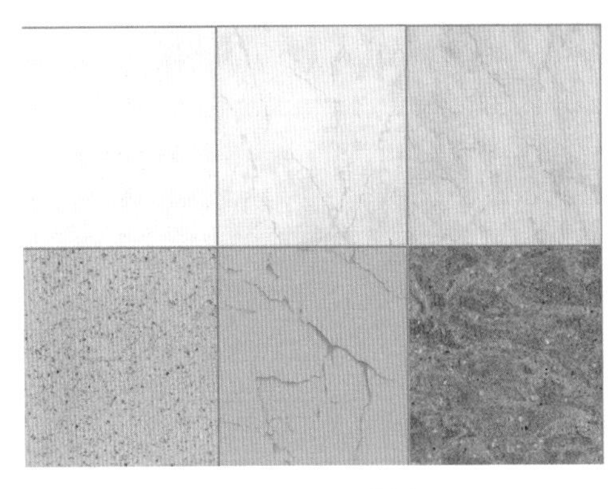

图 2-14　抛光砖样图

相对通体砖而言，抛光砖的表面因为经过了抛光处理，所以要光洁得多。抛光处理是一种板材的表面处理技术，不仅在抛光砖上有采用，在大理石和花岗石等天然石材上也经常采用，经过抛光处理后，板材表面看起来会光亮很多。

抛光砖硬度很高，非常耐磨，在抛光砖上运用渗花技术可以制作出各种仿石、仿木的外表纹理效果，如图 2-14 所示。

抛光砖具有良好的再加工性能，可以任意进行切割、打磨和圆角等处理。抛光砖适用范围很广泛，可在家庭、酒店、办公等空间的墙地面使用，在市场上曾经风靡一时。

抛光砖的最大优点就是表面经过抛光处理后非常光亮，很适合于现代主义设计风格的空间。但也正是因为经过抛光处理，抛光砖表面会留下凹凸气孔，这些气孔容易藏污纳垢。所以抛光砖的耐污性能较差，油污等物较易渗入砖体，甚至一些茶水倒在抛光砖上都会造成不能擦除的污迹。针对这个问题，一些品牌瓷砖生产厂家在抛光砖生产时会加上一层防污层以增强其抗污性能，但是不能从根本上解决抛光砖抗油污性能差的问题。同时，因为抛光转表面过于光滑，防滑性能较差，地上一旦有水，就会非常滑，所以抛光砖并不适合用于厨房、卫生间等用水较多的空间，在实际中更多地应用于客厅和一些公共空间如大堂等处。抛光砖实景图如图 2-15 所示。

图 2-15　抛光砖实景图

（4）玻化砖。玻化砖也可以认为是抛光砖的一种升级产品。玻化砖全名是玻化抛光砖，有时也会称为全瓷砖。玻化砖是在通体砖的基础上加以玻璃纤维经过三次高温烧制而成，砖面与砖体通体一色，质地比抛光砖更硬、更耐磨，是瓷砖中最硬的一种品种。釉面砖在使用一段时间后，釉面容易被磨损，颜色暗淡，甚至露出胚体的颜色，而玻化砖通体由一种材料制成，不存在面层磨损掉色的情况。更重要的是玻化砖抗油污性能要比抛光砖好，抛光砖因为表面抛光的缘故，其表面若长期受到油迹污染，油污会从砖面上的凹凸气孔渗入砖体，使得抛光砖受污变色，而玻化砖表面光洁所以不需要进行抛光处理，也就不会存在表面抛光气孔，而且玻化砖本身含有玻璃纤维物质，砖面细密，油迹不易渗入，所以相对于抛光砖而言玻化砖的抗污性能更强。需要注意的是这种抗污性能仅仅是相对于更易污损的抛光砖而言，实际上玻化砖在经过打磨后，毛气孔暴露在外，油污、灰尘还是会在一定程度上渗入，只是程度相对抛光砖要好很多。有些品牌的玻化砖在生产时会在其表面进行专门的防污处理，将毛气孔堵死，使油污物很难渗入砖体。

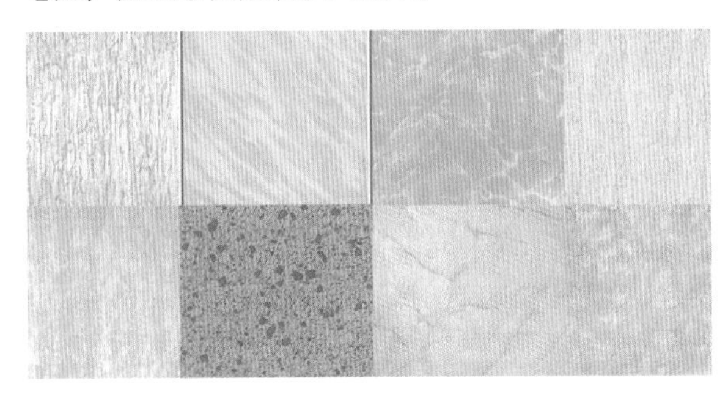

图 2-16　玻化砖样图

玻化砖可以用于室内的各个空间，但和抛光砖一样，因其表面过于光洁而不适合用在厨房、卫生间、生活阳台等积水较多的空间。玻化砖有各种纹理和颜色，在外观上和抛光砖很相视。玻化砖样图及实景图如图 2-16 和图 2-17 所示。

（5）马赛克。马赛克，学名陶瓷锦砖，是一种装饰艺术，通常使用许多小石块或有色玻璃碎片拼成图案。马赛克发源于古希腊。早期希腊人的大理石马赛克最常用黑色与白

图 2-17 玻化砖实景图

色来相互搭配。只有权威的统治者或有钱的富人才请得起工匠、购得起材料来表现此奢侈的艺术。发展到晚期的希腊马赛克时，艺术家为了更多元化地丰富作品，他们开始需要更小的碎石片，并自己切割小石头来完成一幅马赛克。在拜占庭帝国时代，马赛克随着基督教兴起而发展为教堂及宫殿中的壁画形式。现在，马赛克泛指这种类型五彩斑斓的视觉效果。马赛克主要用于墙面和地面的装饰。由于马赛克单颗的单位面积小，色彩种类繁多，具有无穷的组合方式，能将设计师的造型和设计的灵感表现得淋漓尽致，尽情展现出其独特的艺术魅力和个性气质，被广泛应用于宾馆、酒店、酒吧、车站、游泳池、娱乐场所、居家墙地面以及艺术拼花等。

马赛克大致上可以分为陶瓷马赛克、玻璃马赛克、金属马赛克、大理石马赛克等种类。外形上，马赛克以正方形为主，此外还有少量长方形和异形品种。

1）陶瓷马赛克：是最传统的一种马赛克品种，大家印象中的马赛克通常就是陶瓷马赛克。它的颜色和纹理相对较为单调，档次偏低，室内多用于卫生间、厨房、公共过道等空间的地面和墙面装饰。

2）玻璃马赛克：玻璃马赛克是市场上较新的马赛克品种，通常是用各类玻璃品种，经过高温再加工，熔制成色彩艳丽的各种款式和规格的马赛克。玻璃马赛克具有玻璃独有的晶莹剔透、光洁亮丽的特性，在不同的采光下能产生丰富的视觉效果，所以在市场上很受欢迎。玻璃马赛克几乎具有装饰材料所要求的全面优点，可以用于任何空间中。在实际应用中多用于卫生间等室内各个空间的墙面装饰。

3）金属马赛克：是马赛克的最新品种，也是马赛克中的贵族品种。金属马赛克的生产工艺非常多样，通常是在陶瓷马赛克表面烧溶一层金属，也有的是在表面粘一层金属膜，最高档的采用真正的金属材料制成。金属马赛克价格相对较贵，但装饰性很强，具有其他品种马赛克所不具有的独特金属光泽，可以用于各个空间，能够营造出一种雍容华贵的感觉。

4）大理石马赛克：大理石马赛克采用大理石材料制作而成，价格相对昂贵，相对应用较少，装饰效果上要强于一般的陶瓷马赛克。

马赛克常用规格有 20mm × 20mm、25mm × 25mm、30mm × 30mm 等，厚度为 4 ~ 4.3mm。各类马赛克实景图装饰效果如图 2-18 ~ 图 2-21 所示。

图 2-18 陶瓷马赛克实景效果

图 2-19 玻璃马赛克实景效果

图 2-20 金属马赛克实景效果

墙面用瓷砖多是用在厨房或者卫生间等对于清洁和防水有较高要求的空间墙面上，而且墙面用瓷砖常见规格多为 250mm × 330mm、200mm × 300mm、150mm × 250mm 和 152mm × 152mm 等。此外，陶瓷墙面砖一般还配有专门的腰线砖，腰线砖规格一般为 60mm × 200mm，腰线砖的作用是用在墙砖中间，增加满贴墙砖墙面的层次感，使得墙面不单调。考虑到陶瓷墙砖和陶瓷地砖在品种和应用上基本一样，这里就不再一一介绍了。

图 2-21　大理石马赛克实景效果

2. 装饰石材

目前装饰用的石材大体上可以分为天然和人造两种。天然石材指的是从天然岩体中开采出来，再经过人工加工形成的块状或板状材料的总称，常用的品种主要有大理石和花岗石等。人造石材多是以天然石材的石渣为骨料制成的块状或板状材料，包括人造大理石、人造花岗石等品种。

（1）大理石。大理石因早年多产于云南大理而得名，是一种变质岩或沉积岩，主要由方解石、石灰石、蛇纹石和白云石等矿物成分组成，其化学成分以碳酸钙为主，约占 50% 以上。碳酸钙在大气中容易和二氧化碳、碳化物、水气发生化学反应，所以大理石比较容易风化和溶蚀，而使表面失去光泽。这个特性导致大理石更多地被应用于室内装饰而不是室外。大理石具有很多种颜色，相比而言，白色成分单一，比较稳定，不易风化和变色，如汉白玉（所以汉白玉多用于室外）；绿色大理石次之，暗红色、红色大理石最不稳定，基本上都只能用于室内。同时，大理石属于中硬石材，在硬度上也不如花岗石，相对容易出现划痕。

大理石最大的优点就在于其拥有非常漂亮的纹理，大理石纹理多呈放射性的枝状。相比而言，花岗石纹理更多是呈斑点状，在外观上不及大理石漂亮，这也是区分大理石和花岗石的最有效办法。大理石品种非常多，有多种颜色和纹理的大理石可以选用，大理石样图如图 2-22 所示。

大理石是一种高档石材，在一些较豪华的空间才会大面积使用，对于一般的室内装修，则多在一些台面、窗台、门槛等处局部应用，如图 2-23 所示。

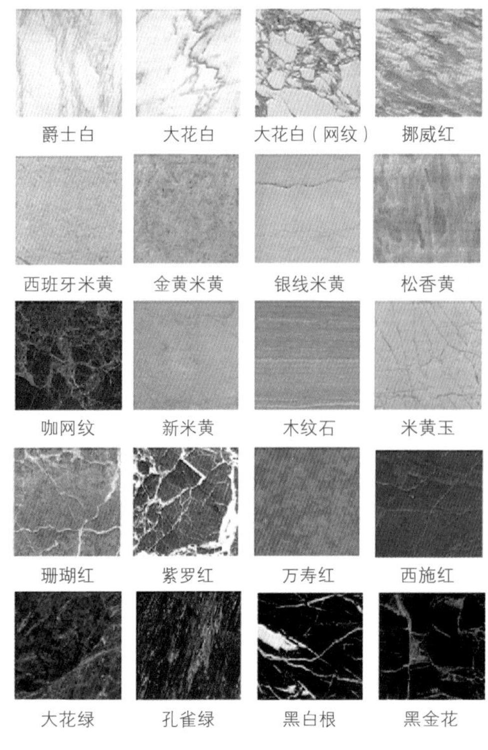

图 2-22　大理石样图

图 2-23　大理石装饰实景图

大理石还有一个作用就是制作大理石拼花，大理石拼花作为室内地面的点缀性装饰在室内有着广泛的应用，比如大堂、门厅、过道等处都有应用，对于室内氛围起到一个烘托的作用，显得更为大气豪华，如图 2-24 所示。

图 2-24　大理石拼花

（2）花岗石。花岗石又称花岗岩，是一种火成岩，其矿物成分主要是长石、石英和云母，其特点是硬度很高，耐压、耐磨、耐腐蚀，日常使用不易出现划痕。而且花岗石耐久性非常好，外观色泽可保持百年以上，有“石烂需千年”的美称。

花岗石纹理通常为斑点状，和大理石一样也有着很多的颜色和纹理可供选择，市场上常见的花岗石品种样图如图 2-25 所示。

由于花岗石不易风化、溶蚀且硬度高、耐磨性能好，因而可以广泛地应用于室外及室内装饰中，在高级建筑装饰工程的墙基础、外墙饰面、室内墙面、地面、柱面都有广泛的应用。在一般的室内装修中则多用于门槛、窗台、橱柜台面、电视台面等处。花岗石装饰实景如图 2-26 所示。

（3）人造石。人造石材是一种新型装饰石材，是一种以天然花岗石和天然大理石的石渣为骨料经过人工合成的新型装饰材料。按其生产工艺过程的不同，又可分为树脂型人造石、复合型人造石、硅酸盐型人造石、烧结型人造石四种类型，其中又以树脂型人造石应用最为广泛。室内装饰工程中采用的人造石材多为树脂型人造石，在橱柜的台面更是得到了全面的应用。

树脂型人造石是以不饱和聚酯树脂为胶结剂，加入一定比例的天然大理石碎石、石英砂、方解石、石粉或其他无机填料，再加入颜料等外加剂，经混合搅拌、固化成型、脱膜烘干、表面抛光等工序加工而成。

人造石材在防油污、防潮、防酸碱、耐高温方面都强于天然石材。人造石能仿制出天然大理石和天然花岗石

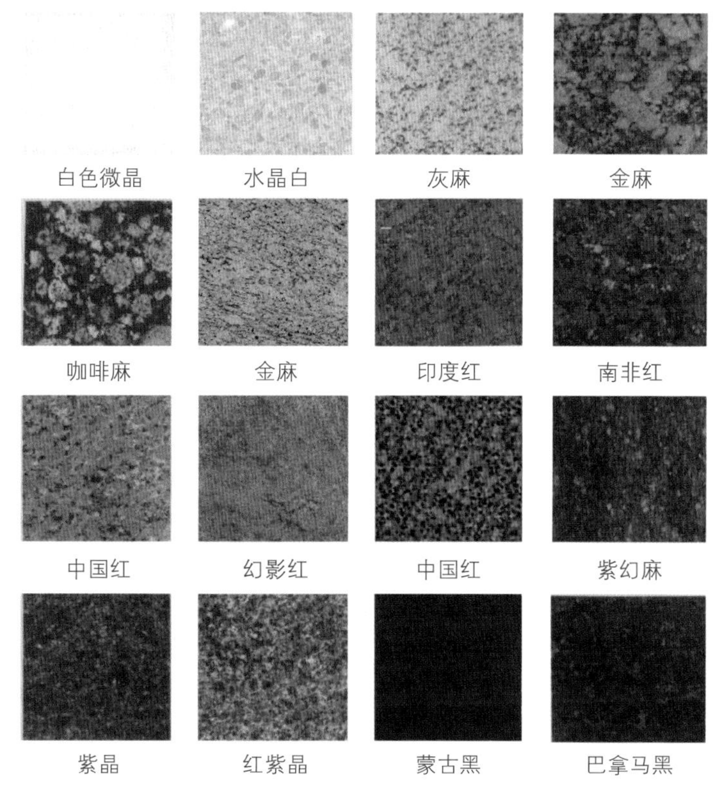

图 2-25　花岗石品种样图

图 2-26　花岗石装饰实景图

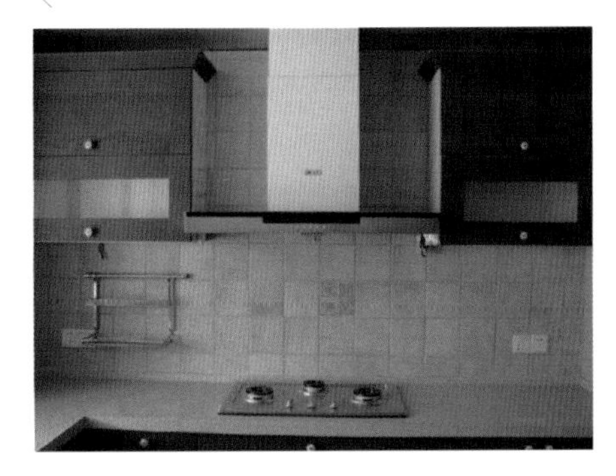
图 2-27　人造石台面实景图

的色泽和纹理，但是相对于真正的天然石材而言，其纹理人工痕迹还是比较明显的，看起来比较假，这就类似于实木地板和复合木地板在纹理上的区别。所以人造石和很少模仿纹理复杂的大理石，外观上多是纯色或者斑点的花岗石状。

人造石最为突出的优点是其抗污性优于天然石材，对酱油、食用油、醋等基本不着色或者只有轻微着色，所以多用于橱柜、卫生间等对于实用功能要求较高的空间，尤其是在橱柜的台面上应用极多，是目前橱柜台面生产的主流产品。市场上出售的各种品牌的橱柜产品大多都是采用人造石的台面。这里特别需要强调的是，人造石的装饰效果其实也非常好，装饰效果上比天然石材更简洁现代，非常符合目前室内设计简约化设计的潮流。人造石效果如图 2-27 所示。

3. 踢脚线

严格来说，踢脚线不能全部归属于泥水施工材料，因为木质的踢脚线通常是配合木地板的施工而安装，属于木工范畴。而瓷质踢脚线、人造石踢脚线等才真正属于泥水施工的范畴。考虑到目前施工中大多采用瓷质踢脚线，因此把所有的踢脚线全部归类到泥水施工章节中讲解。

随着生产工艺的发展，踢脚线也从以前较单一的瓷质、木制踢脚线发展到多种材料的踢脚线产品。按材料类型分主要有木制踢脚线、瓷质踢脚线、金属踢脚线、人造石踢脚线、玻璃踢脚线等。

（1）木质踢脚线。木质踢脚线是以木材为原料加工而成的，主要有实木线条和复合线条两种，这两种踢脚线是市场上最主要的踢脚线品种。实木线条选硬质、木纹漂亮的实木加工成条状；复合线条大多是以密度板为基材，表面贴塑或上漆形成多种色彩和纹理。木质踢脚线在形状上有分角线、半圆线、指甲线、凹凸线、波纹线等多个品种，每个品种有不同的尺寸。按宽度分主要有 12、10、8 cm 和 6cm 几种规格，由于目前大多数房屋层高有限，6cm 踢脚线逐渐为越来越多的消费者所选择，也成为目前木质踢脚线应用的一种主流宽度。木质踢脚线实景效果如图 2-28 所示。

图 2-28　木质踢脚线效果

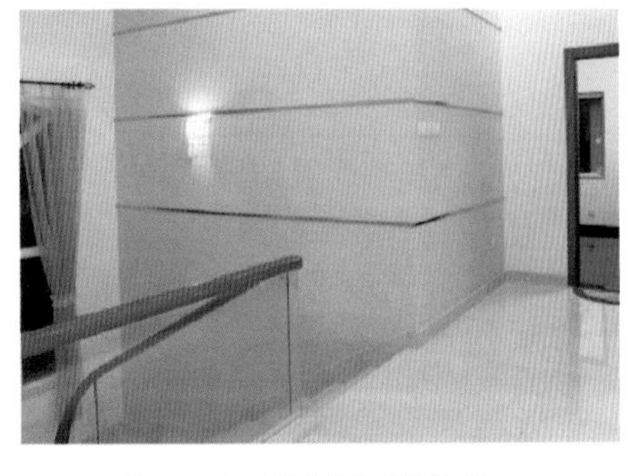
图 2-29　瓷质踢脚线效果

（2）瓷质踢脚线。瓷质踢脚线是最传统也是目前用得最多的一种踢脚线产品，和瓷砖一样，属于瓷制品范畴，在销售时多和陶瓷地砖相搭配。瓷质踢脚线的优点是易于清洁、结实耐用、耐撞击性能好，但在外在美观性上不如其他类型的踢脚线。瓷质踢脚线效果如图 2-29 所示。

（3）人造石踢脚线。随着人造石制造技术的发展，人造石踢脚线也开始在市场上销售。人造石踢脚线最大的优点就是能够在现场施工中做到无缝拼接，整体看上去非常统一。人造石可以打磨，数块人造石踢脚线拼接后再经过打磨处理即可做到完全没有缝隙，而且人造石的颜色和纹理可选性也比较多，相比瓷质踢脚线要更美观，如图 2-30 所示。

（4）金属、玻璃踢脚线。金属制品尤其是不锈钢制品相比于其他装饰材料有着其独具的现代感。亮光或者亚光金属踢脚线装饰在室内，时尚感和现代感极强。玻璃则具有晶莹剔透的特性，用作踢脚线在效果上

图 2-30　人造石踢脚线效果

非常漂亮，但玻璃极易碎，在使用上需要注意安全，尤其是有老人和孩子的空间。金属踢脚线效果如图 2-31 所示。

图 2-31　金属踢脚线效果

2.1.3　如何选购泥水类材料（材料的辨别）

一、辅料

1. 水泥的选购

（1）水泥通常都是按袋出售，正规厂家生产的水泥包装完好，包装上印有详细的工厂名称、生产许可证编号、水泥名称、注册商标、品种（包括品种代号）、标号、包装年月日和编号等内容。这里需要特别注意的是水泥的生产日期，一般越近越好，如果使用了超过保质期的水泥，其黏结性能会随着超过保质期的时间呈正比急剧下降。

（2）水泥粉颗粒越细，硬化越快，强度就越高，如果水泥结块了，说明水泥受潮，强度变差；水泥的颜色最好为深灰色或深绿色，色泽泛黄、泛白的水泥强度相对较低。

2. 砂子的选购

装饰工程最好采用河砂，而不是山砂或者海砂，河砂最好选用杂质较少、较干净的。

3. 胶黏剂的选购

（1）首先需要了解各种胶黏剂的性能和适用的材料，根据材料的种类和需要进行选购。

（2）胶黏剂的质量需要从气味、固化效果和黏度等几个方面考察。通常气味越小越好，气味越小，有毒有害物质越少；而固化效果和黏度越高越好，可以挤出一点查看。

（3）购买正规品牌产品，胶黏剂的包装上出厂日期、规格型号、用途、使用说明、注意事项等内容必须清晰齐全。

二、主材

1. 墙地砖的选购

目前市场上主要有国产、合资和进口三种瓷砖，品牌和品种非常多，而且瓷砖通常会在室内地面和墙面大面积铺设，直接影响到室内空间的整体装饰效果，所以选购瓷砖时必须特别注意。目前市场上优质的进口瓷砖绝大多数为意大利和西班牙的产品，这些进口瓷砖更注重产品质量，通常只有合格与不合格产品之分，而不会把合格产品分为很多等级。由于地砖在生产工艺和款式上的不同，价格也存在很大差异。

瓷砖的选择主要取决于业主的爱好、品位和预算等因素，但选择时要特别注意瓷砖的款式、颜色应与室内整体风格的统一协调。同时，还必须注意不同瓷砖品种的适用范围，如抛光砖、玻化砖等较光滑的瓷砖品种不能使用在厨卫等易积水和易脏的空间。在瓷砖的尺寸上也需要注意，较大的空间不能用规格尺寸太小的瓷砖，太大的瓷砖也不适合于一些较小的空间。通常厨卫等多水空间的地砖多采用防滑的通体砖，尺寸通常在 300mm × 300mm 左右。目前市场上也比较流行长方形的砖型，比如 300mm × 600mm 规格，用作墙面装饰效果也非常不错。客厅、卧室等面积较大的空间则多用 600mm × 600mm、800mm × 800mm 尺寸的地砖；在一些面积较大的公共空间甚至可以采用 1000mm × 1000mm 以上规格的瓷砖。

瓷砖作为室内装饰的一种主材，在装修预算中占的比重通常较大，除了款式和品种外，在选购时还需要特别注意瓷砖的内在质量。选购瓷砖需要注意如下几点：

（1）看耐磨性。挑选瓷砖时，可用铁钉或钥匙划其表面，不留痕迹的硬度高，耐磨性能也相对较好；划痕较为明显的质量较差。耐磨性较差的瓷砖在经过长时间使用后，较易失去其本身光泽甚至露出坯体底色，对于釉面砖而言尤其容易出现这种问题。

（2）看抗污性。用黑色中性笔在瓷砖表面涂抹或将墨水和可乐泼到瓷砖表面，几分钟后擦拭，不留痕迹的耐污性强；如果擦不掉或擦除后明显还有痕迹，则抗污性能就较差。有些商家会在砖面进行打蜡处理，表面的蜡会在一定程度阻止油污的渗入，这时就必须将砖表面的蜡擦去再测试。

（3）看吸水率。吸水率指标越低越好，吸水率越低，说明砖的质地越细密，越能适应积水较多的空间，砖体不容易因为吸水过多产生黑斑等问题。测试吸水率很容易，往瓷砖背面倒些水，如果水一下子就全被吸收了，那说明砖体吸水率高，砖体较粗疏；如果水凝住或很慢才渗入砖体，说明吸水率低，砖体较细密。

（4）看平整度。好的砖边直面平，铺贴后才会平整美观。可以任意取出几块瓷砖拼合在一个平面上，看砖之间对角是否对齐，如对合不上，平整度就存在问题。还可以直接丈量瓷砖的对角线，如果两条对角线的长度相等则表明瓷砖的四角都是直角。将砖重叠检查瓷砖的平整度也是个很好的办法，好的砖任意抽取几块叠在一起，尺寸基本一致，如果差别较大，贴出来的就不可能整齐划一。

（5）看砖色差。随意取几块瓷砖拼放在一起，在光线下观察，好的产品色差小，产品之间色调基本一致；而差的产品色差较大，产品之间色调深浅不一。色调调深浅不一的砖铺装后对整体装饰效果影响极大。这里特别需要的注意的是，在购买瓷砖时要比实际预算多买几块，以避免不同生产批次间瓷砖的色差。如果施工时瓷砖有过多的损耗，再去购买可能很难碰上同批次的瓷砖。

（6）看砖表面。质量好的瓷砖，表面纯净，花色清晰，将手放在砖面上，轻轻滑动，手感细腻；瓷砖表面应光亮，无针孔、釉泡、缺釉、磕碰等缺陷。

（7）查看检测报告：在挑选瓷砖时，可以通过查看商家提供的检测报告、认证证书等辨别瓷砖质量。检测报告上一般有各种国家检测单位和实验室的认证章，认证章代表了某种资质，章级别越高越多越好。但也不是绝对的，因为检测报告很容易造假，所以最好选购正规品牌的产品，正规品牌除能保证质量外，售后服务也相对较为完善。

2. 装饰石材的选购

相对而言，石材在装饰中的应用比瓷砖要少很多，除了一些较高档的装修会大面积铺设天然石材外，大多数室内空间基本上都是在局部应用。石材中真正用于地面装饰的只是大理石和花岗石，人造石目前更多只是用在橱柜的台面上。选购石材时除了从石材本身纹理和室内设计风格协调的角度考虑外，还需要查验其内在品质。

（1）天然石材的选购（包括大理石和花岗石）。

1）看内在的质地。可以在石材的背面滴一些水，如果水很快被全部吸收了，即表明石材内部颗粒松散或存在缝隙，石材质量不好；反之，若水滴凝在原地基本不动，较少被吸收，则说明石材质地细密。

2）看石材外观。在光线充足的条件下，查看石材是否平整，棱角有无缺陷，有无裂纹、划痕、砂眼，石材表面纹理是否清晰，色调是否纯正。正规厂家生产的天然石材板材有 ABC 三个等级，即优等品 A、一等品 B、合格品 C。等级划分依据是板材的规格尺寸、允许偏差、外观质量和表面光泽度等指标参数划定的。

3）检查石材的放射性。所有的天然石材都具有一定的放射性，但只要其放射性不对人体造成危害即可应用于室内装饰。我国根据天然石材放射性的强弱分为 A、B、C 三个等级，只有 A 级允许用于室内。

（2）人造石的选购。

1）看：目视样品颜色清纯不混浊，通透性好，表面无类似塑料胶质感，板材反面无细小气孔。

2）摸：手摸样品表面有丝绸感、无涩感，无明显高低不平感。

3）划：用指甲划板材表面，无明显划痕。

4）试：可采用酱油测试台面渗透性（结果为无渗透）；采用食用醋测试是否添加有碳酸钙（结果为不变色和无粉末）。

5）查：检查产品有无 ISO 质量体系认证、环保标志认证、质检报告，有无产品质保卡及相关防伪标志。

3. 装饰踢脚线的选购

在选购踢脚板时应首先注意与居室的整体协调性，踢脚板的材质、颜色及纹理应与地板、家具的颜色和纹理相协调。在质量方面，瓷质踢脚线选购和陶瓷墙地砖的选购基本一致，具体选购方法可以参照陶瓷墙地砖的选购。

2.2 图解泥水施工工艺标准步骤及相关验收要点

泥水施工规范的施工工艺步骤有利于提高工程质量和工程效率，泥水施工标准工艺步骤可分为窗台大理石施工标准工艺步骤、地脚线施工标准工艺步骤、包水管施工标准工艺步骤、批荡施工标准工艺步骤、墙面大理石施工标准工艺步骤、铺地砖施工标准工艺步骤、贴瓷片施工标准工艺步骤、地面找平施工标准工艺步骤、防水施工标准工艺步骤、沉箱施工标准工艺步骤、砌墙施工标准工艺步骤等 11 个施工环节，几乎概括了泥水施工的全部内容，同时以图解的方式表达关键步骤，以便于理解各项施工的具体流程。

2.2.1 图解窗台大理石施工标准工艺步骤

目前很多室内空间都会设计大飘台，这种窗台部分的处理通常是以贴大理石为主，当然也有少部分窗台会贴瓷砖或者人造石等材料。下面讲解窗台贴大理石的施工步骤，如果窗台贴瓷砖或者人造石等材料，可以参照本书的贴瓷片施工标准工艺步骤。

第 1 步：原基层浇水湿润，如图 2-32 所示。

第 2 步：底层铺水泥砂浆，如图 2-33 所示。

第 3 步：刮水泥浆，如图 2-34 所示。

第 4 步：将根据窗台大小开好料的大理石贴于水泥浆上，并用橡皮锤敲实，如图 2-35 所示。

图 2-32　湿润原基层

图 2-33　铺砂浆底层

图 2-34　刮水泥浆

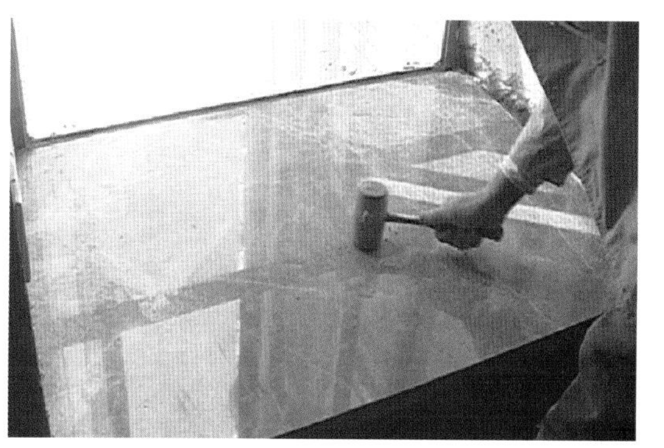

图 2-35　敲实大理石

第 5 步：用抹布清洁大理石面层，如图 2-36 所示。

第 6 步：大理石面层贴保护膜保护，保护膜可采用珍珠棉或者包装纸等材料，如图 2-37 所示。

图 2-36　清洁大理石面层

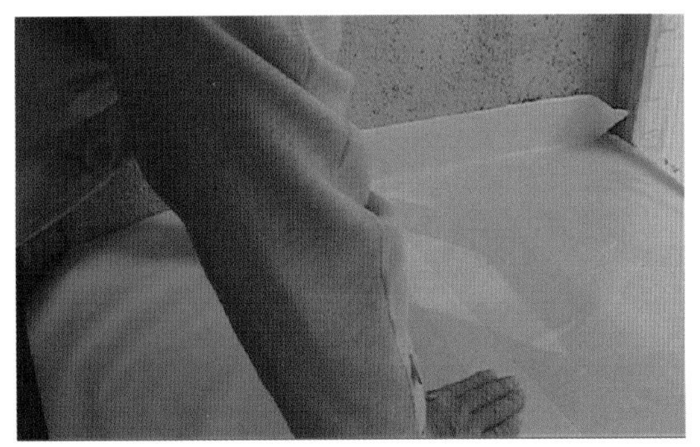

图 2-37　大理石面层贴保护膜保护

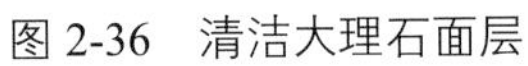

2.2.2　图解地脚线施工标准工艺步骤

目前很多的室内空间采用暗装的方式安装地脚线，暗装地脚线的好处就是可以将地脚线埋入槽内，使得地脚线和墙面齐平，这样贴着墙面放桌子，桌子腿就不会因为底部的地脚线顶住而在桌面上留出一条明显的缝隙，同时也不会藏灰。暗装地脚线的施工步骤和明装地脚线的施工基本一样，只需要增加一个墙面开槽的步骤即可，在这里就不重复介绍了。

第 1 步：根据地脚线高度弹好施工线，如图 2-38 所示，地脚线的高度多为 10、12、15cm。

第 2 步：在地脚线瓷片背面刮水泥浆，如图 2-39 所示。

第 3 步：根据弹好的施工线贴上地脚线，同时量好地脚线的垂直度，如图 2-40 所示。

第 4 步：用橡皮锤敲实定位，如图 2-41 所示。

第 5 步：最后再次量好垂直度，确认地脚线垂直，如图 2-42 所示。

图 2-38　弹好地脚线施工高度线

图 2-39　背面刮水泥浆

图 2-40　量好地脚线的垂直度

图 2-41　用橡皮锤敲实定位

图 2-42　最后再次量好垂直度

2.2.3　图解包水管施工标准工艺步骤

出于美观性的考虑，通常会对厨卫的排水管进行包管处理，将排水管隐藏起来。包水管的材料可以采用红砖、灰砖或者水泥板等。包管后不仅增加了空间美观性，同时还可以降低排水管排水时的噪声影响。但是因为水管被包起来了，如果日后排水管出现问题，相比于不包水管，包水管后的维修会相对麻烦一些。

第 1 步：清理好基层，确保基层平整。如果墙面基层不平整，可以先对墙面基层进行批荡整平。

第 2 步：根据水管的高度，砌立砖封包，如图 2-43 所示。

第 3 步：砌砖时注意保留检修口的位置。

第 4 步：对砖墙进行批荡处理，如图 2-44 所示。

图 2-43　砌立砖包住水管

图 2-44　批荡

2.2.4　图解批荡施工标准工艺步骤

批荡就是在砖墙的基础上批上一层平整的水泥砂浆层，然后就可在批荡层上进行贴砖或者扇灰等施工。

第 1 步：搅拌水泥砂浆，如图 2-45 所示。水泥与砂的比例一般为 1 ∶ 3，水泥标号不能低于 425 号，砂用中粗砂，含泥量不能高于 3%。

第 2 步：抽筋，宜每隔 1.5m 一条，待抽筋水泥 24h 干透后，才可在打湿的墙体上大面积批荡，抽筋施工如图 2-46 所示。

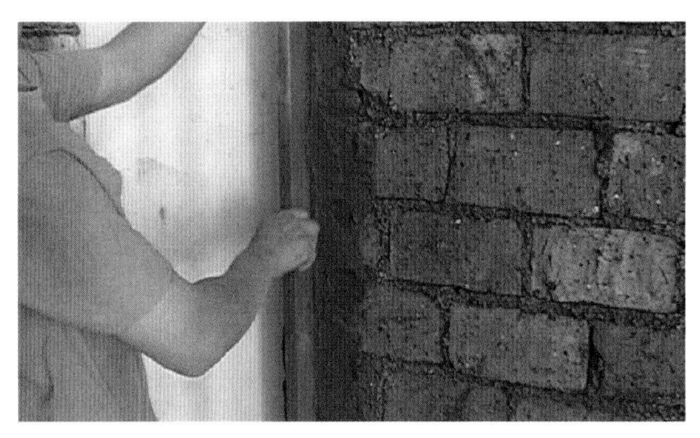

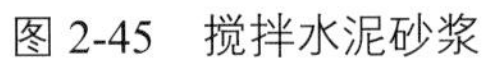

图 2-45　搅拌水泥砂浆　　　　图 2-46　抽筋

第 3 步：批荡，如图 2-47 所示。批荡一遍不宜太厚，每遍厚度不应超过 10mm，老墙批荡墙体要充分湿润，清理好墙体的表面灰尘、污垢、油漆等才可进行批荡施工。

第 4 步：压光，如图 2-48 所示。普通批荡要求砂光，高级批荡要求压光。

图 2-47　批荡　　　　图 2-48　压光

第 5 步：检测批荡的平整度，如图 2-49 所示。

图 2-49　检测批荡的平整度

2.2.5　图解墙面大理石施工标准工艺步骤

大理石是一种较为名贵的天然石材，多用于酒店、会所等高档空间中。在家庭装修中，大理石很少会大面积铺贴于墙地面，而多是用于电视背景墙或者卫生间地面及台面。需要注意的是，大理石通常都具有一定的放射性，最好是不要大面积用于卧室等空间。即使要用，也必须采用国家检测达标的产品。

第 1 步：清理墙面基层，刮掉造成墙体表面不平整的污垢、油漆等，如图 2-50 所示。

第 2 步：墙体表面洒水湿润，如图 2-51 所示。

第 3 步：打花墙体表面，如图 2-52 所示。

第 4 步：刷防潮层，如图 2-53 所示。

图 2-50　清理墙面基层

图 2-51　洒水湿润

图 2-52　打花墙面

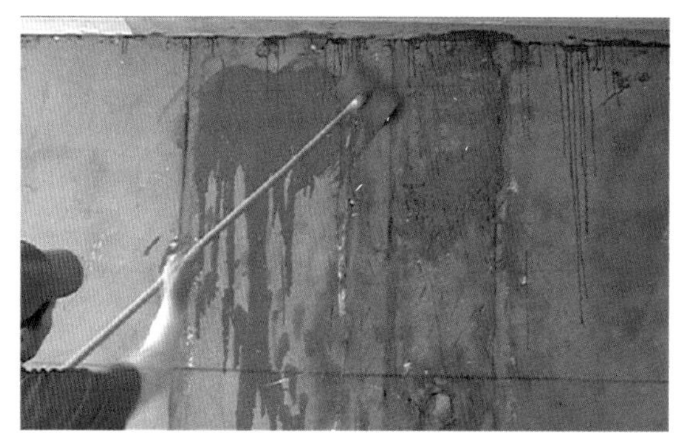

图 2-53　刷防潮层

第 5 步：打好横竖水平线，如图 2-54 所示。

第 6 步：因为大理石每块纹理都不一样，为了美观性，设计师应该事先编排好大理石的位置，并绘制相应的图纸作为施工的依据，如图 2-55 所示。

第 7 步：大理石背面开槽，如图 2-56 所示。

第 8 步：固定挂线，如图 2-57 所示。

第 9 步：刮水泥浆于大理石背面，如图 2-58 所示。

第 10 步：挂贴大理石，如图 2-59 所示。

第 11 步：清洁铺贴好的大理石表面，如图 2-60 所示。

第 12 步：白水泥勾缝，如图 2-61 所示。

第 13 步：检测大理石的平整度，如图 2-62 所示。

图 2-54　打好横竖水平线

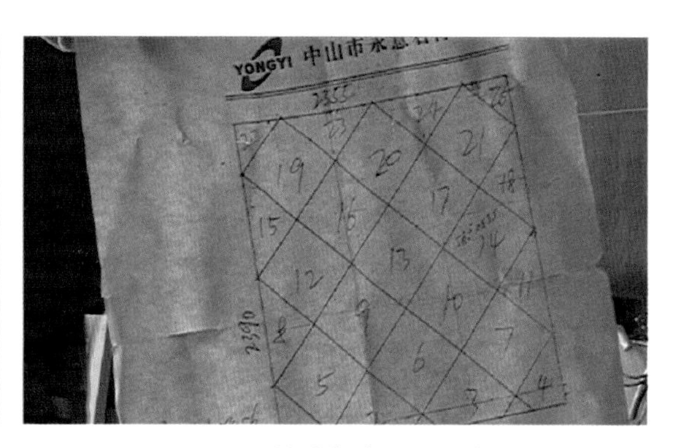

图 2-55　编排好大理石的位置

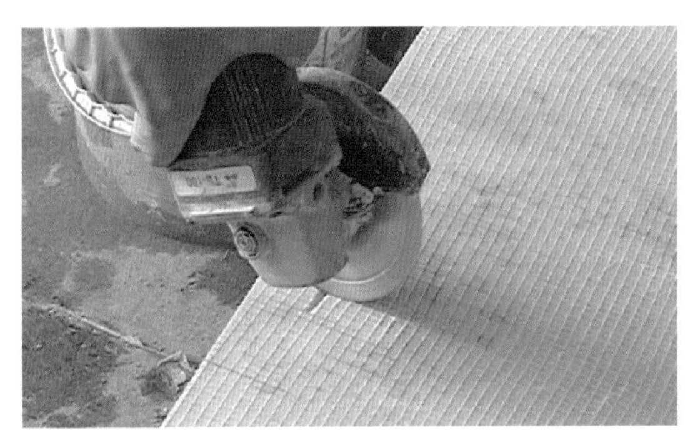

图 2-56　大理石背面开槽

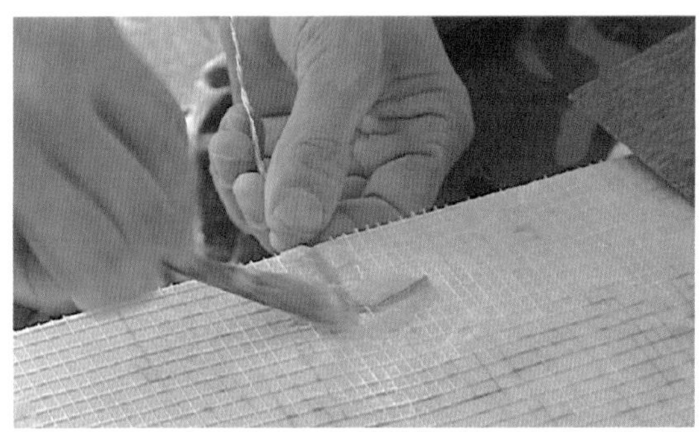

图 2-57　固定挂线

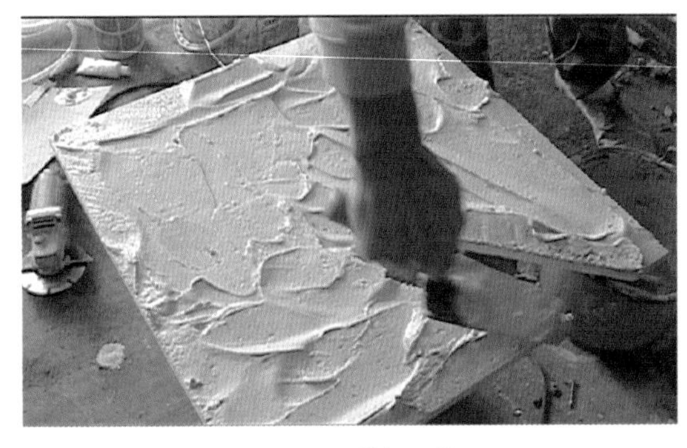

图 2-58　刮水泥浆

图 2-59　挂贴大理石

图 2-60　清洁

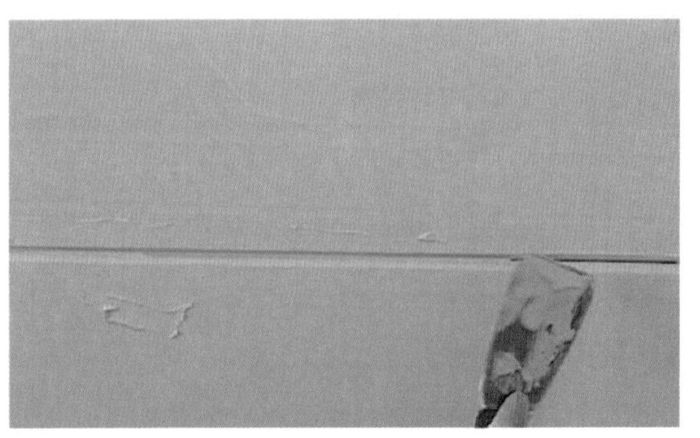

图 2-61　白水泥勾缝

图 2-62　检测大理石的平整度

2.2.6　图解铺地砖施工标准工艺步骤

因为地面瓷砖价格相对低廉且具有美观耐用、易清理等显著优点，因而被普遍采用于各类空间中，是目前地面装饰应用最多的材料。

第 1 步：根据房间的大小及地砖的规格进行排版，拉好十字线，如图 2-63 所示。

第 2 步：根据水平线定好地面的标高，如图 2-64 所示。

第 3 步：搅拌水泥砂浆，水泥与砂的比例一般为 1 ∶ 3 或者 1 ∶ 2.5，水泥标号不能低于 425 号，砂用中粗砂，含泥量不能高于 3%，如图 2-65 所示。

第 4 步：用水湿润地面，如图 2-66 所示。

第 5 步：刷好水泥油，如图 2-67 所示。

第 6 步：做底浆，在瓷砖背面刮水泥砂浆进行地砖铺贴，如图 2-68 所示。

第 7 步：敲实地砖并清洁地面表面污迹，如图 2-69 所示。

图 2-63　拉好十字线

图 2-64　确定地面标高

图 2-65　搅拌水泥砂浆

图 2-66　湿润地面

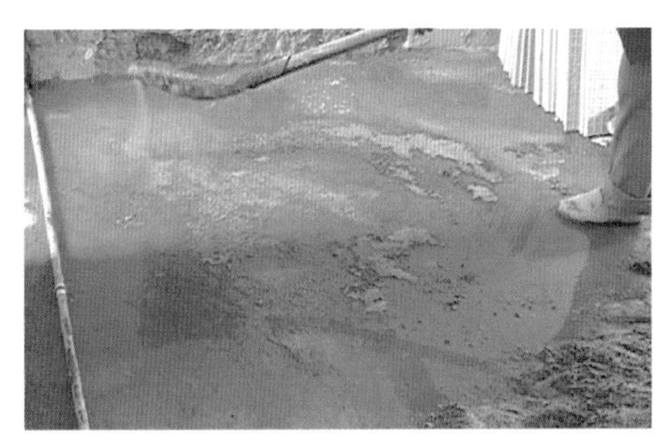

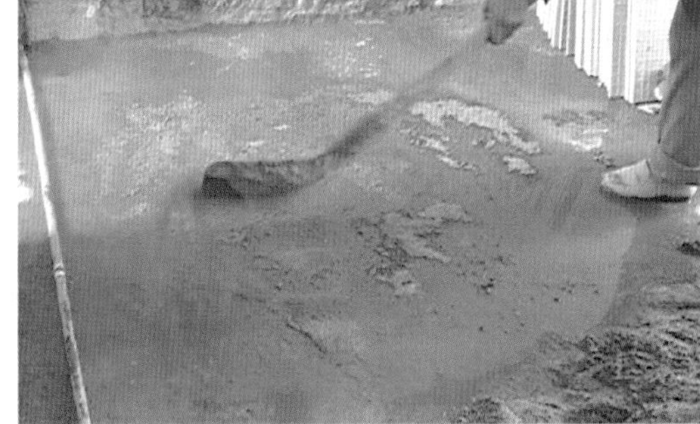

图 2-67　刷好水泥油

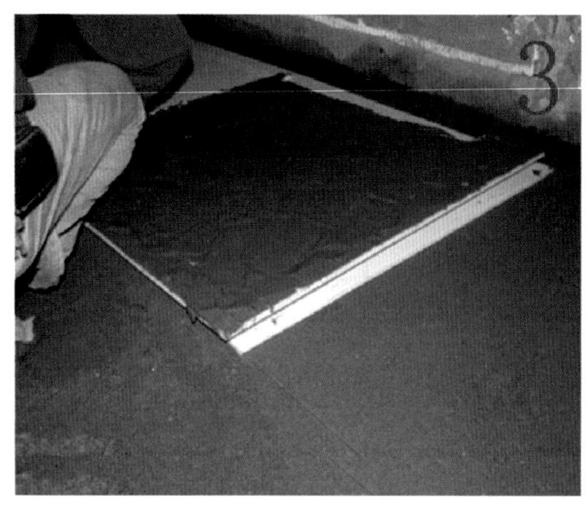

图 2-68 铺贴瓷砖

图 2-69 敲实瓷砖并清洁地面表面污迹

2.2.7 图解贴瓷片施工标准工艺步骤

瓷片价格低廉，样式繁多，通常大量用于厨卫等空间的墙面，除了常见的 300mm×300mm 的尺寸外，目前市场上更流行采用 300mm×600mm 等长方形尺寸，再配上腰线装饰，可以得到非常不错的装饰效果。需要特别注意的是，瓷片的吸水率较高，在施工前需要充分浸水湿润，以避免干燥的瓷片从水泥砂浆层中过度吸水，导致黏结不牢。

第 1 步：放样，如图 2-70 所示。

第 2 步：挂好垂直线、水平线，如图 2-71 所示。

第 3 步：钉好平面点，如图 2-72 所示。

第 4 步：用水浸泡瓷片，如图 2-73 所示。

第 5 步：瓷片背面刮好水泥浆后铺贴，如图 2-74 所示。

第 6 步：清理勾缝，如图 2-75 所示。

第7步：检测平整度及牢固度，如图2-76所示。

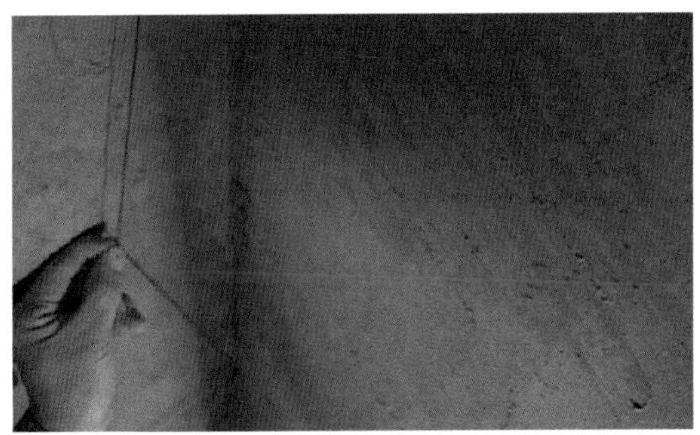

图2-70　放样

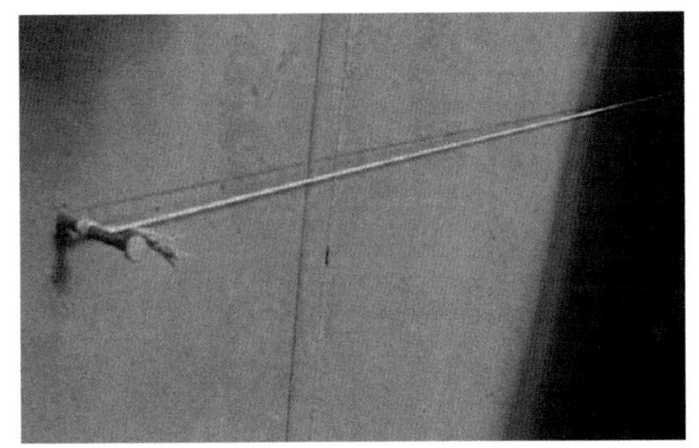

图2-71　挂好垂直线、水平线

图2-72　钉好平面点

图2-73　浸泡瓷片

图2-74　贴瓷片

图2-75　清理勾缝

图2-76　检测

2.2.8　图解地面找平施工标准工艺步骤

地面找平是一种基础性的工程，无论原楼地面铺贴的是瓷砖还是木地板，都需要对地面进行找平处理。找平不仅可以使得基础底面平整，便于以后的施工，而且可以通过找平使室内各个空间处于同一水平位置。

第 1 步：清理基层，铲除基层泥块、土块等，如图 2-77 所示。

第 2 步：确定标高，如图 2-78 所示。

第 3 步：确定标高后在四周墙上弹出标高线，如图 2-79 所示。

第 4 步：找地筋，如图 2-80 所示。

第 5 步：搅拌水泥砂浆，如图 2-81 所示。

第 6 步：浇水湿润基层，如图 2-82 所示。

第 7 步：在湿润的地面基层上撒水泥粉，如图 2-83 所示。

第 8 步：铺好水泥砂浆后找平，如图 2-84 所示。

第 9 步：压光，如图 2-85 所示。

第 10 步：检测平整度，如图 2-86 所示。

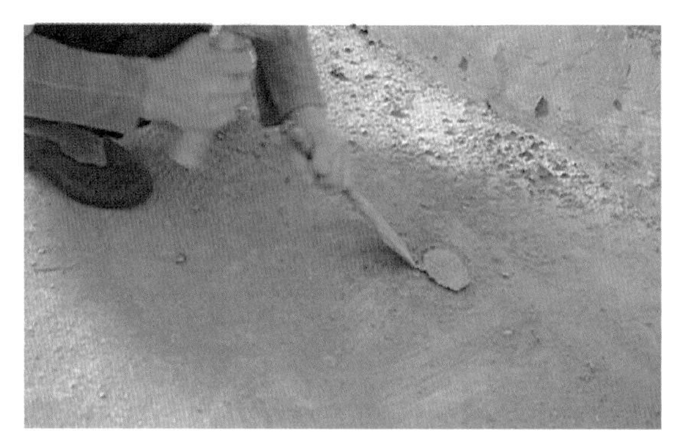

图 2-77　清理基层

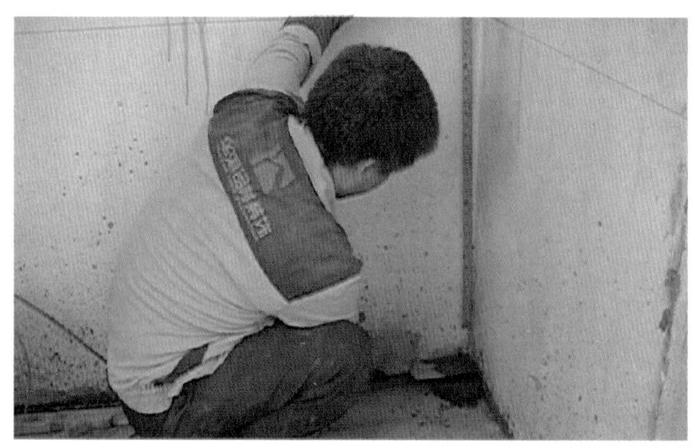

图 2-78　确定标高

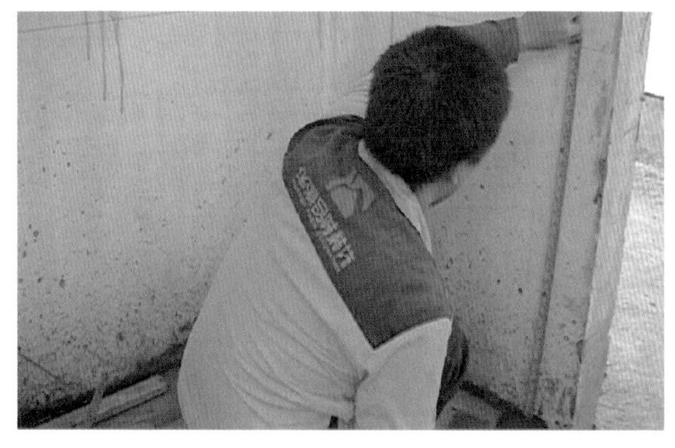

图 2-79　确定标高后在四周墙上弹出标高线

图 2-80　找地筋

图 2-81　搅拌水泥砂浆

图 2-82　浇水湿润基层

图 2-83　撒水泥粉

图 2-84　找平

图 2-85　压光

图 2-86　检测平整度

2.2.9　图解防水施工标准工艺步骤

防水是最为重要的一项隐蔽工程，在刷防水的过程中不能遗漏任何地方，且必须刷足两遍以上。在防水施工完毕后，必须对卫生间等空间进行防水测试。防水测试具体办法是：堵住卫生间排水口，如地漏等，然后将卫生间积水 2～3cm，24h 后到楼下查看是否有水渗漏。一旦发现有渗水痕迹，必须马上返工。如果等到墙地砖铺贴完毕才发现防水的问题，则必须将墙地砖全部敲掉重新做防水，这样的话工程量和损耗会增大很多。

第 1 步：将基层清理干净，如图 2-87 所示。

第 2 步：刷第一遍灰色防水涂料，如图 2-88 所示。

第 3 步：刷第二遍刷蓝色防水涂料，需要完全盖住第一遍防水，如图 2-89 所示。刷不同颜色的防水涂料可以避免出现同一色防水涂刷时出现漏刷的情况。

图 2-87　清理基层

图 2-88　刷第一遍灰色防水涂料

图 2-89　刷第二遍刷蓝色防水

2.2.10　图解沉箱施工标准工艺步骤

沉箱，简单来说就是下沉式卫生间里面放排水管的位置，沉箱处理目前有两种主要的方式，一种是用陶粒或者碎砖泥砂回填，然后在上面做水泥找平层，另一种是架空处理方法。采用第一种方法不仅增加楼板的负荷，而且如果防水做得不好，时间长了整个沉箱都是湿的，目前第一种方法日趋淘汰。架空式沉箱做法是目前主流的沉箱处理方法，下面进行详细介绍。

第 1 步：根据预制板大小用砖砌好地垄，如图 2-90 所示。

第 2 步：清理卫生，注意第二次排水不要堵塞，如图 2-91 所示。

第 3 步：盖好预制板（预制板应事先订制好，且预制板内必须加钢筋），如图 2-92 所示。

第 4 步：对预制板上面进行找平，如图 2-93 所示。

图 2-90　砌好地垄

图 2-91　清理卫生

图 2-92　盖好预制板

图 2-93　在预制板上找平

2.2.11　图解砌墙施工标准工艺步骤

在购买房屋后，业主都会根据自己的需要对原有户型进行相应的改造。在改造的过程中，会对原墙体进行拆除和重砌的施工。室内隔墙常用砖和石膏板隔墙，其中石膏板隔墙属于木工施工范畴，本节主要介绍砖墙的砌筑。

第 1 步：根据图纸放样，在地面画线，如图 2-94 所示。

第 2 步：挂好垂直线及平面线，如图 2-95 所示。

第 3 步：砌墙地面及砖用水浇湿，如图 2-96 所示。

第 4 步：搅拌水泥砂浆，如图 2-97 所示。

第 5 步：砌墙，三皮砖拉一线，五皮砖固定钢筋，如图 2-98 所示。这里的“皮”可以理解为“层”，一皮砖就等于一层砖，砖平着放，放三层，就是三皮砖。砖头宽 12cm，高 24cm，一皮是 12cm 厚，二皮是 24cm，三皮是 36cm 厚，依此类推即可。

图 2-94　根据图纸放样，在地面画线

图 2-95　挂好垂直线及平面线

图 2-96　砌墙地面及砖用水浇湿

图 2-97　搅拌水泥砂浆

图 2-98　砌墙

2.2.12　泥水施工验收要点

泥水施工完成后一般都要经过业主和现场监理验收，过关了才能进行下一项工序，但很多业主因为缺乏经验从而导致不合格的施工验收通过，给日后的生活造成了很多不必要的烦恼，导致返工。泥水施工验收的要点如下。

（1）瓷砖。

1）空鼓。整批瓷砖空鼓率应小于 3%、单块砖空鼓面积不得大于 10cm^2（烟道、有过水管或线管、包水管道墙除外）。

2）平整度：砖与砖表面平整度不得大于 1.5mm。

3）色差：正面观察不得有明显色差、光泽应一致。

4）缝隙：砖与砖接缝偏差不得大于 1mm。

5）破损：表面不得有破损裂缝、砂眼（单块裂缝长度不得大于 1mm，砂眼数不得超过 3 个）。

6）阴阳角：转角偏差不得大于 3°。

7）水泥砂浆标号不得低于 1 ∶ 3。

（2）石材（门头石、窗台石、压顶石等）。

1）空鼓：整批石材空鼓率应小于 5%、单块石材空鼓面积不得大于 10cm^2。

2）平整度：表面平整度偏差不得大于 2mm。

3）色差：正面观察不得有明显色差、光泽应一致。

4）缝隙：接缝偏差不得大于 2mm。

5）破损：表面不得有明显破损、裂缝（单块裂缝长度不得大于 1cm）。

6）磨边：磨边应光滑洁净。

7）水泥与砂浆配比不得低于 1 ∶ 2.5。

（3）找平。

1）平整度：水平偏差不得大于 4mm。

2）起沙：不得有起沙现象。

3）开裂：裂缝长度不得大于 2cm。

4）空鼓：水泥砂浆空鼓面积不得大于 10cm^2。

5）水泥与砂浆配比不得低于 1 ∶ 4。

（4）补线槽。

1）线槽直边需打毛处理。

2）线槽砂浆裂缝长度不得大于 3cm。

3）线槽内线管不得有外露。

4）修补后不得有空鼓。

（5）砌墙。

1）新砌6分墙与原墙交接处需植筋（$\phi 6$），每隔50cm一根，长度不得少于50cm。

2）新墙与原墙交接处需打毛，且需凿净白灰。

3）砌墙水泥与砂浆配比不得低于1 ∶ 2.5。

4）砌墙及粉刷水泥与砂浆配比不得低于1 ∶ 3。

5）砌墙及粉刷不得添加红土或粉煤灰。

6）砌墙时砖与砖的缝隙间砂浆应饱满。

（6）防盗门、塑钢门灌浆应密实。

（7）卫生间地面下水坡度应大于1.5。

（8）阳台地面下水坡度应大于1%。

（9）所有推拉门窗（铝合金或塑钢）窗下槽内的排水小孔需有预留 。

2.3　泥水施工注意事项

2.3.1　泥水施工的总体要求

1. 泥水施工注意事项

（1）原有煤气管道，不得随便拆除或埋入墙内。

（2）原有电视、电话、电脑、门铃线等因墙体改位后，应进行保护，不得随便切断或埋入墙内。

（3）依据施工图复量现场尺寸，如发现不相符的地方及时通知监理，与业主商量更改后再行施工。

（4）检查地漏、下水管道是否畅通，并及时进行保护。

（5）检查原建筑的梁、柱、楼地面。需要特别注意墙体等结构是否存在缺陷，如：楼地面是否漏水、空鼓、脱层、起壳、裂缝；外墙是否渗水入室内；墙体是否垂直，有无裂缝、脱层；梁柱是否平直；原顶棚是否平整等。以上各项均需符合建筑验收标准要求，如果发现问题及时提出，以便责任明确，方便处理。

（6）了解物业有关规定，如允许施工的时间、垃圾堆放、施工要求等。

2. 泥水施工五大忌、六不宜

（1）五大忌：不准破坏承重结构；不准破坏外墙面；不准破坏原建筑防水层；不准增加楼层静负荷；不准将煤矿气管道埋入墙内。

（2）六不宜：卧室不宜铺贴大理石；厨房、卫生间不宜铺贴抛光砖，应贴防滑地砖；卫生间地面不宜随便抬高；地漏不宜安装竖式；腰线不宜高于1.2m，低于0.9m；隔墙不宜砌1/4墙，即侧砖墙。

2.3.2　墙体拆建改造施工

1. 拆除施工注意事项

（1）把所有门、窗、玻璃做好保护。

（2）检查所有地漏、排水是否堵塞，并要做好保护。

（3）不能打承重墙。

（4）拆除外门、窗和拆阳台地砖、瓷片要注意施工方法，做好保护措施以防止出现坠落伤人事故。

（5）拆旧墙体时不能损坏楼下或隔壁墙体的成品。

（6）拆地面砖时要预防打裂楼板层。

（7）拆楼板房或新开楼梯口时四周要用切割机切割。

（8）拆成品家具、洁具或其他成品一定要小心，防止损坏，并做好保护。

（9）带装修房打拆时，房间地面砖、木地板要用夹板做保护，以防损坏。

（10）对讲机、可视门铃、煤气报警器的线路应注意保护，以防损坏。

（11）砌墙要注意其安全牢固，实用可靠，砌墙超过 2m 时必须拉钢筋，新老墙必须错位，砖必须浇水润湿。

2. 砌墙施工注意事项

（1）砌筑前先试排砖样，然后从第一皮（层）砖起挂一条水平线，与两条竖线相交，砌完第一皮（层）砖后，将水平线先上升到第二皮（层）砖位，再砌第二皮（层）砖，逐渐依次往上升，直到顶，从而保证墙面不走形。

（2）砌砖墙应砌工字形墙，做到三线一吊，五线一靠，即砌三皮（层）砖用线锤吊角看是否垂直，砌五皮（层）砖用皮数插或靠尺检查墙面是否垂直平整，检查砖墙能否达到横平竖直，厚薄均匀，砌缝交错，砂浆饱满，接槎牢固的要求。

（3）采用铺浆法砌砖时，铺浆长度不宜超过 750mm，施工期间气温超过 30℃时铺浆长度不得超过 500mm。

（4）砖砌体的转角处交接处应每隔 8～10 行砖配置 2 根 $\phi 6$ 拉结钢筋，伸入两侧墙中不小于 500mm。

（5）墙体转角处必须把要转的角同时砌起来，严禁单独分砌。

（6）新墙与旧墙交接处，每隔 500mm 高应设置 2 根 $\phi 6$ 拉结钢筋，伸入新墙中不小于 500mm。新旧墙交接处砌砖时应交错接口。

（7）室内隔墙无梁处最好采用轻质砖砌体以利减轻楼面荷载。

（8）砌墙的灰缝宽度 10mm 为宜，砌墙的高度一般控制在 2m 为宜。

3. 预留门窗洞口及设置过梁注意事项

（1）砌砖留门洞口窗口应先吊线，保证门洞窗口的垂直，用 1 ∶ 2 的水泥砂浆保证门洞窗口的稳固，也便于包门框窗套。

（2）普通标准平开门预留门洞宽度一般为 850～860mm，高度为 2000～2100mm；大门按施工图或业主要求定尺寸；推拉门、折叠门按施工图，根据现场实际情况确定宽度尺寸，高度通常为 2100mm；暗藏推拉门，两面砌 1/4 墙，中间留 50～60mm 空位，宽、高按设计要求；卫生间门最小宽度为 700mm，预留门洞宽度为 750mm，高度视实际情况而定。

（3）门窗应设制过梁，为使结构牢固按不同跨度设制，过梁形式有：

1）平砖过梁：跨度 1000mm 以内，用 1 ∶ 2 水泥砂浆平砖砌筑，过梁下部加设 4 根 $\phi 8$ 钢筋。

2）竖砖过梁：跨度 1000mm 以内，用 1 ∶ 2 水泥砂浆竖砌筑，过梁上部设 4 根 $\phi 8$ 钢筋。

3）拱砖过梁：跨度 1200mm 以内，用 1 ∶ 2 水泥砂浆竖砖砌拱形过梁。

4）铨过梁：跨度大于 1200mm 以上，应设钢筋混凝土过梁，宽为墙厚，高 100mm 以上，按构造要求跨度越大梁越高，内设 4 根 $\phi 10$ 以上钢筋。长度按实际跨度两头各加 120mm 以上。

2.3.3 批荡施工

批荡施工总体要求如下：

（1）批荡施工采用的砂浆品种，应按照设计要求，如无设计要求，应符合以下规定。

1）混凝土楼板和墙的底层批荡：可采用水泥混合砂浆、水泥砂浆或聚合物水泥砂浆。

2）温度较大房间的批荡：可采用水泥砂浆或水泥混合砂浆。

3）板条、金属网顶棚和墙的中层批荡：可采用麻刀石灰砂浆或纸筋石灰砂浆、水泥砂浆。

4）硅酸盐砌块、加气混凝土块、粉煤灰轻质小砖和板底层批荡：可采用水泥混合砂浆，水泥砂浆或聚合物水泥砂浆。

（2）批荡所用水泥砂浆中的水泥与砂的配比一般为 1 ∶ 3，水泥标号不能低于 425 号，砂用中粗砂，含泥量不能高于 3%。

（3）泥砂浆和水泥混合砂浆的批荡层，应待前一层批荡层凝结后，方可抹后一层；石灰砂浆的批荡层，应待前一层七八成干后，方可抹后一层（需要注意的是水泥砂浆不得在石灰砂浆层上抹灰，那样不易黏结，容易脱落）。水泥砂浆及掺加水泥或石灰膏拌制的砂浆，都应控制在初凝前用完。

（4）新老墙交接处应打掉老墙批荡后砌墙，所有新老墙交接处，都必须打掉原有批荡至少 100mm 再挂网批荡。木结构与砖结构及混凝土结构等相接处基体表面的批荡，应先铺钉金属网，并要绷紧牢固，金属网与各基体的搭接宽度不应少于 100mm。

（5）批荡前，砖、混凝土等基体表面的灰尘，污垢和油渍等，应清理干净，并洒水湿润。

（6）批荡前，应先检查基体表面的平整度，并抽筋，使批荡后墙面保持平整。抽筋首先拉一平水泥，再吊一竖线与之垂直，沿竖线位隔 500mm 固定一枚铁钉，钉帽与线平，然后取掉竖线，打湿墙体，平钉帽抽筋，宽宜 30 ~ 50mm，抽筋宜每隔 1.5m 一条。

（7）阴阳角，抽筋拉水平线交叉成垂直才能确保阴角成 90°，阳角必须用铝合金靠尺分两边批荡拉直，室内墙面、柱面和门洞口的阳角，宜用 1 ∶ 2 水泥砂浆做护角，高度不低于 2000mm，每侧宽度不能少于 50mm。

（8）室内批荡，应待上下水、煤气等管道安装后，批荡前必须将管道穿过的墙洞和楼板洞填嵌密实，再进行批荡。同时必须将门窗一边空隙及墙面边边角角洞眼填补平实，便于后期扇灰施工。

（9）批荡一遍不宜太厚，且一般使用细砂，砂浆最好加些石灰浆，每遍厚度不应超过 10mm，普通批荡要求砂光，高级批荡要求压光，老墙批荡墙体要充分湿润，清理墙体的表面灰尘、污坨、油漆等。

（10）各种砂浆的批荡层，在凝结前，应防止快干、水冲、撞击和振动。凝结后，应采取措施防止沾污和损坏。

2.3.4 地面找平施工

1. 地面找平的高度

地面找平层关键在于确定地面标高，即在打好水平线的基础上，计算客厅、餐厅、内走廊在原建筑地面上铺贴地面抛光砖或大理石的标高。为了使得整个室内空间的标高一致，该标高应与大门外走廊标高及卧室地面标高相同。

2. 地面找平施工要点

（1）地面找平首先要作好控制点，并在墙周围弹上控制线。

（2）在地面找平前先将原楼地面基层上的尘土、油渍等清理干净，浇水湿润。

（3）地面找平层水泥砂浆配合比宜为 1 ∶ 3。

（4）地面找平砂浆应分层找平，找平后用一些干水泥洒在上面做压光处理。

2.3.5 防水施工

对于家庭装修来说，防水是一项必须做好、做到位的施工项目，因为它会直接影响业主的日常生活，防水也是装修中最容易出现问题的环节之一。一般来说，卫生间、厨房、阳台的地面和墙面，一楼住宅的所有地面和墙面，地下室的地面和所有墙面都应进行防水、防潮处理。防水工程是对墙及楼面用防水材料进行处理，以免用水时，沿墙或墙脚及楼面渗水，对墙面、楼底面涂料、夹板天花及木制家具引起潮湿后腐蚀变质。地面防水应做到 48h 的储水试验，并且到楼下观察是否有渗水现象。

1. 卫生间防水

在整套家居装饰施工中，卫生间防水处理是关键的地方，因卫生间用水量较大，水汽重，如果处理不好极易向外渗水。一般而言，卫生间墙面防水高度一般为 1000 ~ 1800mm，如卫生间墙面背面有到顶衣柜，防水层必须做到天花底部。防水剂与水泥配比应按产品说明进行（1 ∶ 0.6 ~ 1 ∶ 0.8 比例）配制。防水施工采用黑鬃扫涂刷，墙身防水涂刷 2 ~ 3 遍，不得漏刷，不许出现砂眼及气泡，验收合格后方能做下道工序。

卫生间地面型式主要有沉箱式、平面式、蹲台式等。

（1）沉箱防水处理。

1）首先检查基层表面是否平整，阴阳角是否平直，墙面是否垂直，未达标要先处理到位，不得有松劲、空鼓、起沙、开裂等现象。

2）在沉箱内先将给排水管、排污管预埋好（沉箱内不许走进水管）。

3）把沉箱内杂物清理干净，如有二次排水出口的，应做好二次排水找平，以二次排水出口为中心放好坡度。

4）整平基层，在侧面、墙面刮一层素水泥浆，批荡成光面。

5）待水泥干后，沉箱与墙面同时用防水涂料刷两遍以上，两遍中间间隔不得少于4h。防水涂料的作用是堵塞混凝土毛细孔，避免渗水。刷防水时，地漏、套管、卫生洁具根部、阴阳角落等部分应特别注意。涂刷时应均匀无漏刷，无孔洞、砂眼，48h后再试水48h，特别要到楼下去看是否漏水。

6）在沉箱内砌三道12砖，其上搁置混凝土预制块，再用水泥砂浆找平、封闭好沉箱，注意沉箱不得有余留积水。

7）墙面防水与沉箱防水的连接处应处理好，形成整体。连接处应特别重视，墙面高度交接在200mm以上，不得有漏刷情况出现。

8）待干后应再一次试水48h，看相连的房间是否有渗水现象。卫生间的墙面防水高度一般为1m左右，淋浴房的防水位置最少不低于1.8m，如背后有柜的则要做到顶。

（2）卫生间平地面防水处理。

1）首先检查基层表面是否平整，阴阳角是否平直，墙面是否垂直，未达标要先处理到位，不得有松劲、空鼓、起沙、开裂等现象。

2）先预埋好给排水管、排污管道。

3）整平墙地面基层，在上面刮一层素水泥浆，待干后，墙地面刷2遍防水涂料一次完成。也可先做墙面防水，镶贴墙面瓷片时预留最低下一排不贴，以后再做地面防水，但接口处必须处理好，上下交叉好，接应有200mm，双层防水，不得有漏刷情况出现。

（3）卫生间蹲台式地面防水处理。

1）首先检查基层表面是否平整，阴阳角是否平直，墙面是否垂直，未达标要先处理到位，不得有松劲、空鼓、起沙、开裂等现象。

2）埋好给排水，排污管道，清理整平墙地面，在上面刮2层素水泥浆，待干后，应在蹲台底部做一次防水，然后在蹲台面又做一次防水，墙面防水应延伸到蹲台底部，接口处要理好，整个刷2遍防水涂料。

2. 厨房防水

厨房的防水处理也一样重要，因厨房内设有地柜、吊柜，不但要注意厨房内的防水，而且也要防止用水向外渗泄。

（1）厨房防水施工，先预埋好给排水管道。

（2）清理整平墙地面基层，刮一层素水泥浆，待干后，墙地面刷2遍防水料一次完成，也可先做墙面防水，镶贴墙面瓷片时预留最低下一排不贴，以后再做地面防水，接口处必须处理好，上下交叉交接应有200mm，双层防水。

（3）厨房排水管附近时防水施工的重点，必须做到下排水畅通，排水管孔周边封闭严密，避免向处泄水。

2.3.6 地砖、墙砖铺贴施工

1. 地面铺设施工

地面铺设主要区间有客厅、餐厅、内走廊、厨房、卫生间等，地面铺设按材料分类为地面抛光砖、大理石、防滑地砖、马赛克等。

（1）施工准备：准备好铺砖要用到的工具；检查地面抛光砖、大理石等材料规格、型号、平整度、边角方正度等是否达到合格品质量要求，进行选料、排料，发现不合格品置于一边，调换合格品后再用；确定地面标高，即铺设厚度、地面抛光砖或大理石的标高及铺设厚度、应注意与木地板房的地面标高保持一致，同时考虑铺贴门槛与地面的高度；清理基层表面尘土、油渍等，检查原楼地面质量情况，是否存在空鼓、脱层、起翘、裂缝等缺陷，一经发现及时向业主提出，并作好处理。

（2）测量放线：从进门口左边或右边开始，挂横竖十字线，依据地面抛光砖及大理石的规格大小，尽量避免缝中正对大门口中，影响整体美观。在十字线下用砖或砂浆上加地砖或大理石确定铺设厚度，然后用钢钉将棉线固定，铺设时便于检查。

（3）按 1 ∶ 3 配合比调制水泥砂浆。一包水泥配 150kg 砂，水泥一般用 325 号或者 425 号，最好采用 425 号。砂采用河砂中粗砂，调拌时注意稠度不宜过干，也不宜过湿。

（4）铺贴前，先要浇水浸泡楼地面，再刷好素水泥浆，才能开始铺地砖。

（5）开始试铺，一般先铺 3 ~ 4 块。首先看是否方正、平整，花纹图案是否一致，确定后，将已调制好的砂浆铺好，厚度合适。接着放上地面地砖或大理石，用橡皮锤敲击，从中间到四边，从四边到中间反复数次，使其与砂浆黏结紧密，同时调整基表面平整度及缝隙。

（6）一边铺设、一边检查，用 2m 靠尺或水平尺检查地面平整度，发现问题及时返工处理。

（7）铺贴后 24h 内及时检查是否有空鼓，一经发现及时返工撤换，待水泥砂浆凝固后返工会增加施工困难。如果水泥砂浆已经凝固则必须用切割机切四边，打烂地砖或大理石，凿去底层硬砂浆后才能重新进行铺设。

（8）铺贴后应及时清理表面及砖缝，竣工清理时应用白水泥和防水剂勾缝或用填缝剂勾缝（玻化砖不需勾缝处理）。地面砖或大理石施工完工后，应保持表面干净，并进行地面保护。

2. 墙面瓷片镶贴

除了公共空间会贴瓷片保护墙面外，室内贴瓷片的空间一般为卫生间、厨房和阳台等易脏的区域。墙面瓷片铺贴步骤及要点如下：

（1）墙面瓷片镶贴，先检查原墙面是否空鼓、脱层、起壳，原墙面是否平整，墙角是否方正，如误差超过 20mm，必须用 1 ∶ 3 水泥砂浆找平并作好防水后方能施工。如墙面是涂料基层，必须先铲除涂料层并打毛，涂刷熟水泥浆后，方能施工。

（2）检查瓷片质量、规格、型号、平整度、边角方正度是否能达到合格品要求，如有误差必须通知业主，待业主同意后方可施工。

（3）选料、排料，并将选好的釉面砖浸泡于水池中 2h 以上，晾干表面水分再使用，绝不能采用淋冲式浇湿瓷片。

（4）清理基层灰尘、油渍、管道封槽、墙洞填实等，并洒水湿润。

（5）开线，先在墙面四周预留最底一排瓷片上打一条水平底线，在水平线处钉一长木条以稳定初贴瓷片，然后确定镶贴厚度，再挂两条竖线、一条水平线。

（6）铺贴前应进行放线定位并根据墙面宽度与瓷片规格尺寸进行试排。

（7）贴瓷片时必须挂线铺贴，挂线铺贴不允许用铁钉拉线，防止破坏防水层。瓷片用纯水泥浆或专门的瓷砖胶粘贴，水泥浆在瓷片上涂抹均匀，瓷砖胶按厂家说明操作。一般从中间往两边镶贴瓷片，也可以从一边开始镶贴。但排料要计算准确，以免出现到边剩下小于 1/3 的小条瓷片影响美观。

（8）一边镶贴一边用水平尺或 2m 靠尺进行检查水平度、垂直度、平整度，发现问题及时处理。

（9）墙砖铺贴完成三天后，统一使用填缝剂调墙面面漆勾缝。采用勾缝胶板勾缝，再用海绵擦缝收光。

3. 大理石、花岗石铺贴

窗台石的安装一般不超出墙 20mm，正面需要进行磨边处理。铺贴窗台大理石前，原台面必须做打毛和防水处理。

门槛石的安装应在铺地砖的时候同时铺好。门槛石需要到厂家预定，其预订尺寸要准确，要磨边处理。标准的门槛石尺寸应是 920mm（墙的宽 + 门套线 +9 厘底板）。厨房、卫生间、阳台的门槛石铺贴应注意做好防水。

墙面大理石的铺设主要有干挂、湿挂、湿贴、胶贴等方法（花岗石同此）。

（1）干挂。干挂就是用标准干挂件如角铁、膨胀螺钉等将大理石固定在墙面。干挂施工注意事项如下：

1）注意角铁的平整度。

2）有些干挂需要用角铁在现场用电焊焊好架子。施工时要注意大理石的大小尺寸，挂大理石前要确定哪些大理石是要挂物件的，如电视机等。在烧焊时，按电视机的挂架要求安装好特制的螺钉，以备安装大理石时好挂电视机的挂架。

3）在安装大理石时按花纹顺序安装，用云石胶固定，再用干挂胶在大理石和角铁架上连结，确保云石胶和干挂胶足量从而保证大理石的粘贴强度。

4）在粘贴大理石时不要把胶弄到大理石面上，如被胶黏到要及时清理、擦干净，大理石铺贴好后应及时保护。

（2）湿挂。湿挂是贴墙面大理石的最常用的施工方法，其操作流程如下：

1）选材看大理石的图案花纹，确定铺贴的顺序及方法。

2）拉好水平线及垂直线，一横二竖，确保平整度。

3）把大理石按花纹顺序对好，按大理石的大小在墙体用冲击钻打入 4 个膨胀螺钉固定好，在大理石的背面按比例尺寸开 4 个半圆形 U 形槽，把铜丝按 U 形槽方向固定好（用云石胶固定），待干透后把铜丝挂在膨胀螺钉上固定，固定石材的铜丝应与预埋件连接牢固。

4）从上方灌进水泥砂浆增加黏结力。灌注砂浆前应将石材背面基层湿润，并应用填缝材料临时封闭石材板缝，避免漏浆。灌注砂浆宜用 1 ∶ 2.5 水泥砂浆，灌注时应分层进行，每层灌注高度宜为 150 ~ 200mm，且不超过板高的 1/3，插捣密实。待其初凝后方可再次灌注一层水泥砂浆（注：浅色大理石采用白水泥加建筑胶灌浆）。

（3）湿贴。湿贴的方法与墙面瓷砖工序一样，一般用于高度不超过 1.5m 的墙面铺贴大理石，不提倡采用湿贴的方法铺贴大理石。

（4）胶黏。胶黏施工注意要点如下：

1）胶贴前要做好墙面平整、基层处理应平整但又不能太滑。因为成本的原因，胶贴的胶泥不会太厚，如果墙面平整度、垂直度差的话，就很难把大理石贴平整。

2）按照说明书比例将粉料和水搅成胶泥状，将基层处理干净，用齿形梳刀在基层刮抹 4 ~ 5mm 厚胶泥，参考用量约为 4 ~ 5kg/m^2。

3）将大理石板铺贴、压实（具体施工可以参照大理石胶说明书要求进行）。

4）在夹板上胶贴要注意固定，在墙体打好 9 厘夹板。采用大头自攻螺钉打点，石头背面开孔（4 个孔以上），用 A、B 干挂胶和云石胶同时固定，绝对保证大理石与基层连接。

5）胶黏剂调配比应符合产品说明书的要求。胶液应均匀饱满地刷抹在基层和石材背面石材定位时应准确，并应立即挤浆找平、找正，进行顶、卡固定，溢出胶液应随时清除。

以上四种施工方法同样适用于墙面花岗石铺贴，不管用一种方法粘贴，墙面石材铺贴前应进行挑选，并应按设计进行预拼。在搬运大理石或者花岗石时，应侧搬而尽量不平搬，因平搬易断。强度较低或较薄的石材应在背后粘贴玻璃纤维网布，最好在大理石背面用云石胶固定细钢筋，增加其强度及黏结度。

4. 马赛克铺贴

随着技术的进步，马赛克的品种越来越多，尤其是随着玻璃马赛克的出现，使得马赛克的装饰效果得到了一个很大的提升。马赛克主要用于墙面和地面的装饰。由于马赛克单颗的单位面积小，色彩种类繁多，具有无穷的组合方式，它能将设计师的造型和设计的灵感表现得淋漓尽致，尽情展现出其独特的艺术魅力和个性气质，被广泛应用于宾馆、酒店、酒吧、车站、游泳池、娱乐场所、居家墙地面以及艺术拼花等。马赛克的铺贴相对比较简单，具体方法如下：

（1）用 1 ∶ 3 水泥砂浆将铺贴面找平至垂直、方正、平整，其误差不大于 0.1%。

（2）将作业面薄刮 2mm 白水泥浆（加白乳胶或胶水）或专用黏结剂将马赛克铺上压平。

5. 陶瓷踢脚线施工方法

踢脚线的施工主要有两种方式，一种是暗装，即在墙面开槽，将踢脚线嵌入槽内，做到墙面与踢脚线齐平；另外一种就是直接贴在墙面上，踢脚线相比墙面要突出一些，这种做法也是贴踢脚线的常规做法。踢脚线的施工和贴瓷砖类似，这里就不再重复了。

2.3.7　其余零星泥水施工

1. 门窗套修补

（1）门窗套修补，先清理基层面表尘土、油渍等。

（2）确定好门窗洞口尺寸（长、宽），依据施工图与现场实际情况而定。

（3）吊线确定垂直度，抹灰前将墙体湿润。

（4）采用 1 ∶ 2 配合比的水泥砂浆。

（5）用两块 60mm 宽的木条靠紧墙体，预留抹灰厚度，再用几个钢筋卡夹住木条，然后进行批荡。注意事项如下：

1）门窗套修补批荡应垂直平整，符合规范要求。

2）新老墙交接应处理好交接口，避免以后批荡开裂。

3）门窗套修补批荡，在凝结前，应防止快干、水冲、撞击和振动。

2. 地柜、地台施工

目前的橱柜设计和制作大多由专门的橱柜公司完成，但是在某些较为经济型装修中，还是会采用砖砌的方法制作厨房地柜，然后在面层贴上大理石或者花岗石，也可以直接采用花岗石或者大理石制作，其现场施工注意事项如下：

（1）厨房地柜如用砖砌和混凝土板结构处理时应因地制宜。

（2）混凝土板应预制，待其凝固后再行搁置组合。

（3）混凝土台板应预留好煤气灶、洗手盆孔，尺寸要适合。

（4）地柜制作安装，应注意高、宽的尺寸，一般高为 750 ~ 800mm，宽为 500 ~ 550mm。

（5）地柜制作安装时应挂水平线，保证平整度。

（6）地柜台面大理石安装时先试好，然后用素水泥浆铺平再搁置。

（7）厨房如果采用木地柜，底部应做 80 ~ 100mm 高的地台，先用砖砌，水泥砂浆抹平，以便起到保护木地柜浸水的作用。

（8）地台面用瓷片镶贴，阳角要倒角 45°，这样拼接美观。

3. 包水管施工

（1）包水管应因地制宜，确定大小，并做好主管过楼层孔的周边防水。

（2）包水管应考虑墙面瓷片的规格尺寸，大面最好为一块瓷片宽，可以将瓷片切割使用，切割机切瓷片边后应用打磨机或砂轮机磨平，这样较为美观。

（3）包水管砌墙应吊线，保证垂直度，待批荡再吊线。包水管方正度应成 90° 直角，不能歪斜。

（4）包水管阳角要倒角 45°，不得平口接。

（5）包水管主管道应预留检查孔位，预留检查口的方法有多种，如不锈钢道、预留活动瓷片和瓷片上留圆孔等，如何预留可由业主和设计师商定。

（6）包水管镶瓷片应检查垂直度、平整度，是否有错位、错缝、缺楞、缺边、裂缝等，发现后及时返工撤换，以保证施工质量。

4. 地漏、灶台、洗手台安装

（1）地漏安装。

1）在安装地漏前应检查排水是否畅通。

2）地漏盖应低于地面砖 2～4mm，如落在一块地砖中间，应四面斜向内开槽，以便泄水。

（2）灶台、洗手台大理石安装。

1）先检查大理石是否有裂痕。

2）台面大理石安装前要试装，检查预留孔大小是否合适。

3）要挂线检查台面是否水平，如不水平应垫平后再安装。

4）台基面为混凝土可用素水泥浆黏结，木结构可用云石胶或万能胶黏结。

5）一般灶台，洗手台大理石应做挡水侧石，黏结要牢固美观。

2.4 泥水施工常见问题及解决办法

在泥水施工过程中难免会出现各种各样的问题，有的问题会直接影响到工程质量，有的问题会影响工程进度，有的问题会让业主感到很烦恼，泥水施工常见问题如下。

2.4.1 地砖、墙砖空鼓现象

空鼓是瓷砖施工中最常见的问题，形成空鼓的原因有很多，但多数是因为基层和水泥砂浆层黏结不牢造成的。解决瓷砖空鼓问题必须按照要求，严格、规范施工，或在施工中需注意基层和饰面砖的表面清理，同时瓷砖铺贴前必须充分浸水湿润，还必须注意使用正确的水泥与砂的比例。

2.4.2 地漏排水慢

地漏排水慢这一问题经常会碰到，同时也困扰着很多业主。其原因主要是地漏或下水道堵塞、地面坡度不够。其解决办法：如是第一种原因就要自己清理一下地漏，或找专业人士疏通下水道；如是第二种原因在验收时要注意地面的坡度，地漏应装在墙角附近，同时排水坡度为 2%。

2.4.3 大理石用久会掉色

现在市面上销售的大理石和花岗石中，有些是用廉价石材通过物理或化学的方法进行人工染色制成的，这些石材一般使用半年到一年左右就会掉色，显露出其真实面孔。市面上染色的石材品种多达十几种，其中大花绿和英国棕这种情况最多见，选购时需要特别注意。

2.4.4 墙砖、地砖的混用

墙砖、地砖是不能混用的。将纹理和颜色更多样化的墙面砖铺在地上营造个性化效果，或者把剩下的地面砖贴上墙，这些做法是非常不科学的。因为墙砖、地砖的吸水率差异很大。墙砖大多是陶土烧制的，陶土的吸水率相比瓷土要高很多，而地砖基本上都是采用瓷土烧制的。即使墙砖也采用瓷土烧制，其吸水率也往往明显高于地砖，因为相对而言墙面对于防水的要求要比地面低得多。此外，墙砖的背面相比地砖要粗糙，因为墙面贴砖牢固度要求要比地砖高，粗糙的背面有利于把墙面砖贴牢于墙面，背面相对光滑的地砖则不易在墙上贴牢固。

2.4.5 釉面砖龟裂

釉面砖是由胚体和釉面两层构成的，龟裂产生的根本原因是由于坯层与釉层间的热膨胀系数之间差别造成的。

通常釉层比坯层的热膨胀系数大，当冷却时釉层的收缩大于坯体，釉层会受坯体的拉伸应力，当拉伸应力大于釉层所能承受的极限强度时，就会产生龟裂现象。

2.4.6　天然石材背面的网格

有些石材尤其是部分大理石本身较脆，必须加网格增强其强度，例如西班牙米黄。此外，有些厂商为节省材料，还会人为削薄石材的厚度，太薄的石材易断裂，所以才加上网格。通常，如果颜色较深的天然石材有网格，多数是因为厚度太薄。

2.4.7　天然石材的放射性

石材种类繁多，相对而言，暗色系列（包括黑色、蓝色、暗色中的绿色）石材和灰色系列的花岗石，其放射性强度小，即使不进行任何检测也能确认是 A 级产品，可以放心地用在室内装修中应用。浅色系列中的白色、红色、绿色石材和花斑色系列的花岗岩相对来说放射性会比较强些，但也不是绝对的，最重要的还是看石材能否达到国家对于室内应用规定的 A 级标准。

2.4.8　木纹水晶砖易出现缺角崩边，砖面弧形

水晶砖是易烂砖，施工时要特别注意小心，不能大力碰撞其他物品，另外，木纹水晶砖的质量不够稳定，用前应翻箱检查，对因砖本身质量问题的应逐块选用，如果问题太多必须换货或退货。

2.4.9　瓷砖表面不平整，缝口大小不均匀

瓷砖铺贴好以后发现表面不平整，砖缝的大小也不均匀，出现这种情况要先拿靠尺检查底层批荡是否平整，如果相差超过 2cm 的需要中心修整再贴，贴时利用锤柄调整平整度；缝口不均匀主要原因是瓷片尺寸有误差，应选用尺寸大小一样的放在一排，先比较好再贴，以免返工。

2.4.10　大理石、地砖表面刮花、碰伤

施工现场难免会有磕磕碰碰的现象发生，所以对已铺好安好的大理石、地砖要做好安全保护措施。应先清扫干净，用夹板或纸皮盖住防护，平时施工不能用锤子等物敲打，严禁从高处掉下重物或硬质物。

第3章 电工施工

随着生活水平的提高，各种家用、办公电器的品种越来越多，甚至有了智能化家居系统，这对电气线路的要求也越来越高。尤其是目前电气线路多采用暗装的方式，电线被套在管内埋入墙内和地面，线路一旦出了问题，不仅维修麻烦，而且还会有安全隐患。如果稍有差错，轻则出现短路，重则会酿成火灾，直接威胁人身安全。所以电工施工要严格对待，从材料的选购到整体的施工都必须遵循“安全、方便、经济”的原则。工程完工后，要进行检测，且必须给出完整的电路图，以便日后维修。

3.1 电工施工常用工具及相关材料

3.1.1 电工施工常用工具

在电工施工过程中，合理使用工具，可以大大提高施工的效率和工程的质量。

1. 激光投线仪

激光投线仪是利用激光束通过柱透镜或玻璃棒形成扇形激光面，投射形成水平或铅垂激光线的仪器，多用于装修装潢等领域。

激光投线仪分为三线和五线型，三线投线仪为1H2V，也就是只能打出一根水平线、两根垂直线，由于形成的扇面较小，很难照射到地面和顶面。五线投线仪为1H4V，可以打出一根水平线和四根垂直线，在一次放样中就可以将一个点上的所有线放好，如图3-1所示。

激光线的颜色多样，以红色居多，这是因为红色穿透力最强，在较亮的地方也可以看得见，投线仪的供电来源有电池供电和插座供电，并带有自动调平装置，但在架设脚架放样的时候，脚架的水平度一定要预先调整好，否则激光线也不平。

在电路施工中，线槽的开凿能否做到横平竖直，完全取决于有没有放好水平、垂直放样线，而激光投线仪能快速方便地放出放样线，而且在其他装饰工种中也都要用到。

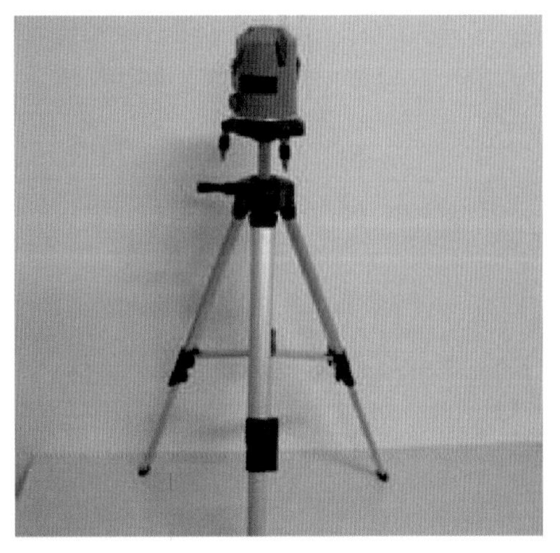

图3-1 激光投线仪和放样效果

图 3-2　开槽机及开槽效果

2. 开槽机

开槽机由机身、电机、电机外壳、齿轮箱、托架、开关盒、刀罩、齿轮副、输出轴、刀具、手柄组合而成。其特征在于：输出轴与机身底平面形成一小于 180° 的夹角；刀具装在输出轴的悬臂上；机身的底部装有两滚轮。开槽机可用较小直径的刀具开出较深且宽的槽，因刀具直径小，可用最小的输出功率实现它，从而减小能耗，提高机器本身的使用寿命；机身可在墙面上滚动，并且可通过调节滚轮的高度控制开槽的深度与宽度。开槽机结构合理，使用方便，高效节能，开槽机及开槽效果如图 3-2 所示。

传统的墙面切槽要先割出线缝后再用电锤凿出线槽，操作复杂，效率低下，对墙体损坏较大。开槽机一次操作就能开出施工需要的线槽，不需要辅助其他工具操作，具有灰尘小、效率高、线槽标准等特点。

在电路施工中，电路改造的规范与美观程度取决于线槽的标准程度，开槽机能开出深度和宽度统一的线管槽，非常规范和美观。

3. 电锤

电锤是电钻中的一类，主要用来在混凝土、楼板、砖墙和石材上钻孔。多功能电锤还可以调节到适当位置配上适当钻头代替普通电钻、电镐使用，如图 3-3 所示。

电锤是在电钻的基础上，增加了一个由电动机带动的有曲轴连杆的活塞，在一个汽缸内往复压缩空气，使汽缸内空气压力呈周期变化，变化的空气压力带动汽缸中的击锤往复打击钻头的顶部，像用锤子敲击钻头一样，故名电锤。

电锤可以利用转换开关，使钻头处于不同的工作状态，即只转动不冲击、只冲击不转动、既冲击又转动，针对不同的功能需更换相应的钻头，以便在混凝土、砖石建筑上面进行开孔、开槽施工，如图 3-4 所示。

电锤工作原理是传动机构在带动钻头做旋转运动的同时，还有一个垂直于转头的往复锤击运动。

电锤的优点是效率高，孔径大，钻进深度长。缺点是振动大，对周边构筑物有一定程度的破坏作用；对于混凝土结构内的钢筋，无法顺利通过；由于工作范围要求，不能够过于贴近建筑物。

电锤在电路施工中作用比较大，线管和底盒的开槽、管卡的固定、灯具的安装都需要电锤来完成。

图 3-3　多功能电锤

3-4　电锤配用的各种钻头

4. 手电钻

手电钻就是以交流电源或直流电池为动力的钻孔工具，是手持式电动工具的一种，是电动工具行业销量最大的产品，广泛用于建筑、装修、家具等行业，用于在物件上开孔或洞穿物体，如图 3-5 所示。

手电钻主要由钻夹头、输出轴、齿轮、转子、定子、机壳、开关和电缆线组成，用于金属材料、木材、塑料等钻孔工具。当装有正反转开关和电子调速装置后，可用作电螺钉旋具（电螺丝刀）。有的型号配有充电电池，可在一定时间内，在无外接电源的情况下正常工作。

手电钻的主要种类有普通手电钻和充电手电钻两种。

在电路施工中手电钻主要用于开关面板、管卡灯具螺钉的拆装，以及各种装饰材料表面开孔等。

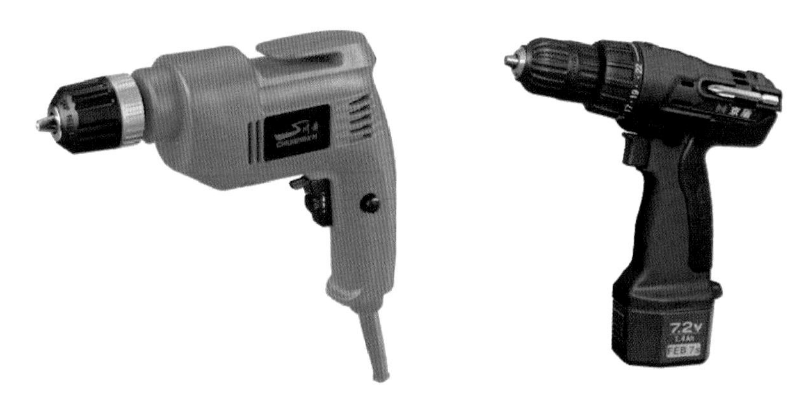

图 3-5　普通手电钻和充电手电钻

5. 万用表

万用表又称为复用表、多用表、三用表、繁用表等，是电力电子等部门不可缺少的测量仪表，一般以测量电压、电流和电阻为主要目的。万用表按显示方式不同可分为指针万用表和数字万用表。它是一种多功能、多量程的测量仪表。一般万用表可测量直流电流、直流电压、交流电流、交流电压、电阻和音频电平等，有的还可以测交流电流、电容量、电感量及半导体的一些参数（如 β ）等。如图 3-6 所示。

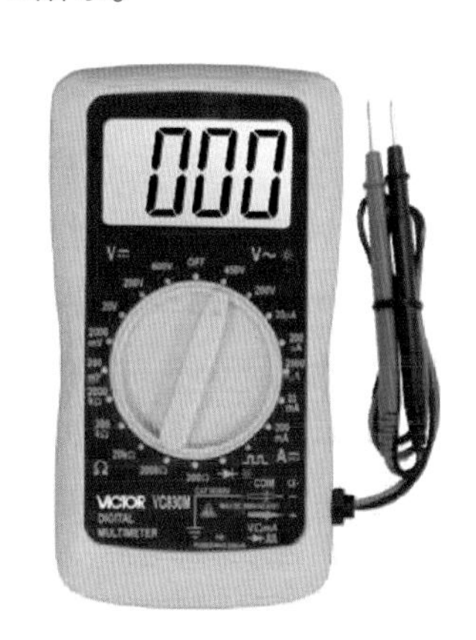

图 3-6　指针式万用表和数字式万用表

万用表由表头、测量电路及转换开关等三个主要部分组成。工作原理是利用一个灵敏的磁电式直流电流表（微安表）做表头，当微小电流通过表头，就会有电流指示。但表头不能通过大电流，所以，必须在表头上并联和串联一些电阻进行分流或降压，从而测出电路中的电流、电压和电阻。

在电路施工中的运用主要是检测强、弱电导线的通路，在导线敷设完成后进行第一次的通路检测试验，确保敷设的导线完好无断裂，避免电路隐蔽工程出现问题。

6. 试电笔

试电笔又称为测电笔，简称"电笔"，是一种电工工具，用来测试电线中是否带电。试电笔的笔体中有一氖泡，测试时如果氖泡发光，说明导线有电，或者为通路的火线。试电笔的笔尖、笔尾由金属材料制成，笔杆由绝缘材料制成。使用试电笔时，一定要用手触及试电笔尾端的金属部分，否则，因带电体、试电笔、人体与大地没有形成回路，试电笔中的氖泡不会发光，造成误判，认为带电体不带电。试电笔本身不带电，必须与人体等能导电的物体连通才能导电。试电笔如图 3-7 所示。

图 3-7　试电笔

在电路施工中，带电操作非常危险，线路接错也非常危险，试电笔可以检测出哪根电线带电，按规范接通线路，使电工工程既安全又规范。

7. 剥线钳

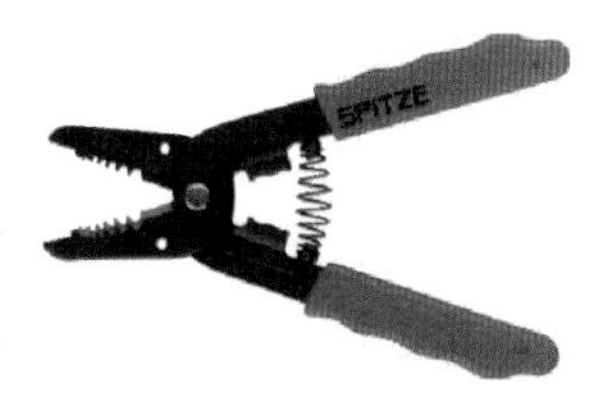

图 3-8 剥线钳

剥线钳是一款能快速剥除电线绝缘皮的电工常用工具之一，它由刀口、压线口和钳柄组成。剥线钳的钳柄上套有额定工作电压 500V 的绝缘套管。刀口根据线径大小依次排列有 1.0、1.5、2.5、4.0、6.0mm 等直径的小孔，剥线时将电线放入相应的刀孔中剪断绝缘皮，将其与铜丝剥离，如图 3-8 所示。

在电路施工中，剥线钳用于快速剥除绝缘层，快速剪断铜丝，还能对铜丝进行弯曲，大大提高了工作效率。

8. 尖嘴钳

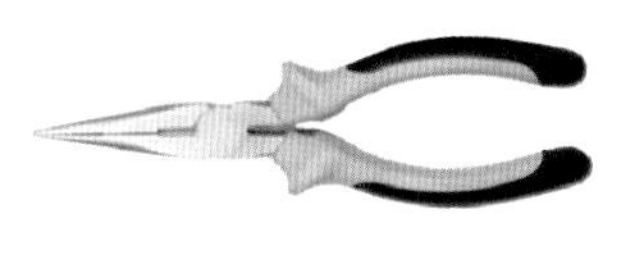

图 3-9 尖嘴钳

尖嘴钳由尖头、刀口和钳柄组成，钳柄上套有额定电压 500V 的绝缘套管，是一种常用的钳形工具。主要用来剪切线径较细的单股与多股线，以及给单股导线接头弯圈、剥塑料绝缘层等，能在较狭小的工作空间操作，不带刃口者只能夹捏工作，带刃口者能剪切细小零件，它是电工（尤其是内线器材等装配及修理工作）常用工具之一，如图 3-9 所示。

在电路施工中，尖嘴钳由于其灵活的钳嘴，能在线盒等狭窄的空间中夹取、弯曲电线等操作而受到电工的青睐。

9. 老虎钳

图 3-10 老虎钳

老虎钳又称为钢丝钳，是手工工具，钳口有刃，多用来起钉子或夹断钉子和铁丝。老虎钳由钳头和钳柄组成，钳头包括钳口、齿口、刀口和铡口。材质有铬钒钢和碳钢两种，如图 3-10 所示。

老虎钳的齿口可用来紧固或拧松螺母，刀口可用来剖切软电线的橡皮或塑料绝缘层，也可用来剪切电线、铁丝，铡口可以用来切断电线、钢丝等较硬的金属线。钳子的绝缘塑料管耐压 500V 以上，可以带电剪切电线。

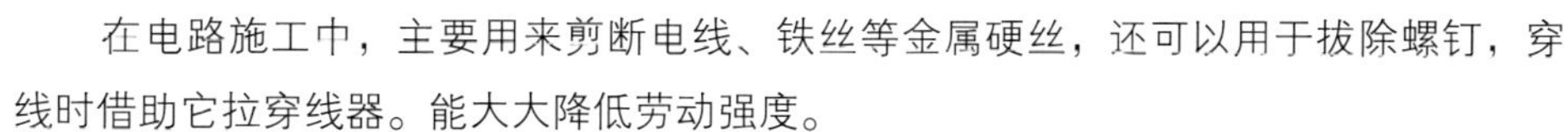

在电路施工中，主要用来剪断电线、铁丝等金属硬丝，还可以用于拔除螺钉，穿线时借助它拉穿线器。能大大降低劳动强度。

10. 螺钉旋具

图 3-11 螺钉旋具

螺钉旋具是一种用来拧转螺钉以迫使其就位的工具（俗称螺丝刀、起子），通常有一个薄楔形头，可插入螺钉头的槽缝或凹口内，主要有一字（负号）和十字（正号）两种；常见的还有六角螺钉旋具，包括内六角和外六角两种，如图 3-11 所示。

在电路施工中螺钉旋具主要用于开关面板的接线、安装，以及灯具的安装，常用的有十字螺钉旋具和一字螺钉旋具两种，使用频率非常高。

11. 锤子

锤子是敲打物体使其移动或变形的工具。常用来敲钉子，矫正或是将物件敲开。锤子有多种形式，常见的形式是一柄把手和顶部，顶部的一面是平坦的，以便敲击，另一面则是锤头。锤头的形状可以像羊角；也可以是楔形，其功能为拉出钉子；另外，也有圆头形的锤头。

图 3-12 羊角锤

在不同的场合使用不同的锤子。羊角锤一头扁平，一头成羊角岔开状，较轻，适合锤击和拔除钉子，如图 3-12 所示；楔形锤一头扁平，一头扁尖，适合锤击和翘起较小的物件，如图 3-13 所示；八角锤两头均为扁平，较重，适合锤击和敲砸石头、金属等物件，如图 3-14 所示。

图 3-13 楔形锤

在电路施工中，羊角锤和楔形锤在明装线路中用得较多，在暗装线路中较少使用，八角锤则在暗装线路中较多使用，主要是开槽和砸除一些不需要的部位。

12. 其他常用工具

图 3-14 八角锤

（1）墨斗。墨斗是中国传统木工行业中极为常见工具，由于墨斗弹出的墨线清晰、纤细，不易去除，在装饰领域中受到了各个工种的喜爱，基本上需要放样的地方都是由墨斗弹线来完成的，如图 3-15 所示。

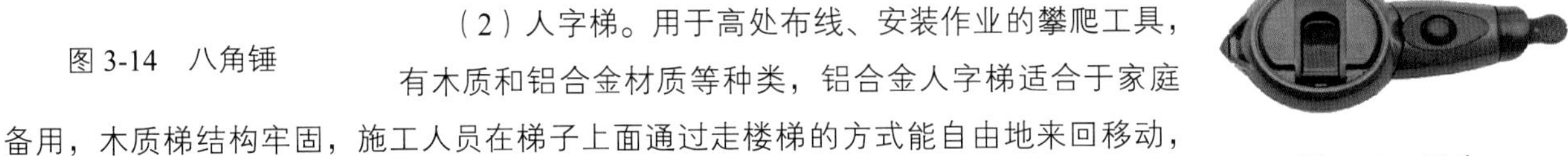

图 3-15 墨斗

（2）人字梯。用于高处布线、安装作业的攀爬工具，有木质和铝合金材质等种类，铝合金人字梯适合于家庭备用，木质梯结构牢固，施工人员在梯子上面通过走楼梯的方式能自由地来回移动，减少了爬上爬下浪费的时间，如图 3-16 所示。

图 3-16 人字楼梯

（3）钢卷尺。非常灵活的度量工具，钢卷尺具有小巧、耐用、尺寸精确、自动收卷等优点，在建筑和装修行业里使用广泛，它也是家庭必备工具之一，如图 3-17 所示。

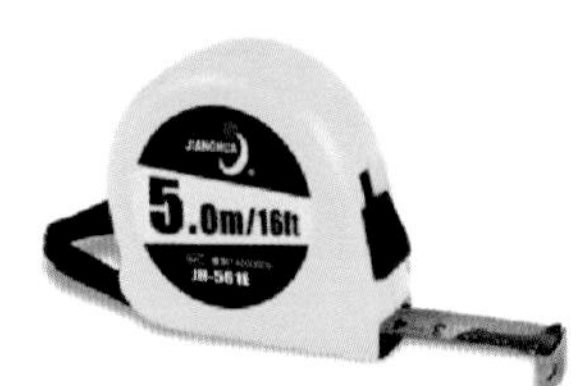

图 3-17 钢卷尺

（4）美工刀。美工刀俗称刻刀或壁纸刀，是一种美术用刀和做手工艺品用的刀，主要用来切割质地较软的东西，多由塑刀柄和刀片两部分组成，为抽拉式结构，也有少数为金属刀柄，刀片多为斜口，用钝可顺着片身的划线折断，出现新的刀锋，方便使用。美工刀有多种型号。在装饰行业中使用也较多，常用于剥电线绝缘皮、切割石膏板、饰面板、防火板、壁纸、削铅笔等，美工刀如图 3-18 所示。

（5）穿线器。电线穿管的辅助工具，由多股细钢丝缠绕而成，外围包裹了一层橡胶，牵引强度、柔韧度、抗老化程度、耐温程度、抗酸碱程度都较高。穿线器主要用于在楼房安装暗线管道中牵引引导绳，以及布防通信电缆、电力电缆、网线、视频线等，操作简单，可大大提高工作效率，是一种高效的电力施工工具及通信施工工具，如图 3-19 所示。

图 3-18 美工刀

图 3-19 穿线器

3.1.2 电工施工常用材料

电工施工常用的材料有电线、电缆、电线套管、开关、插座、漏电保护器及其他常见电工材料。选购时要注意质量问题，选购质量有保证的品牌产品。材料质量的好坏会直接影响到工程质量及日后的使用安全，不能大意，一定要把关。

一、电线、电缆

电路改造材料主要有电线、电线套管（PVC 管）、开关、插座等。其中最重要的是电线，尤其是目前有不少电器设备功耗很高，有的甚至多达到数千瓦以上，所以对于电线的质量要求也更高。不少精装修房在出售时电气线路就已经做好了，虽然看不到电线，但还是应该检查电气线路质量，比如可以查看插座和电线是否是正规厂家产品、住宅的分支回路有几个等。一般来说分支回路越多越好，根据国家标准，一般住宅都要有 5～8 个回路，空调、卫生间、厨房等最好都要有专用的回路。通常一般家庭住宅用电最少应分 5 路，即空调专用线路、厨房用电线路、卫生间用电线路、普通照明用电线路、普通插座用电线路。电线分路可有效地避免空调等大功率电器启动时造成的其他电器电压过低、电流不稳定的问题，同时又方便了分区域用电线路的检修，而且即使其中某一路出现跳闸，不会影响到其他路的正常使用，避免了大面积跳电的问题。

1. 电线的主要种类及应用

电线又称导线，供配电线路使用的电线分为绝缘导线和裸导线两种。裸导线主要用于户外高压输电线路，室内供配电线路常用的导线主要为绝缘导线。绝缘导线按其绝缘材料的不同，又可分为塑料绝缘导线和橡胶绝缘导线；按照股芯的数量可以分为单股和多股，截面积在 $6mm^2$ 及以下的为单股，较粗的导线则多为多股线。

按线芯导体材料的不同，又分为铜芯导线和铝芯导线，铜芯导线型号为 BV，铝芯导线型号为 BLV，其中铜芯导线是最为常用的品种，各种规格铜芯导线如图 3-20 所示。铝芯导线虽然价格便宜，但是比铜芯导线的电阻率大。在电阻相同的情况下，铝线截面是铜线的 1.68 倍，从节能的角度考虑，为了减少电能传输时引起线路上电能损耗，使用电阻小的铜比电阻大的铝好得多，而且铜的使用寿命也远远超过铝。此外，铝线质轻，机械强度差，且不易焊接，所以在室内装修电路改造中尤其是以暗装方式敷设时，必须采用铜芯导线，因为暗线在更换时需要较大力气才能从管内被拉出，而铝线容易被拉断。所以，一般家居空间和办公空间还是尽量采用铜芯线为宜。

图 3-20　各种规格铜芯导线

常见的塑料绝缘及护套电线，是在塑料外层再加一层聚氯乙烯护套构成的，如果里面采用的是铜芯，型号为 BVV，是室内装修中最为常见的品种，采用铝芯，型号则为 BLVV。

室内装修用电线根据其铜芯的截面大多可以分为 1.5、2.5、4mm^2 等几种，长度通常为一卷 100mm ± 5mm。一般情况，进户线为 10.0mm^2，照明为 1.5mm^2，插座用线多选用 2.5mm^2，空调等大功率电线多为 4mm^2，但实际室内装修工程上，照明和插座用线多统一为 2.5mm^2。目前市场上有一种直热式热水器，其功耗也能够达到 3000W 以上，这种电器必须采用 4mm^2 以上的电线，最好还是专线专用。

导线截面的大小直接关系到线路投资和电能损耗的大小。截面小的电线价格较为便宜，但线路电阻值高，电能损耗随之增加；反之，截面大的电线价格较贵，但是却可以减少电能损耗。

电线有强弱之分，日常常见的电源线为强电，弱电包括电话线、有线电视线、音响线、对讲机、防盗报警器、消防报警器和煤气报警器等。弱电信号属低压电信号，抗干扰性能较差，所以弱电线应该避开强电线（电源线）。根据规定，在安装时强、弱电线要距离 50cm 以上以避免干扰。

室内电器布线要有超前意识，原则上是宁多勿少。以网线为例，以前在家庭各个房间安装网线并不普遍，但现在全家同时上网现象十分普遍，所以即使现在用不上也可以在各个房间预留。电话线和电视线同样如此，多了没有关系，但是少了肯定会造成生活上的影响。等到需要时再重新补线，又要穿墙打洞，极不方便。

在布线过程中，必须遵循“火线进开关，零线进灯头”和“左零右火，接地在上”的规定，如图 3-21 所示。火线通常为红色，零线通常为蓝色，接地线多为黄绿色。空调、洗衣机、热水器、电冰箱等常见电器设备的电源线均为三相线，即一相火线、一相零线、一相地线。很多人经常会忽略地线，只将一相火线与一相零线按入电源插座，将地线抛开不接，这样做对于电器的使用不会造成什么问题，但是一旦电器设备出现漏电，就可能因此导致触电伤人和火灾事故。

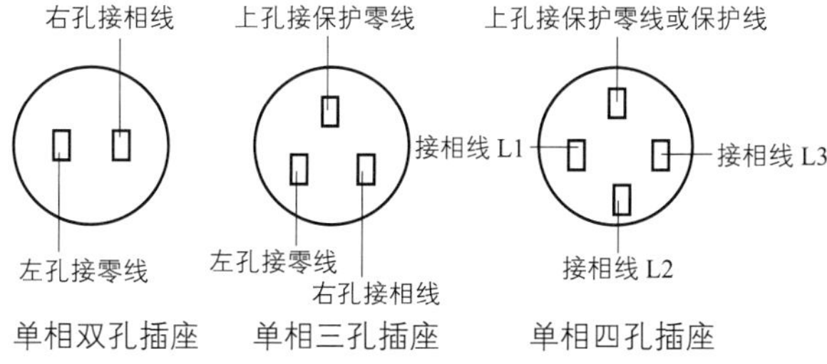

图 3-21　插座接线方式

电线材料一直在更新换代，橡皮绝缘电线就由于其生产工艺复杂、成本高逐渐被塑料绝缘电线所取代。目前市场上有一种丁腈聚氯乙烯复合物绝缘软线，属塑料线的新品种，型号为 RFS（双绞复合物软线）和 RFB（平型复合物软线）。这种导线性能相比其他导线更为优良，具有良好的绝缘性能，且耐热、耐寒、耐腐蚀、耐热老化，在低温下仍保持柔软，且使用寿命长，目前应用越来越广泛。

2. 常用电缆的主要种类及应用

电线和电缆实际上并没有很严格的界限。通常将芯数少、截面直径小的导线称为电线，芯数多、截面直径大的导线称为电缆。

常用电缆的型号包括聚氯乙烯绝缘电力电缆、交联聚乙烯绝缘聚氯乙烯护套电力电缆和橡皮软电缆及橡皮绝缘电力电缆等，如图 3-22 所示。

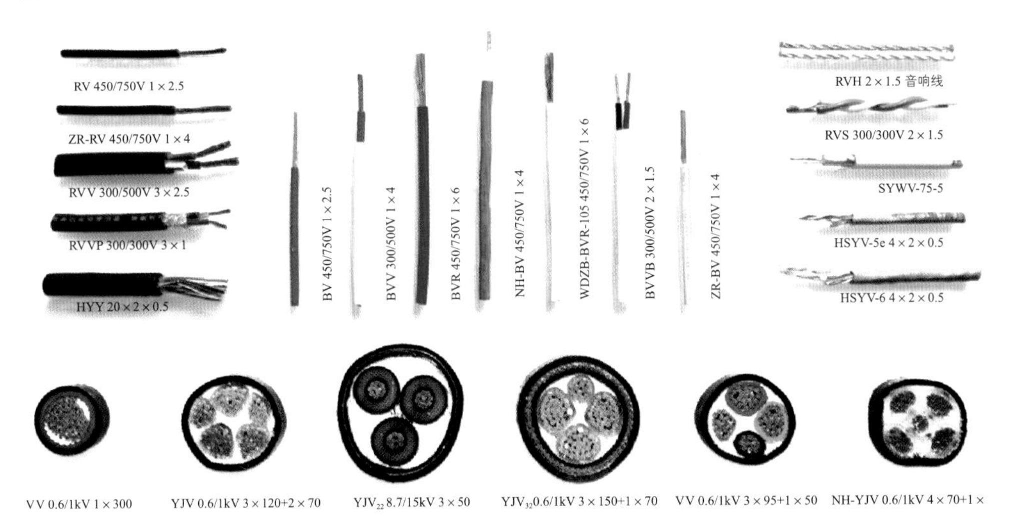

图 3-22　各类电缆样图

可以通过代码识别电缆的种类，常见代码及其意义如下：

（1）用途代码：K 为控制缆，P 为信号缆，没有标明则代表电力电缆。

（2）绝缘代码：Z 为油浸纸，X 为橡胶，V 为聚氯乙烯，YJ 为交联聚乙烯，其中聚氯乙烯为最为常见的类型。

（3）导体材料代码：L 为铝芯，不标则为铜芯。

（4）特殊产品代码：TH 代表湿热带，TA 代表干热带。

（5）额定电压：单位通常为 kV。

（6）聚氯乙烯绝缘铜芯电力电缆、铝芯电缆分别表示为 VV、VLV。

（7）橡皮软电缆及橡皮绝缘铜芯电力电缆、铝芯电缆分别表示为 XV、XLV。

（8）交联聚乙烯绝缘聚氯乙烯护套铜芯电力电缆、铝芯电缆分别表示为 YJV、YJLV。

聚氯乙烯绝缘电力电缆是最常见的品种，其制造工艺简单，价格较为低廉，没有敷设高度的限制，安装简便。聚氯乙烯绝缘电力电缆型号很多，适合在各种空间敷设。

交联聚乙烯绝缘聚氯乙烯护套的电力电缆有 1、3、6、10、35kV 等多种电压等级，相比聚氯乙烯绝缘电力电缆，还具有载流量大、质量小的优点，但是价格较贵。

橡皮绝缘电力电缆耐寒性能较强，能在严寒地区敷设，而且特别适用于水平高差大或垂直空间敷设。橡皮绝缘电力电缆不仅适用于固定线路的敷设，也适用于移动线路的敷设；缺点是耐热性较差，易老化，而且应载流量也较低。

电缆在配电线路的应用上需要考虑其耐热性能和阻燃性能，凡是电缆型号前面有“ZR”字样的，即为阻燃型的线缆，如果有“NT”字样或者“1 05”字样的，则为耐高温线缆。

3. 户内低压线缆的选择

户内低压线缆是指安装在室内用于传输低压交流电的电线、电缆。户内电压多为 220 V 或 380 V，前者多用于照明和家用电器，后者多用于三相动力设备。不管用于何种电压下，选择电线、电缆的原则和方法是一样的。户内电线、电缆的选择，主要应考虑以下四方面因素。

（1）足够的机械强度和柔性。户内线缆需要有足够的机械强度和柔韧性。因为目前室内装修电线大多采用暗装方式安装，电线需要穿进 PVC 或者镀锌管的护套管内，再埋设在墙体或者地面。电线穿管时，如果电线的机械强度和柔韧性不好，穿管时拉扯时容易造成电线芯线断裂。

（2）绝缘性。线缆外层的绝缘层主要有两种，即橡胶和塑料。绝缘层的好坏对于用电的安全起着至关重要的作用。相比而言，塑料绝缘层的电线目前应用最广，因为塑料绝缘层对于电压的耐受度好，一般而言，塑料绝缘电线可用于交流额定电压在 500 V 以下或直流电压在 1000 V 以下，长期工作温度不超过 65℃的场合；而橡胶绝缘电线只适用于交流额定电压在 250 V 以下，长期工作温度不超过 60℃的场合。

（3）电缆的截面积。线缆的安全载流量主要取决于导线的材料和截面积。导体材料无外乎铜芯和铝芯，相比而言铜芯的导电率更高。线缆的安全载流量和导线的截面积有关系，导体的截面积越大，其安全载流量就越大，铜线的线径每平方毫米允许通过的电流为 5 ~ 7A，所以电线的截面积越大，能够承载的电流量就越高。此外，还必须考虑通过电线的电流容量应满足将来用电的需要。因此在电线的截面积选择上应该遵循“宁大勿小”的原则，才会有较大的安全系数。

二、电线套管

目前电路改造多是采用暗装的方式，电线敷设必须用穿管的方法来实现。电线穿进电线套管中，然后才能埋进开好槽的墙内。穿管的目的是为了避免电线受到外来机械损伤，保证电气线路绝缘及安全，同时还方便日后的维修。电线套管又称为电线护套线，主要有塑料和钢管两大类。

1. PVC 塑料电线套管主要种类及应用

塑料管材有聚氯乙烯半硬质电线管（FPC）、聚氯乙烯硬质电线管（PVC）和聚氯乙烯塑料波纹电线管（KPC）三种，其中 PVC 塑料电线套管是应用最为广泛的一种，如图 3-23 所示。

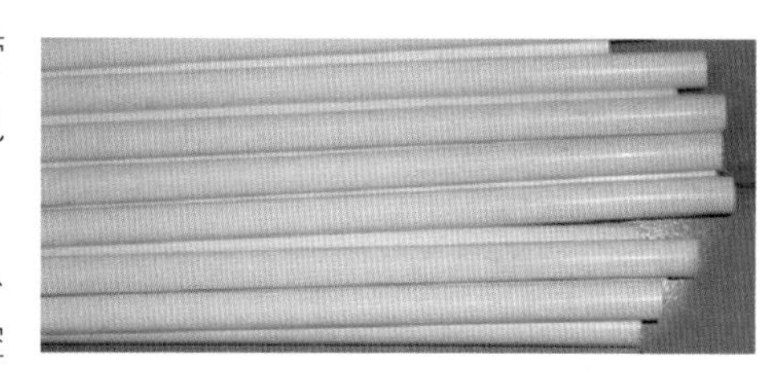

图 3-23 PVC 塑料电线套管

PVC 塑料管耐酸碱腐蚀、易切割、施工方便，但是耐机械冲击、耐高温及耐摩擦性能比钢管差。PVC 塑料管应用非常广泛，在各种空间中都得到了广泛的应用，尤其是在家庭电路改造中，使用的几乎全部是 PVC 塑料护套管。通常做法是在墙面或者地面开出一个槽，开槽深度一般是 PVC 管直径加 10mm。明装电线出于保护作用也同样必须使用 PVC 线槽来进行保护，但不需要埋进墙内或者地面中。

PVC 电线套管多为 6 分和 4 分两种，按照国家标准，电线套管的管壁厚度必须达到 1.2mm，而且管内电线的总截面积不能超过 PVC 电线套管内截面积的 40%，同时管内电线最好不要超过 4 根。如果某根电线出了问题，可以从 PVC 管内将该电线抽出，再换一根好的。但是如果 PVC 管中穿了过多的电线，就很难抽出那根出了问题的电线，这样会给维修造成很大麻烦。电线套管还需要注意的是，在同一管内或同一线槽内，强弱电线不能同管敷设，以避免使电视、电话的信号接收受到干扰。根据规定，强电弱电间隔 50cm，但在实际施工中有时会很难做到，但至少也要保证 20cm 以上的间隔。

2. 钢管电线套管主要种类及应用

钢管电线套管主要有镀锌钢管、扣压式薄壁钢管和套接紧定式钢管等。镀锌钢管适用于照明与动力配线的明设及暗设；扣压式薄壁钢管和套接紧定式钢管适用于 1kV 以下，无特殊要求，室内干燥场所的照明与动力配线的明设及暗设；套接紧定式钢管又称为 JDG 镀锌钢管，是应用最为广泛的一种钢管电线套管，如图 3-24 所示。

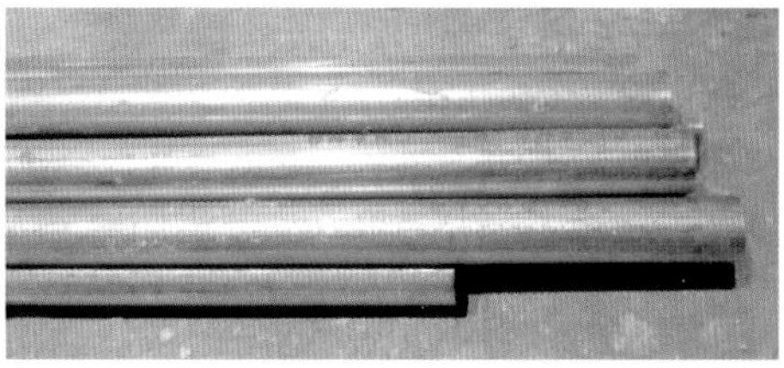

图 3-24 镀锌钢管样图

钢管布线可用于室内和室外，但对金属管有严重腐蚀的场所不宜采用。相对而言，家装中多采用 PVC 电线套管，而工装则更多地会应用一些钢管布线。

钢管电线套管和 PVC 电线套管一样，管内电线的总截面积不能超过钢管电线套管内截面积的 40%，同时管内电线最好不要超过 4 根。电缆在室内穿管敷设时，套管的内径应大于电缆外径的 1.5 倍以上。钢管应用如图 3-25 所示。

图 3-25 钢管应用

三、开关、插座

开关的品牌和种类很多，按启闭形式可分为扳把式、跷板式、纽扣式、触摸式和拉线式等多种，按额定电流大小可分为6、10、16A等多种。按照使用用途分，室内装修常用的有单控开关、双控开关和多控开关。单控开关就是一个开关控制一个或者多个灯具，比如办公室有多盏灯，它们由一个开关控制，那这个开关就是单控开关。双控开关是两个开关共同控制一个或者多个灯具，比如走道和卧室就比较适合安装双控开关，一头打开，另一头关闭，非常方便。除此之外，按开关的极数还可以分为单极开关和双极开关；按开关的装配形式可以分为单联（一个面板上只有一个开关）、双联（一个面板上有两个开关）、多联（一个面板上有多个开关）；按开关的安装方式可以分为明装式、暗装式，其中暗装开关需配接线盒（底盒），接线盒有铁制盒（适用于钢管敷设）和塑料盒（适用于PVC塑料管敷设）；按开关的功能可以分为定时开关、带指示灯开关等；按照性能的不同可以将开关分为转换开关、延时开关、声控开关、光控开关等。

开关、插座设计时需要考虑全面，由于目前大多采用暗装的方式，在使用中发现插座少了，再想加很困难。所以设计时就必须考虑好日常使用的方方面面。同时，还必须与业主多沟通，了解业主是否有自己的特殊需求。插座的设计还有一个重要原则就是宁多勿少，多了最多是影响到美观性和浪费一点钱，但是少了的话会给以后的日常生活带来诸多不便利。而且插座的设计需要有预见未来性。目前可能用不上，但将来一旦要用，那么再安装会极其不便，比如儿童房网线插座，小孩子可能用不上，但是将来肯定还是要用到的，所以最好还是预留，以防万一。电视插座也是如此。

安全性也是插座必须重点考虑的环节，比如阳台、卫生间和儿童房等空间的插座最好采用防水和安全插座，避免发生意外。开关的设计也要以便利性为原则，对于走道、卧室等空间最好设计一个双控开关，避免日常使用的不便利。

照明开关的选择除考虑式样和功能外，还要注意电压和电流。住宅供电为220V电源，应选择250V级的开关。开关额定电流的选择，由家用电器的负荷电流决定。例如照明灯，可以根据负荷电流选用2.5、4、5A或10A的开关。

室内用的插座多为单相插座，单相插座有两孔和三孔两种。两孔插座的有相线（L）和零线（N），不带接地（接零）保护，主要用于不需要接地（接零）保护的家用电器；三孔插座除了相线和零线以外，还有保护接地（零）线（PE），用于需要接地（接零）保护的家用电器。插座从外观上看有二二插、二三插等种类，有些插座还自带开关。插座按功能可以分为普通插座、安全插座、防水插座等。安全插座是带有安全保护门的插座，当插头插入时保护门会自动打开，插头拔离时保护门会自动关闭插孔，可有效地防止意外事故的发生，有小孩的家庭和幼儿园等空间，最好采用这种安全插座，避免小孩触电危险。在卫生间等水汽较多的空间，安装电热水器尤其是直热式电热水器最好采用具有防水功能的带开关插座为宜。现在还有一种安装在地面上的地插座，平时与地面齐平，脚一踩就可以把插座弹出来，用来插火锅可以防止来回走动时绊倒电线。

插座的规格有50V级的10、15A；250V级的10、15、20、30A；380V级的15、25、30A。住宅供电一般都是220V电源，应选择电压为250V级的插座。插座的额定电流选择由家用电器的负荷电流决定，一般应按2倍以上负荷电流的大小来选择。因为插座的额定电流如果和负荷电流一样，长时间使用插座容易过热损坏，甚至发生短路，严重时可以熔坏插座，造成火灾隐患。图3-26所示即为被大功率柜式空调熔坏的插座。一般来是说，普通家用电器所使用的插座可选额定电流10A的；空调、电磁炉、电热水器等大功率电器宜采用额定电流为15A以上的插座。

图3-26 被大功率柜式空调熔坏的插座

插座的安装原则虽说是宁多勿少，但具体到每个空间插座数量的多少需要根据实际情况定。考虑到随着科技的发展，电器设备还会增多，多预留几个插座位是适合的。这里需要特别注意的是整体橱柜插座位的设定。现在很多的的整体橱柜已经将电冰箱、电磁炉、电烤箱、电饭锅、电炒锅、洗碗机、消毒柜等电器设备整合在了一起，安排插座时一定要充分考虑到插座的数量和高度，这样使用起来才会得心应手。尤其是目前橱柜大多采用厂家定做的方式，确定插座数量和位置时需要和厂家的橱柜设计师共同协商确定。

一般情况下，家居室内墙面固定插座的布置可以遵循以下标准进行：即每间卧室电源插座四组，空调插座一组；客厅电源插座五组，空调插座一组；厨房电源插座五组，排气扇插座一组；走廊电源插座两组；阳台电源插座一组。其中空调插座和电冰箱插座必须采用带接地保护的三孔插座。弱电插座根据业主需要定。当然这只是一般规定，针对不同的需要，可以再做增减。

开关高度一般为 1200～1400mm，距离门框门沿为 150～200mm，同时开关不得置于单扇门后面。暗装和工业用插座距地面不应低于 300mm；在儿童活动场所应采用安全插座；通常挂壁空调插座的高度约 1900mm，厨房插座高约为 950mm，挂式消毒柜插座高约为 1900mm，洗衣机插座高约为 1000mm，电视机插座高约为 650mm。各种插座开关如图 3-27～图 3-33 所示。

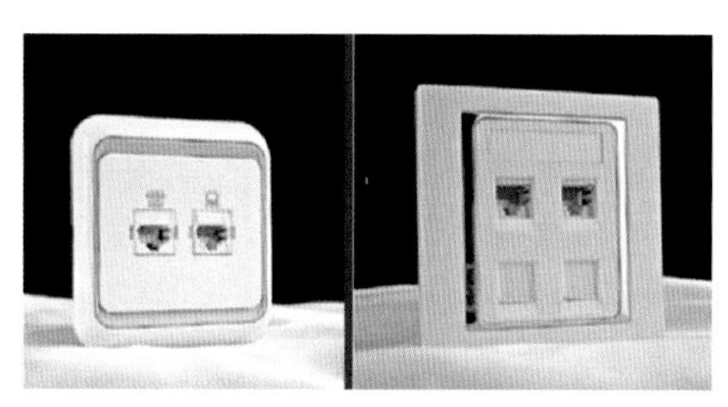

图 3-27　电话插座、网络插座

图 3-28　电视插座

图 3-29　空调插座及带保护盒防水插座

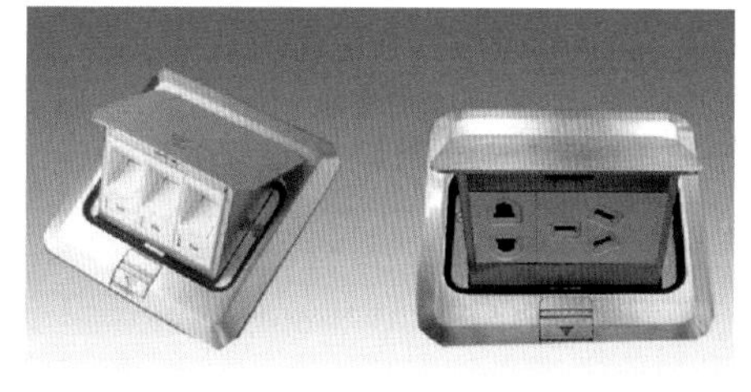

图 3-30　地插

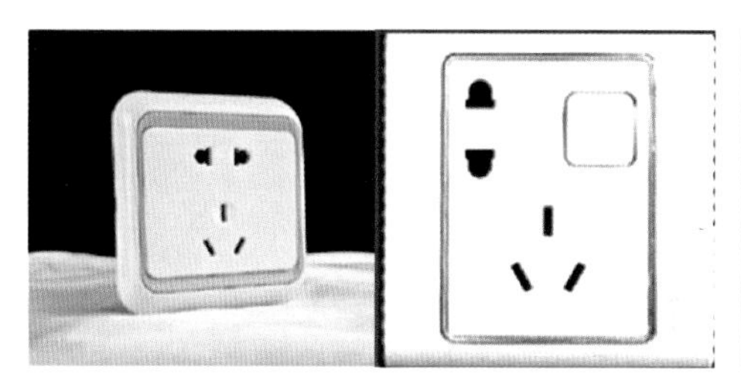

图 3-31　暗装二三插及带开关暗装二三插

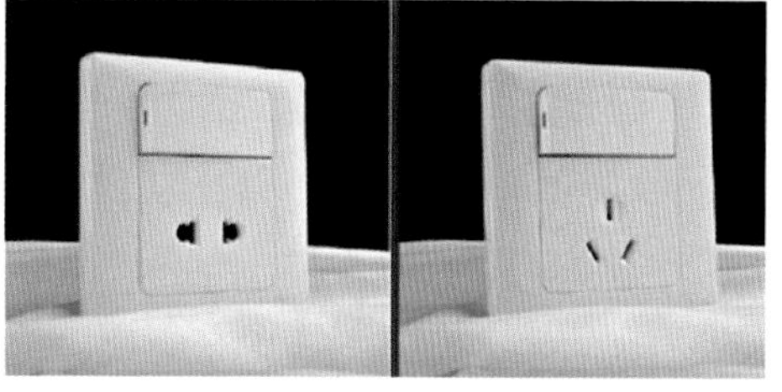

图 3-32　暗装带开关二插及三插

图 3-33　单联、双联、三联开关

四、漏电保护器

漏电保护器是漏电继电器、漏电开关、漏电断路器、自动空气开关、自动开关的统称。漏电保护器用于总电源保护开关或分支线保护开关，同时具有过载、短路和欠电压保护功能。它是一种既有手动开关作用，又能自动进行失电压、欠电压、过载和短路保护的电器。当电气线路或电器等发生短路或过载时，漏电保护器会瞬间动作（通常为 0.1s），断开电源，保护线路和用电设备的安全。如果出现人触电的情况，断路器也同样瞬间动作，断开电源，保护人身安全。

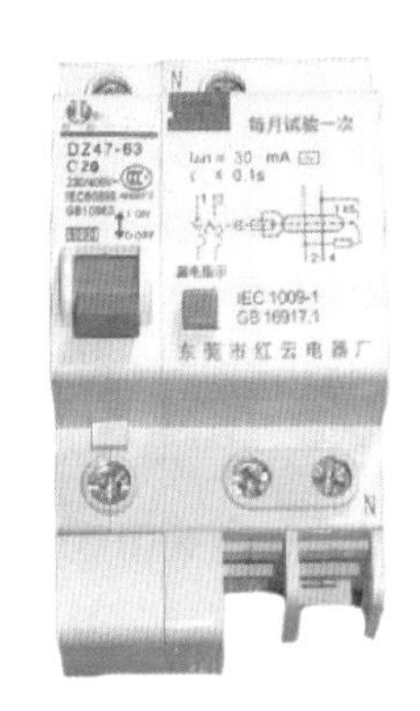

图 3-34　漏电保护器样图

漏电保护器最重要的一个参数是漏电动作电流，漏电动作电流是指使漏电保护器发生动作的漏电电流数量。额定漏电动作电流是指达到这个漏电电流数量时漏电保护器就会动作的电流。额定漏电不动作电流是指小于这个漏电电流数量则漏电保护器不能动作的电流。正确合理地选择漏电保护器的额定漏电动作电流非常重要；一方面，在发生触电或泄漏电流超过允许值时，漏电保护器可以马上动作，保护设备及人身的安全；另一方面，漏电保护器在达不到额定动作电流的正常泄漏电流作用下不会动作，防止其频繁断电而造成不必要的麻烦。

为了保证人身安全，额定漏电动作电流应不大于人体安全电流值，国际上公认 30mA 为人体安全电流值，所以用户可以选用额定动作电流为 30mA 的漏电保护器。漏电保护器样图如图 3-34 所示。

漏电保护器的额定电流选择也非常重要，如果选择的偏小，则漏电保护器易频繁跳闸，引起不必要的停电；如选择过大，则达不到预期的保护效果，因此正确选择额定容量电流大小非常重要。一般小型漏电保护器以额定电流区分，主要有 6、10、16、20、25、32、40、50、63、80、100A 等规格，应根据住宅用电负荷决定具体选择。

通常，插座回路漏电开关的额定电流选择一般 16、20A；开关回路的漏电保护器额定电流一般选择 10、16A；空调回路的漏电保护器一般选择 16、20A、25A；总开关的漏电保护器一般选择 32、40A。如果要进一步提高安全性，也可采用双极开关或相线 + 中性线漏电保护器，当线路出现短路或有漏电情况时，这种保护措施可以立即同时切断火线和零线线路，充分保护人身安全，提高保护档次。

漏电保护器对人身安全和设备安全起着不可替代的作用，但要注意的是它不能防范所有的触电事故。绝对不要主观地认为有了漏电保护器，就可以随便带电操作。一方面，漏电保护器必须在漏电设备形成漏电电流并且达到一定值时才能起作用；另一方面，漏电保护器对相间短路和相线与工作零线之间的短路是不起作用的，如果人体同时触及两相电或者同时触及相线与工作零线时漏电保护器是起不到保护作用的。所以不装漏电保护器是不行的，但是装上了漏电保护器也绝对不是万无一失的。

漏电保护器的种类很多，既有单相的也有三相的，既有两极的也有四极的，还有兼过载、短路等保护功能于一体的。住宅用电一般采用 220V 单相电源，因此应选用单相电流动作型漏电保护器。为了防止过载及短路故障造成危害，可选择兼有过载和短路双重保护功能的漏电保护器，这样可以省去单独设置断路器、熔断器，减少元件和费用。如果用户所在地电压波动很大，为了保护家用电器不被损害，还可选用兼有过电压和欠电压保护的漏电保护器。

漏电保护器按脱扣的形式分为电子式与电磁式，相对而言电子式灵敏度高，抗干扰能力强，应用更为广泛。漏电保护器必须按产品说明书安装、使用，接线必须正确。保护零线不得通过漏电保护器，否则可能造成漏电保护器不起作用；零线在有单相负载时必须经过漏电保护器，否则会造成漏电保护器错误作用。

五、其他常见电工材料

供电电路设备还包括配电箱、电能表、断路器、隔离开关、刀卄关、熔断器等，它们在供电中起计量、保护、通断等作用，是构成供电电路的重要组成部分。

1. 配电箱

顾名思义，配电箱就是分配电的控制箱。配电箱是用来安装总开关、分路开关、熔断器和漏电开关等电气元器件的箱体。电源总线接入总配电箱，再从总配电箱分出各个支路接入用户配电箱。通常每栋住宅建筑的首层都设有一个总配电箱，每层会设一个层分配电箱，在层分配电箱中每户单元都设有单独的记录用电量的电能表及短路和过载保护总开关，再从总开关将电源引入每户单元中，入户后一般在住户大门口处设有一个户配电箱，在户配电箱内根据用电负荷分出几个回路，每个回路上都设有分路保护控制开关并给各个回路作出相应的标记。

配电箱分金属外壳和塑料外壳两种，其中钢板厚度应为1.2～2.0mm。根据安装方式则有明装式和暗装式两类。此外，配电箱还有标准型与非标准型两种，选择时应根据回路数量和开关型号选择不同规格的箱体，配电箱如图3-35所示。

出于美观考虑，在住宅和办公室等空间安装的配电箱以暗装为主，其主要结构部件有透明罩、上盖、箱体、安装轨道或支架、电排、护线罩和电气开关等，箱体周围及背面设有进出线敲落孔，以便于接线。在一些不需要讲究美观性的空间，如工厂、出租房等空间则多采用明装式配电箱。

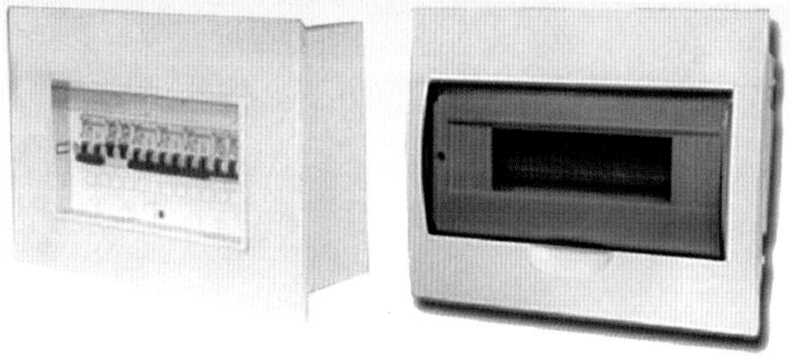

图3-35 配电箱样图

2. 电能表

电能表是用来测量电能的仪表，俗称电度表、火表。电能表分为单相电能表、三相三线有功电能表、三相四线有功电能表和无功电能表，其中单相电能表是室内中应用最为广泛的，如图3-36所示。

图3-36 单相电能表

市场上常见的单相电能表主要有机械式和电子式两种。机械式电能表具有高过载、稳定性好、耐用等优点，但是容易受电压、温度、频率等因素影响而产生计数误差，而且长时间使用容易磨损。电子式电能表常见的有DDS6、DDS 15、DDSY23等型号，电子式电能表采用专用大规模集成电路，具有高过载、高精度、功耗低、体型小和防窃电等优点，而且长期使用不需调校。选择家用电能表时，应尽量选择单相电子式电能表。电能表有不同的容量，选择太小或太大容量，都会造成计量不准，容量过小还会烧毁电能表。

电能表铭牌上通常会标有额定电压、额定频率、标定电流、额定电流、电源频率准确度等级、电能表常数等参数。常见的铭牌名称及型号如下：

（1）类别代号。D表示电能表。

（2）组别代号。

1）第一字母：S表示三相三线、T表示三相四线、X表示无功、B表示标准、Z表示最高需量、D表示单相。

2）第二字母：F表示复费率表、S表示全电子式、D表示多功能、Y表示预付费。

3）其后为设计序号，由阿拉伯数字组成；再后为改进序号，用小写的汉语拼音字母表示。

（3）派生号。T表示湿热和干热两用、TH表示湿热带用、G表示高原用、H表示一般用、F表示化工防腐用、K表示开关板式、J表示带接收器的脉冲电能表。

（4）电源频率准确度等级。表示的是读数误差，如电能表的铭牌上标明2.0级，则说明电源频率准确度等级读数误差在±2%范围内。

（5）电能表常数。表示的是在额定电压下每消耗1kWh（俗称一度电）电能表的转数，如电能表的铭牌上标明3600r/ kWh，则说明每消耗一度电能表铝盘转3600圈。

（6）电能计量单位：有功电能表为kWh，无功电能表为kvarh。

（7）字轮计度器窗口（液晶显示窗口）。整数位和小数位不同颜色，中间小数点，各字轮有倍乘系数（无小数点时），多功能表液晶显示有整数位和小数位两位。

（8）额定电压。

1）交流单相电能表额定电压为220V，电能表铭牌上的额定电压应与实际电源电压一致。

2）三相表有三种标注法：如直接接入式三相三线为3×380V、直接接入式三相四线为3×380/220V。

（9）额定频率。额定频率一般都为50Hz。

（10）标定电流（额定电流）。表示电能表计量电能时的标准计量电流，常见的标定电流有1、2、2.5、3、5、10、15、30A等种类。

（11）额定最大电流。即电能表能长期正常工作，误差和温升完全满足要求的最大电流值。额定最大电流不得小于最大实际用电负荷电流。如电能表的铭牌上标明5（20）A则说明标定电流为5A，额定最大电流为20A。

三相三线有功电能表用来计量电动机、水泵等动力设备的三相电路负荷的用电电量，主要有DT1、DT2等型号，准确度等级一般为2.0、2.5级。三相四线有功电能表是用来计量三相四线电路负荷用电电能的，标定电流有1.5、3、5、10、15、20A等。

电能表还可以按照功能的不同分为多费率电能表、预付费电能表、多用户电能表、多功能电能表、载波电能表等。多费率电能表也称分时电能表、复费率表，俗称峰谷表，是近年来为适应峰谷分时电价的需要而提供的一种计量手段。它可按预定的峰、谷、平时段的划分，分别计量高峰、低谷、平段的用电量，从而对不同时段的用电量采用不同的电价，发挥电价的调节作用，鼓励用电客户调整用电负荷，移峰填谷，合理使用电力资源，充分挖掘发、供用电设备的潜力，属电子式或机电式电能表；预付费电能表俗称卡表，用IC卡预购电，将IC卡插入表中可控制按费用电，防止拖欠电费，属电子式或机电式电能表；多用户电能表，一个表可供多个用户使用，对每个用户独立计费，可达到节省资源，便于管理的目的，还利于远程自动集中抄表，属电子式电能表；多功能电能表集多项功能于一身，属电子式电能表；载波电能表利用电力载波技术，用于远程自动集中抄表，属电子式电能表。

3.1.3 如何选购电工类材料

1. 电线、电缆的选购

这是一个电器遍布的时代，很多大功率电器时时都会存在安全隐患，防患于未然，选好家装电线很重要，这在一定程度上会确保安全用电。不要认为选择家装电线是一件小事，其实这在很大程度上影响用电安全，减少很多不必要的麻烦。现在很多触电事故是因为电路老化或者是电线质量差而导致短路等问题引起的，轻则会烧毁电器，重则导致人体触电，或者引发火灾造成人员伤亡及财产伤害。正确选择家装电线，会在一定程度上减少这些事故的概率。选购质量好的电线需要从以下几个方面考虑：

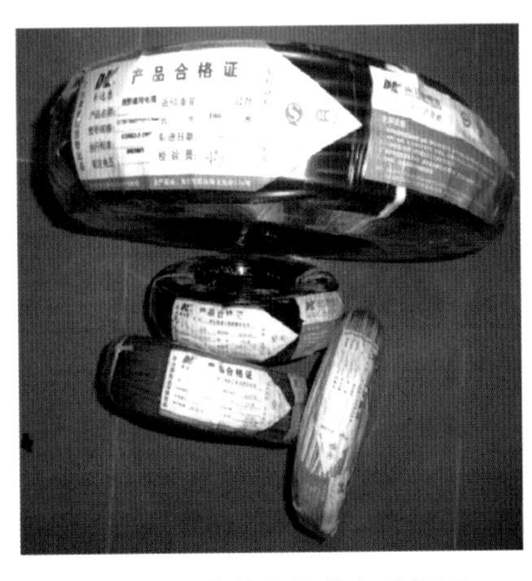

图3-37 合格产品的各种标记

（1）看外观。最好选择具有中国电工产品认证"长城标志"的产品，同时必须具有产品质量体系认证书和合格证，并且有明确的厂名、厂址、检验章、生产日期和生产许可证号，相对而言，选择一些大厂家品牌产品会更有保证，合格产品的各种标记如图3-37所示。

（2）电线铜芯。电线铜芯质量是电线质量好坏的关键，好的电线铜芯采用的原料为优质精红紫铜。看电线铜芯的横断面，优等品铜芯质地稍软，颜色光亮、色泽柔和、颜色黄中偏红；次品铜芯偏暗发硬、黄中发白，属再生杂铜，电阻率高，导电性能差，使用过程中容易升温而导致安全隐患。

（3）塑料绝缘层。电线外层塑料皮要求色泽鲜亮、质地细密，厚度0.7～0.8mm，用打火机点燃应无明火；可取一截电线用手反复弯曲，优等品应手感柔软，弹性大且塑料绝缘体上无龟裂；次品多是使用再生塑料，色泽暗淡，质地疏松，能点燃明火。

2. 电线套管的选购

PVC塑料管应具有较好的阻燃、耐冲击性，产品应有检验报告单和出厂合格证。管材、连接件及附件内、外壁应光滑、无凹凸，表面没有针孔及气泡。管子内、外径尺寸应符合国家统一标准，管壁厚度应均匀一致。同时，要求有较高的硬度，放在地上用脚踩时，不能轻易被踩坏。

钢管电线套管要求壁厚应均匀一致，镀层完好、无剥落及锈蚀现象，管材、连接套管及金属附件内、外壁表面光洁，无毛刺、气泡、裂纹、变形等明显缺陷。

3. 开关、插座的选购

装修新居的时候，很多人都不知道该怎样选购开关、插座，往往是听从设计师、电工师傅的建议，或者到建材市场随便转转，其实开关插座的选购需要注重品牌，不要图便宜买杂牌产品。在装修中其实最不能省的就是电材料和水材料，这些材料一旦出现问题，往往都伴随着较为严重的后果，所以需要特别小心。很多知名品牌开关会有“连续开关一万次”的承诺，正常情况下可以使用十年甚至更长时间，价格虽贵，但综合比较还是划算的。

品质好的开关插座大多使用防弹胶等高级材料制成，防火性能、防潮性能、防撞击性能都较好，表面光滑，有防伪标志和国家电工安全认证的长城标志及“CCC”认证标志；开关开启时手感灵活，无阻滞感；插座则插接稳固，插头插拔应需要一定的力度，内部铜片有一定的厚度。

暗装开关插座有底盒和面板之分，下面介绍面板的选购：

（1）外观。品质好的开关、插座大多使用防弹胶等高级材料制成，也有镀金、不锈钢、铜等金属材质，其表面光洁、色彩均匀，无毛刺、划痕、污迹等瑕疵，具有优良的防火、防潮、防撞击性能。同时，包装上品牌标志应清晰，有防伪标志、国家电工安全认证的长城标志、国家产品3C认证和明确的厂家地址电话，内有使用说明和合格证。

（2）手感。插座的插孔通常有保护弹片，插座额定的拔插次数不应低于5000次，插头插拔需要一定的力度，松紧适宜；开关的额定开关次数应大于15000次，开启时手感灵活，不紧涩，不会发生开关按钮停在中间某个位置的状况；还可掂一掂开关重量，优质的产品因为大量使用了铜银金属，分量感较足，不会有轻飘飘的感觉。

4. 漏电保护器的选购

（1）额定电压和额定电流应不小于电路正常工作电压和工作电流。

（2）漏电保护器是国家规定必须进行强制认证的产品。在购买时一定要购买具有中国电工产品认证委员会颁发的电工产品认证合格证书的产品，并注意产品的型号、规格、认证书有效期、产品合格证和认证标志等。选购时应选择正规厂家的漏电保护器产品。

（3）选购时可用试一下漏电保护器的开关手柄，好的漏电保护器分开时应灵活、无卡死、滑扣等现象，且声音清脆，关闭时手感应有明显的压力。

5. 配电箱的选购

选购配电箱不但要看外观、型号、参数，还要看其产品样本或说明书、生产合格证，有无电工产品认证合格书以及长城标记。长城认证是我国电工产品行业最高权威机构——中国电工产品认证委员会对这些产品安全检测的质量认证证明，其标记是一个开口圆圈内的长城符号。配电箱具体可以从如下几个方面进行选购：

（1）选择和墙体色彩和谐搭配的颜色。

（2）选择具有专用的中性线（N）端子排和接地保护线（PE）端子排的配电箱，以保证安全可靠。

（3）选择箱体上下、左右和背部均有敲落孔的配电箱，便于各方出线。

3.2 图解电工施工工艺标准步骤及相关验收要点

电路改造目前有两种方式，一种是明装，另一种是暗装。所谓暗装就是把电线套进PVC管中，然后在地面和墙面开槽，将套入电线的PVC管埋入开好的槽内，最后再用水泥砂浆将槽填平，这样电线和PVC管在外观上就完全看不到了。这种暗装的方式是目前最为主流的电路改造方式，在家庭装修和办公空间中大量采用。简而言之，电线和电线护套线埋入墙内的就是暗装，电线及护套线在墙外的就是明装。考虑到暗装为目前最为主流的电路改造施工方式，在本章中就以暗装施工为主进行讲解。

本节介绍切槽标准工艺步骤、布管标准工艺步骤、布线标准工艺步骤、插座、开关安装标准工艺步骤、灯具安装标准工艺步骤、配电箱安装标准工艺步骤等六个主要的电工施工环节。电路改造的施工是室内装饰工程中最为重要的施工，也是所有施工环节中最早进行施工的，采用暗装方式的电路施工基本上都是属于隐蔽工程。有人认为隐蔽工程既然看不到，就能省则省，不太愿意在隐蔽工程上花钱。实际情况恰恰相反，越是隐蔽工程越是不能省，越是应该在材料和工程质量上严格把关，否则一不小心隐蔽工程就变成了"隐患工程"。

3.2.1 图解切槽标准工艺步骤

切槽施工适用于暗装形式的电路改造，在明装施工中是不需要进行切槽处理的。切槽施工步骤具体如下。

第 1 步：根据确定好的各种电器位置和走线的方向画施工线和电位线，如图 3-38 所示。

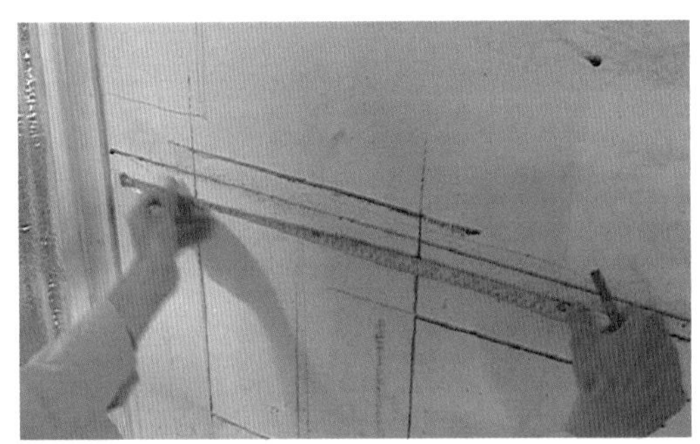

图 3-38　量线及定位

第 2 步：用切割机按照从上到下、从左到右的顺序进行切割，如图 3-39 所示。切割时要求沿线横平竖直，同时把握好深度，需要特别注意原件的预埋，如水管等。此外，梁、柱、剪力墙等承重构件上不得开槽施工。

第 3 步：用锤和凿开槽，如图 3-40 所示。开槽时注意不能打穿墙体，尤其是配电箱底盒等处。

第 4 步：开槽完毕及时清理垃圾及槽内灰尘，如图 3-41 所示。

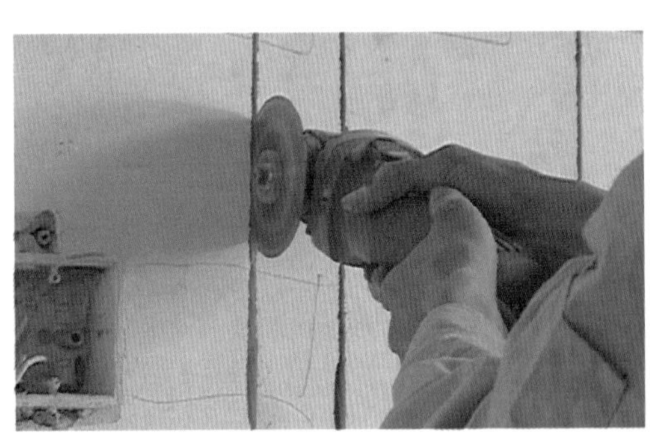
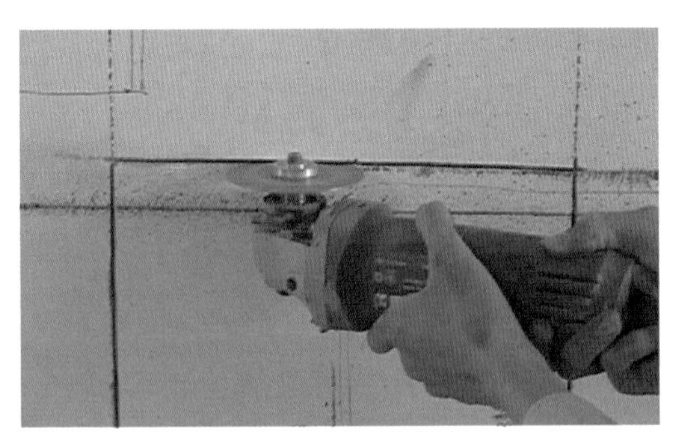

图 3-39　从上到下、从左到右切割

图 3-40　开槽

图 3-41　清理槽内垃圾

3.2.2 图解布管标准工艺步骤

布管施工采用的线管有两种，一种是 PVC 线管，一种是钢管。家庭装修基本上采用 PVC 线管，在一些对于消防要求比较高的公共空间中，则会采用钢管作为电线套管。

第 1 步：将 PVC 线管排列整齐，如图 3-42 所示。线管间隔 600mm 用一个管卡固定，如图 3-43 所示。

图 3-42　将 PVC 线管排列整齐

图 3-43　线管间隔 600mm 用一个管卡固定

第 2 步：如果横向排列多根管子，要间距 20mm 以上，如图 3-44 所示。布管时线管不能与燃气管并行，应该至少留有 200mm 间距。

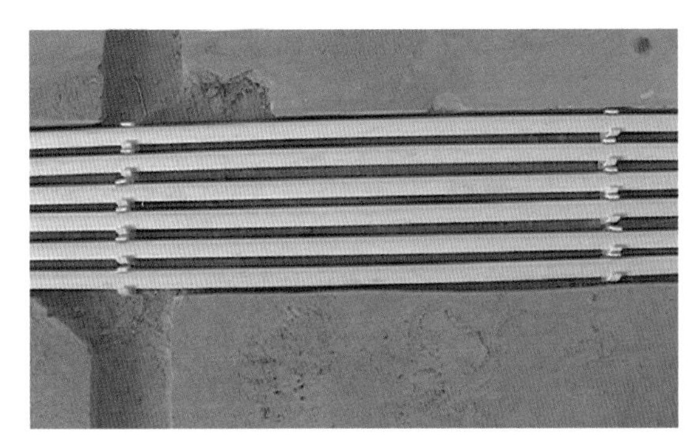

图 3-44　多根管子横向间距 20mm 以上

第 3 步：PVC 线管与底盒连接要用锁头，如图 3-45 所示。忌将线管直接插入底盒，这会导致线管和底盒连接不牢固。

图 3-45　锁头连接线管与底盒

第 4 步：PVC 管与蛇皮管连接处一定要用胶布缠好作为保护，如图 3-46 所示。在实际施工中，常常会碰到不能切槽的地方，比如不做天花板的顶棚，这种情况就必须采用黄蜡管包住电线。

第 5 步：所有线管与接头都必须采用合格的材料，管线必须用胶水涂抹之后才能与接头连接，如图 3-47 所示。

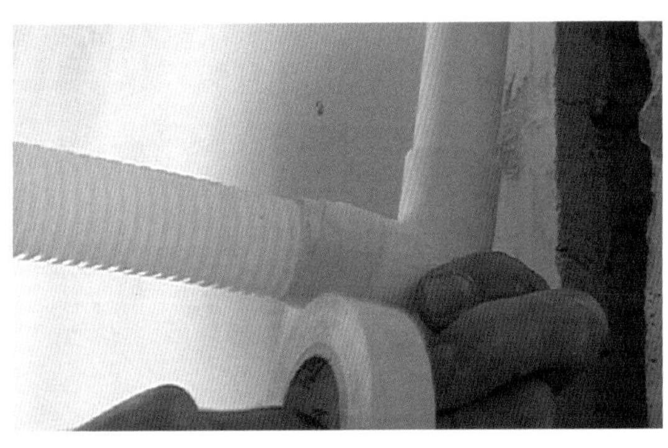
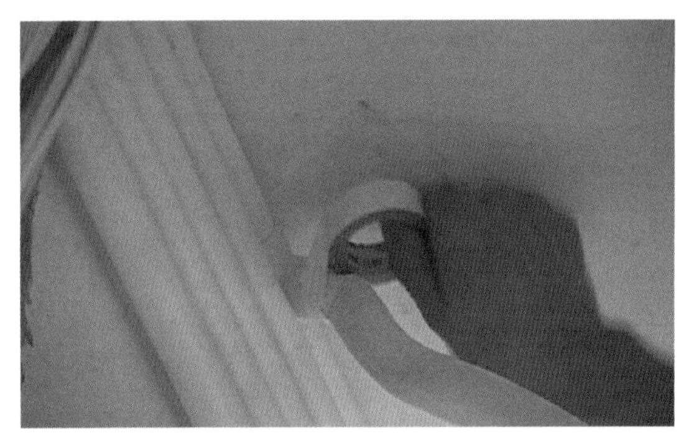

图 3-46　PVC 管与蛇皮管连接处用胶布缠好

图 3-47　胶水黏结管线与接头

3.2.3　图解布线标准工艺步骤

电有强弱电之分，室内布线必须将强弱电分开。此外，在施工时还需要将电线根据业主的需要设置回路。

第 1 步：注意将强电线和弱电线分开走线，以避免强电线对于弱电线信号产生干扰。强电线就是普通电线，而弱电线则是指电视线、电话线、网络线等电流较微弱的电线。施工时强电、弱电间距至少 150mm，且不能同管同底盒。其实国家规定强、弱电间距为 500mm，但是在实际的施工中很难做到。

第 2 步：强电线要分色安装，红色电线是相线，即通常所说的火线；蓝色电线是零线；黄绿双色电线是地线和双控线；绿色是控制线（通常应用较少）。如图 3-48 所示，从左到右分别是地线、零线和相线。

第 3 步：设置专门的回路，专线专用。这个需要根据业主的需要和配置的电器而定，如空调、直热式电热水器、厨房等功耗较大的电器和空间最好设置专门回路，专线专用，如图 3-49 所示。

第 4 步：将电线穿入 PVC 线管内，如图 3-50 所示。注意布线时不能借用老线，不借回路线。

图 3-48　电线分色

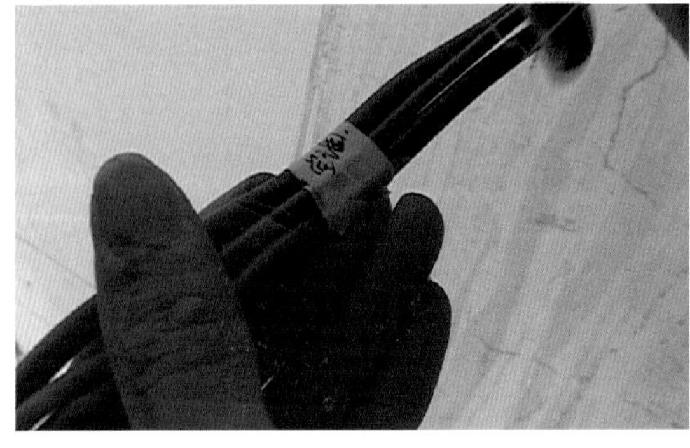

图 3-49　专线专用

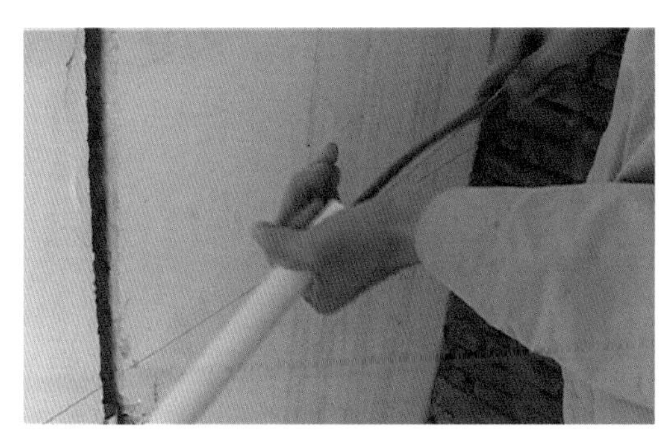

图 3-50　套线

第 5 步：布线时要注意线径，管内线径不能超过管径的 40%，如图 3-51 所示。这样有两个好处，一是维修时抽出损坏的线较为方便，二是管内线径较小便于散热。

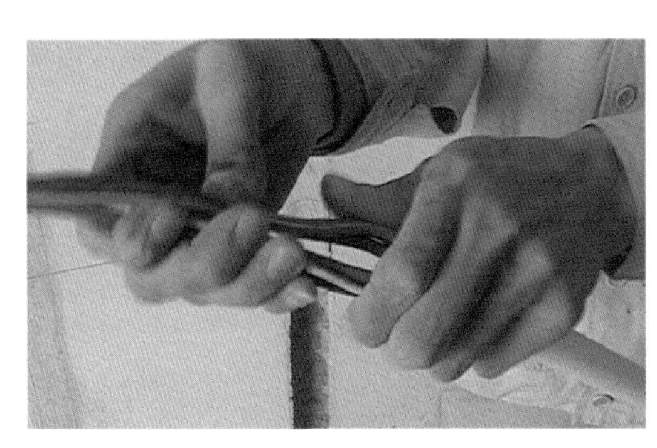

图 3-51　管内所有线径相加不能超过管径的 40%

第 6 步：接线完毕后注意做好线头线尾的标识，如图 3-52 所示。

第 7 步：注意接线方式为火线进开关，零线、地线、控制线进灯头。严禁电线不穿管直接买入墙内开槽处，如图 3-53 所示。

第 8 步：施工完毕，必须检测达标，同时做好面板的保护，如图 3-54 所示。

图 3-52　捆扎好并标识

图 3-53　严禁裸埋电线

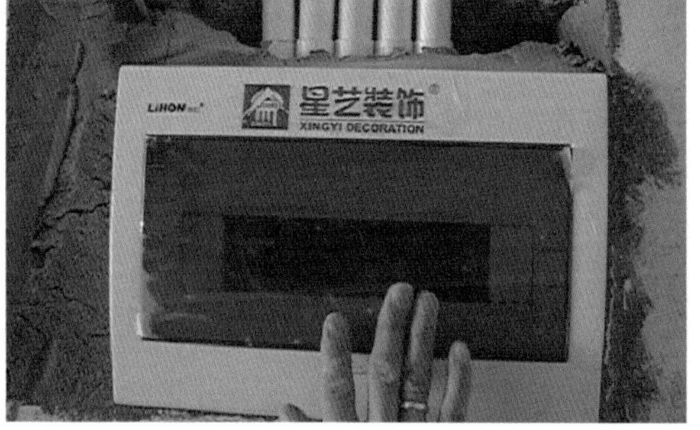

图 3-54　检测达标并做好保护

3.2.4 图解插座、开关安装标准工艺步骤

插座面板安装最好安排在扇灰施工结束之后，如果先期进行安装，之后扇灰施工会污损插座、开关面板。在安装好开关插座面板后还必须用胶纸或者包装纸等包好开关、插座面板，避免后期施工造成污损。

第 1 步：插座走线应该为面对插座左零右火，如图 3-55 所示。同一场所的三相插座接线的相位应一致。

第 2 步：弱电插座应该用万能表测试后确定没有问题再接线，如图 3-56 所示。

图 3-55 面对插座左零右火

图 3-56 测试后再接线

3.2.5 图解灯具安装标准工艺步骤

灯具的安装主要指吊灯、吸顶灯、筒灯和射灯的安装，在公共空间中一般还有地插的安装。

第 1 步：检查灯具，要求配件齐全，灯具表面不能有破损等缺陷，如图 3-57 所示。

第 2 步：大型吊灯应用膨胀螺栓固定，如图 3-58 所示。当灯具表面高温物件靠近可燃物时应采取隔热处理，暗藏灯槽内的日光灯管用卡子固定。

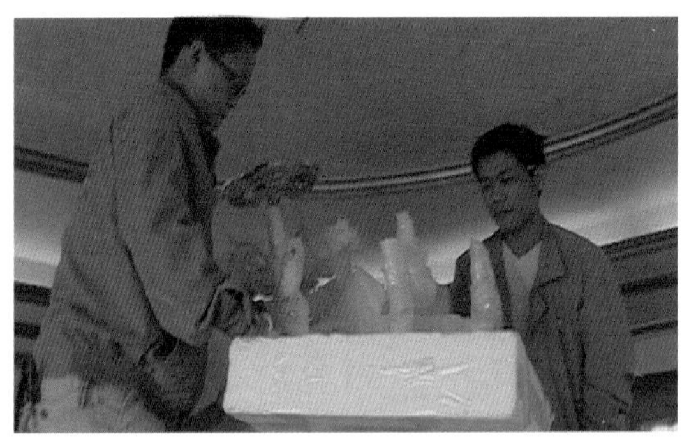

图 3-57 检查灯具

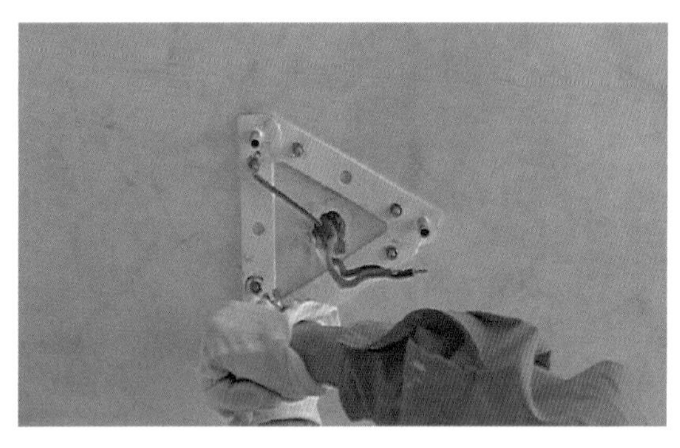

图 3-58 膨胀螺栓固定

第 3 步：灯具安装好后必须进行保护，避免污损，如图 3-59 所示。

图 3-59 灯具保护

3.2.6　图解配电箱安装标准工艺步骤

配电箱的安装必须考虑好位置，一般安装在进门口的侧边不显眼的位置。配电箱内的空气开关和漏电开关必须设置合理，这样才能起到保护作用。

第 1 步：强电总闸内开关排列整齐，接线有序，开关明显，如图 3-60 所示。

第 2 步：火线连接不应剪断，可用连接的铜插。零线、地线排列整齐，捆扎好后接在汇流排上，如图 3-61 所示。

第 3 步：总闸内的开关应单组单用，不宜多组同一开关，如图 3-62 所示。

第 4 步：弱电总闸安装需先问清楚客户的要求，根据客户的要求而定，如图 3-63 所示。

图 3-60　强电总闸开关排列整齐，接线有序，开关明显

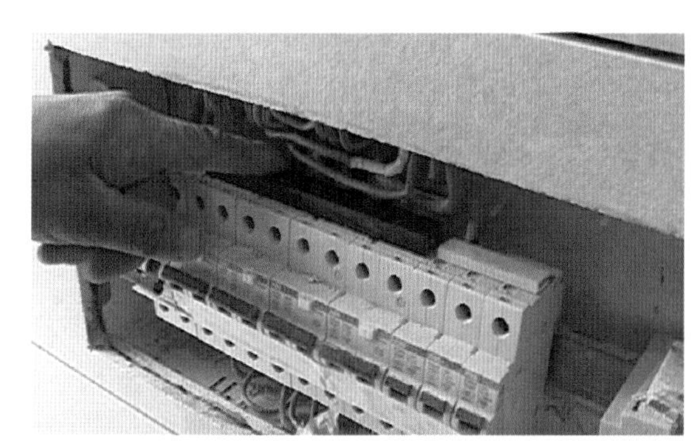

图 3-61　火线、零线、地线的连接

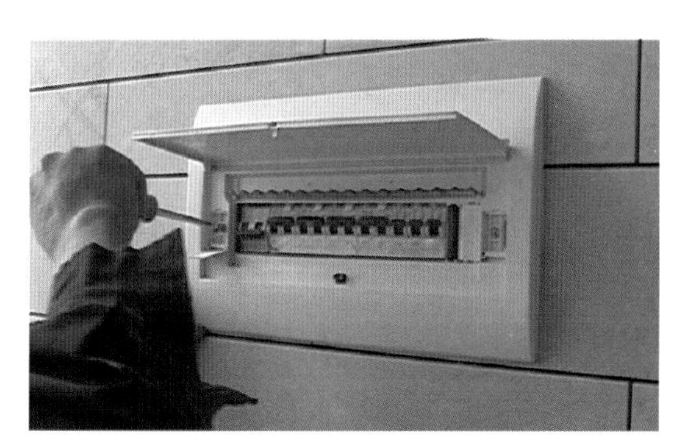

图 3-62　总闸内的开关应单组单用

图 3-63　弱电总闸安装根据客户的要求定

3.2.7　电工施工验收要点

电工施工验收要点：材料达标，安全可靠，外观洁净，灵活有效。电工施工验收时要非常认真，这是关乎人身安全的大事，若电路出现问题很容易就会引发火灾，这是可大可小的事情，马虎不得，务必认真对待，就算业

主再忙，也要抽时间到现场去监督并验收。

（1）墙、顶、地面开槽，埋PVC硬质阻燃管及配件，内穿国标2.5mm^2塑铜线，分色布线，空调等大功率电器应采用4mm^2以上塑铜线。

（2）阻燃管内穿线不超过4根，弱电（电话、电视）单独穿管，水平间距不应小于500mm，特殊情况时可考虑屏蔽后并行。

（3）暗线敷设必须配阻燃管，严禁将导线直接埋入抹灰层内，导线在管内不得有接头和扭结，如需分线，必须用分线盒。暗埋时需留检修口。吊顶内可直接用双层塑胶护套线。

（4）开槽埋管后，需经甲方签字验收后，方可用水泥砂浆或石膏填平。

（5）安装电源插座时，面向插座应符合"左零右相，保护地线在上"的要求，有接地孔插座的接地线应单独敷设，不得与工作零线混用。

（6）厕浴间应安装防水插座，开关宜安装在门外开启侧的墙体上。

（7）灯具、开关、插座安装牢固，灵活有效，位置正确，上沿标高一致，面板端正，紧贴地面、无裂隙，表面洁净。

（8）电气工程安装完工后，应进行24h满负荷运行试验，检验合格后才能验收使用。

（9）工程竣工时应向用户提供电路竣工图，标明导线规格和暗线管走向。

3.3 电工施工注意事项

3.3.1 电工施工的总体要求

施工注意事项如下:

（1）了解物业有关规定，如允许施工的时间、施工要求、供电方面的要求。

（2）进场要检查进户线，不适宜的进户线应通知业主，采取相应的措施。

（3）承重结构，如剪力墙、梁、柱，不得随意打孔穿洞。

（4）不得随便拆除门铃、观察器、防盗设施线路。如果必须拆除，拆除后必须保管好。

（5）电视、电话、电脑等分配器应安装在便于检查的地方。必须埋设在墙内时，应安置在空接线盒内，便于检修。

（6）施工现场保持清洁卫生，切槽后的垃圾随时清理干净。

（7）注意施工安全，杜绝施工隐患，特别是安全用电设施配置要齐全。

（8）核对施工图与现场实际情况是否相符，发现问题及时提出，以利更改。并依据施工图现场与业主确定插座、开关、电视、电话、电脑、音响、空调、冰箱、油烟机、排气扇、热水管、微波炉及各种灯具等的位置，并在相应位置上做好标记。

（9）到施工现场观察地形情况，对梁、柱、板、剪力墙如何绕道走线，做到心中有数。

（10）做好材料预算，如2.5～10mm^2的电线、电视、电话、电脑、音响线、底盒、PVC管或钢管、管卡、钢钉、软管、蜡管、配电箱及配件各种材料的需用量。

3.3.2 切槽与配管施工

1. 切槽

（1）根据已确定的各种电气的位置和线路走向进行切槽。

（2）切槽应弹线，用切割机进行切槽，做到平直美观、规范，深度适宜，一般线管埋设后低于墙面10mm为宜。

（3）切底盒槽孔时应方正、平直，不得打穿墙体。

（4）承重结构，剪力墙、梁、柱不得打孔穿洞。

2. 配管

（1）配管基本要求。

1）使用的线管及其附件的品牌、质量等要和报价单相符。

2）施工中所用的插座、开关底盒规格应与面板配套。

3）线管的规格要根据所穿导线的根数和导线截面的大小而定，黄蜡管除外。

4）管内所穿导线（包括导线的绝缘层）的总截面积，不应大于线管内径截面积的 40%。

5）布管要横平竖直，整齐美观，转弯处尽量使用弯管器制作或用弯头，严禁使用黄蜡管、软管、电工胶布等代替。

6）强电与弱电布管应分槽分管，间隔不得小于 200mm。

7）底盒内的强电、弱电也要分开。

8）强电、弱电施工时应注意线的裸露问题，管子一定要到位，不得出现超过 20mm 的电线外露。

（2）塑料管敷设。

1）线管敷设排列整齐，用线码固定线管，塑料管应为阻燃材料。

2）线管敷设分线处用三通，直管连接用直通，管口及其各连接处均应密封，管口应平整、光滑，管与盒（箱）等器件应采用插入法连接。

3）当线路暗装时，电线保护管宜沿最近的路线敷设，并应减少弯曲。

4）线管的弯曲处，不应出现折皱或者凹陷、裂缝等问题。

5）当线管敷设遇下列情况之一时，中间应增设接线盒或拉线盒，且接线盒或拉线盒的位置应便于穿线。

6）当金属电线保护管、金属盒（箱）、塑料电线保护管、塑料盒（箱）混合使用时，金属管和金属盒（箱）必须与保护地线（PE 线）有可靠的电气连接，即接地保护应可靠。

7）底盒埋设，应先上好锁头，洒水湿润盒槽，用水泥砂浆固定，底盒平墙面，用水平尺测定水平，如有两个或两个以上的底盒并列排放，底盒之间的间隙，一般松本底盒为 6～8mm，格莱玛为 10～12mm 为宜（具体可参照产品说明）。

8）天花上的灯线用软管保护，过梁线用蜡管保护，PVC 管与底盒或配电箱连接时必须要使用锁头。

9）电视、电话、电脑线应单独敷设保护线管，禁止与电源线同线管，并与电源线管相隔 200mm 左右为宜，还应预留检修口。

10）混凝土天棚灯线也应用蜡管或胶布缠绑进行保护，不得裸露敷设。

（3）钢管敷设。在一般的家庭装修中，多采用 PVC 塑料管作为电线套管，但是在有特别要求的办公空间和一些潮湿的空间，必须采用钢管敷设。

1）湿场所的电线保护管，应采用厚壁钢管或防液型金属电线保护管，干燥场所的电线保护管宜采用薄壁钢管金属电线保护管。

2）钢管的内壁、外壁均应作防腐处理，采用镀锌钢管时，锌层剥落处应涂防腐漆，设计有特殊要求时，应按设计规定进行防腐处理。

3）钢管不应有折扁和裂缝，管内应无铁屑毛刺，切断口应平整，管口应光滑。

4）钢管的连接应符合下列要求：

a. 螺纹连接时，管端螺纹长度不应小于管接头长度的 1/2；连接后，其螺纹宜外露一部分，螺纹表面应光滑，无缺损。

b. 采用套管连接时，套管长度宜为管外径的 1.5～3 倍，管与管的对口处应位于套管的中心；套管采用焊接时，焊缝应牢固严密；采用紧定螺钉连接时，螺钉应拧紧，在振动的场所，紧定螺钉应有防松动措施。

c．钢管和薄壁钢管应采用螺纹连接或套管紧定螺钉连接，不应采用熔焊连接。

5）管与盒（箱）或设备的连接应符合下列要求：

a. 暗装黑色钢管与盒（箱）连接可采用焊接连接，管口宜出盒（箱）内壁 3～5mm，且焊后应补涂防腐漆；明装钢管或暗配的镀锌钢管与盒（箱）连接应采用锁紧螺母或护圈帽固定，用锁紧螺母固定的管端螺纹宜外露锁紧螺母 2～3 扣。

b. 当钢管与设备直接连接时，应将铅印敷设到设备的接线盒内。

c. 当钢管与设备间接连接时，对室内干燥场所，钢管端部宜增设电线保护软管或金属电线保护管后引入设备的接线盒内，且钢管管口应扎紧密；对潮湿场所，钢管端部应增设防水弯头，电线应加套保护软管，弯成弧状后再引入设备的接线盒。

d. 与设备连接的钢管管口与地面的距离宜大于 200mm。

6）钢管的接地连接应符合下列要求：当黑色钢管采用螺纹连接时，连接处的两端应焊接接地线或采用专用接地线长跨接；镀锌钢管或挠金属电线保护管的跨接接地线宜采用专用接地线长跨接，不应采用熔焊连接。

7）安装电器的部位应设置接线盒。

8）明配钢管应排列整齐，固定点应均匀，钢管管长间距应合适，电气器具或盒（箱）边缘的距离宜为 150～500mm。

9）电线穿入钢管后，在钢管两端应装护线套保护电线；

10）钢管明敷设时的固定，当钢管直径在 20mm 以下时，管卡与管卡之间距离不应小于 1500mm；钢管直径在 400mm 以下时，管卡与管卡之间距离不应大于 2500mm。

3.3.3 布线施工

（1）对穿管敷设的绝缘电线，其额定电压不应低于 500V。

（2）管内穿线宜在抹灰工程结束后进行，穿线前应将线管内的积水及杂质清除干净。

（3）布线应分色，火线为红色，零线为蓝色，地线为双色，灯的控制线为绿色。

（4）严禁杜绝回路借线、中途接线、借用原有老线。

（5）空调、热水器、微波炉等用电量较大的设备应设专线。

（6）不同回路、不同电压等级和交流与直流的导线不应穿在同一根管内，但下列几种情况或设计有特殊规定的除外：

1）电压低于 50V 及以下的回路。

2）同一台设备的电机回路和无干扰要求的控制回路。

3）照明的所有回路。

4）同类照明的几个回路，可穿入同一根管内，但管内导线总数不应超过管内径 2/3，且不应多于 8 根。

（7）电线在管内不应有接头和扭结，接头应设在接线盒内。

（8）布线完工后，应进行各回路线的绝缘检查，绝缘电阻值应符合 GB 50150—2006《电气装置安装工程电气设备交接试验标准》的有关规定，并做好记录。

（9）布线完工后，保护地线（PE 线）连接应可靠，对带有漏电保护装置的线路应作模拟动作试验，并做好记录。

（10）布线完工后，经质检员检测合格后，方可封槽，封槽前洒水湿润槽内，砂浆表面应平整，不得高出墙面，也不得露线管。

（11）导线与燃气管道的间距见表 3-1。

表 3-1 导线与燃气管道的间距

位置＼类别	导线与燃气管之间距离（mm）	电气开关接头与燃气管间距离（mm）
同一平面	≥ 100	≥ 150
不同平面	≥ 50	≥ 150

3.3.4 插座、开关安装施工

1. 插座安装

（1）插座的接线符合下列要求：

1）单相两孔插座，面对插座的右孔或上孔与相线相接，左孔或下孔与零线相接；单相三孔插座，面对插座的右孔与相线相接，左孔与零线相接。

2）单相三孔、三相四孔及三相五孔插座的接地线或接零线均应接在上孔，插座的接地端子不应与零线端子直接连接。

3）当交流、直流或不同电压等级的插座安装在同一场所时，应有明显的区别，且必须选择不同结构、不同规格和不能互换的插座，其配套的插头应按交流、直流或不同电压等级区别使用。

4）同一场所的三相插座，其接线的相位必须一致。

5）电视、电话、电脑等通信设备插座，应用万用表测量线路后再行接线安装。

（2）在潮湿场所，应采用密封良好的防水防溅式插座。

（3）电视、电脑、电话分配器应安装在便于检查的地方，必须埋设在墙内时应安置在空接线盒内便于检修。

（4）地插应具有牢固可靠的保护盖板。

2. 开关安装

（1）安装在同一场所的开关，宜采用同一系列的产品，开关的通断位置应一致，且操作灵敏，接触可靠。

（2）并列安装的相同型号开关距地面高度应一致，高度差不应大于 1mm；同一室内安装的开关高度差不应大于 5mm。

（3）相线应经开关控制，民用住宅除双控外，一般不设床头开关。

3.3.5 灯具安装施工

（1）灯具及其配件应齐全，并无机械损伤、变形、油漆剥落和灯罩破裂等缺陷，安装前应检查。

（2）灯具不得直接安装在可燃构件上，当灯具表面高温部位靠近可燃物时，应采取隔热、散热措施。

（3）对装有白炽灯泡的吸顶灯具，灯泡不应紧贴灯罩，当灯泡与绝缘台之间的距离小于 5mm 时，灯泡与绝缘台之间应采取隔热措施。

（4）天花板上安装吸顶灯具时，如厨房、卫生间，应预先在天花板内龙骨上搭好固定架，然后再安装吸顶灯具，避免脱落。

（5）接线时相线进开关，通过开关进灯头，零线直接进灯头，螺口类头相线不应接外壳。

（6）灯具的安装应符合下列要求：

1）采用钢管作灯具的吊杆时，钢管内径不应小于 10mm，钢管壁厚不应小于 1.5mm。

2）吊链灯具的灯线不应受拉力，灯线应与吊链编叉在一起。

（7）同一室内或场所成排安装的灯具，其中心线偏差不应大于 5mm。

（8）灯具固定应牢固可靠，大吊灯应在混凝土顶棚上打膨胀螺栓，其他顶棚也应用加长螺栓固定灯座，避免掉落。

（9）嵌入天花顶棚内的装饰灯具的安装应符合下列要求：

1）灯具应固定在专设的框架上或灯孔内，导线不应贴近灯具外壳，且在灯盒内应留有余量，灯具的边框应紧贴顶棚面上。

2）矩形灯具的边框宜与顶棚面的装饰直线平行，其偏差不应大于5mm。

3）日光灯管组合的开启式灯具，灯管排列应整齐，其金属或塑料的间隔片不应有扭曲等缺陷。

4）成排的筒灯、射灯，其中心线偏差不应大于5mm。

（10）凡灯具安装完工后，必须进行保护，避免交付使用前损坏、弄脏。

3.3.6 排气扇、吊扇、油烟机安装施工

1. 排气扇安装

（1）吸顶式排气扇安装前应于天花内龙骨上搭好排气扇支座架，预留孔位尺寸要合适，安装要牢固可靠。

（2）吸顶式排气扇在天花内接线，但开关的位置要便于操作。

（3）窗式排气扇安装前墙上应有预留孔或在玻璃上开孔，如安装在玻璃窗上用圆形排气扇便于安装，嵌入较稳固。

（4）窗式排气扇的插座，距窗边100mm左右为宜，高度与排气扇平行。

2. 吊扇安装

（1）吊扇挂钩应安装牢固，吊扇挂钩的直径不应小于吊扇悬挂销钉的直径，且不小于8mm。

（2）吊扇挂销钉应安装设防振橡胶垫，销钉的防松装置应齐全、可靠。

（3）吊扇叶距地面高度不宜小于2.5m。

（4）吊扇组装时，应符合下列要求：

1）严禁改变扇叶角度。

2）扇叶的固定螺钉装设防松装置。

3）吊杆之间、吊杆与电机之间的螺纹连接，其啮合长度每端不得小于20mm，且安装设防松装置。

4）吊扇应接线正确，运转时扇叶不应有明显颤动。

3. 油烟机安装

（1）罩式油烟机，安装高度底面距灶台面750～800mm为宜。

（2）罩式油烟机，暗埋插座或在吊柜内安装插座。

（3）罩式油烟机，挂钩要打膨胀螺栓，安装应平整牢固。

（4）排风式油烟机，安装高度距地面2.0～2.2mm为宜。

（5）排风式油烟机，插座应避开风管靠右边定位。

（6）排风式油烟机，应安装平整牢固。

3.3.7 配电箱安装施工

（1）配电箱，不得安装在潮湿、有蒸汽、有腐蚀的地方，一般安装在大门后或进门边鞋柜上部易开关的地方。

（2）配电箱安装高度距离地面1.5m为宜。

（3）配电箱内应设置漏电断路，漏电动作电流不应大于30mA，有超负荷保护功能，并分出数路出线，分别控制照明、空调插座，其回路应确保负荷正常使用。

（4）照明及电热负荷线径截面的选择应使导线的安全流量大于该分路内所有电器额定电流之和，各分路线的容量不允许超过进户线的容量。

（5）配电箱内，应分别设置零线和保护地线（PE线）汇流排，零线和保护线应在汇流排上连接，不得铰接，并应有编号。

（6）配电箱内的漏电开关，空气开关，排列整齐，并标明各回路控制照明，空调、插座的用电回路名称及编号。

（7）配电箱应安装平整、牢固、可靠安全。

（8）配电箱进出回路线都应有电线保护管插入进行保护。

（9）电工作业后期完工后，应对插座、开关、灯具等进行检查试用，应符合 GB 50150—2006 的有关规定，并做好记录。同时应通过公司质检员检测验收合格后，方可交付使用。

3.4　电工施工常见问题及其相关解决办法

电工施工中会遇到各种不同的问题，只要是问题终究会有其原因及解决办法，有的是材料质量的问题，有的是人为的问题，下面介绍电工施工中的常见问题。

3.4.1　安全用电的注意事项

随着生活水平的提高，各种电器设备的使用越来越多，用电事故也越来越多。安全用电的第一步就是必须确保电路改造中材料、施工以及各种电器的质量，不要图便宜购买假冒伪劣产品；在日常使用中不要用湿手接触带电设备，更不能用湿布去擦带电设备；检查和修理家用电器时，必须先切断电源；对于那些破损的电源线，必须马上用绝缘胶布包好；一旦出现漏电事故或者因此引发火灾，首先必须断开电源再进行其他处理，若不切断电源，烧坏的电线会造成短路，从而引起更大范围的电线着火。如果不慎发生触电事故，应首先设法使触电者迅速脱离电源，就地进行人工呼吸法抢救，若心脏停止跳动则需进行人工胸外挤压法抢救，有数据表明如果从触电后 1min 就开始救治，有 90% 的概率可以救活，但到 5～6min 以后才开始抢救，则仅有 10% 的救活机会。

3.4.2　电线暗装要求

电线外层的塑料绝缘皮长时间使用后，塑料皮会老化开裂，绝缘水平会大大下降，当墙体受潮或者电线负载过大和短路时，更易加速绝缘皮层的损坏，这样就很容易引起大面积漏电，导致线与线、线与地面有部分电流通过，危及人身安全。而且泄漏的电流在流入地面途中，如遇电阻较大的部位，会产生局部高温，致使附近的可燃物着火，引发火灾。同时将电线直接埋入墙体内也不利于线路检修和维护。所以在施工时必须将电线穿入 PVC 电线套管，才能从根本上杜绝安全隐患和方便日后的维修。

3.4.3　电路改造的报价

电路改造计算方法可以以位计算、以米计算甚至以整个项目计算。但相对来说，以位计算是最科学合理的，也是目前最为主流的计算方式。各个公司的计算方法有所不同，但大体上是一个开关或者一个插座算一位，空调、电视、网线、电话也是按位计算，但价格相对开关插座要高一些，具体价格视各个公司而定，没有统一的标准。

3.4.4　漏电保护器的作用

漏电保护器又称漏电保护开关，是一种新型的电气安全装置，其主要用途是防止由于电气设备和电气线路漏电引起的触电事故造成人身伤害。同时，还可以及时切断电源，避免引发火灾事故。随着各种电器设备使用的增加，使用漏电保护器无疑是给人身和财产安全增加了一个保险。

3.4.5　开关、插座面板装斜

开关、插座面板装斜的情况经常会碰到，其根本原因就是底盒一开始没放平装斜了，导致面板装上去也是斜的。解决方法是固定底盒时要放平，装面板时应退后几步观察，确定平整后才固定。

3.4.6 施工完成后修改局部电位

有时工程完工后业主验收时发现有的插座布置得不合理，没有达到要求，出现这样的情况返工起来就比较麻烦了。解决办法是业主跟设计师交谈时要充分表达自己的要求，同时电工施工时尽量在现场监管（或者头一天）并跟现场监理或工头进行商谈定位，这样就可以减少无谓的返工。

3.4.7 凿线槽时凿到梁、柱或承重墙

开槽时凿到梁、柱或承重墙是一件很严重的事情，在施工中任何一种工种或工艺都不能对梁、柱、承重墙造成损害，应尽量避开。解决办法是施工前认真确认墙体是否是承重墙，并尽量避开梁、柱施工。承重墙的辨别方法是敲击墙体听声音，声音沉重、不响亮的就是承重墙，且一般超过 240mm 厚度的墙就是承重墙。

3.4.8 配电箱必须安装漏电开关

配电箱内一般都会有漏电开关的，因为漏电开关主要用于防止漏电事故的发生。漏电开关的动作原理是：在一个铁芯上有两个绕组，主绕组和副绕组，主绕组也有两个绕组，即输入电流绕组和输出电流绕组。无漏电时，输入电流和输出电流相等，在铁芯上二磁通的矢量和为零，就不会在副绕组上感应出电势，反之副绕组上就会感应电压形成，经放大器推动执行机构，使开关跳闸。

第4章 水工施工

水路改造是装饰工程中的一个重要环节，涉及的材料比较多，选择什么样的水管，在一定程度上决定了用水的质量、卫生和健康。而且水路改造工程中的材料更新换代非常快，以给水管为例，从最早的镀锌铁管、PVC 管、不锈钢管，然后是铝塑管，最后到现在流行的 PPR 管，短短数十年，给水管材已经换了几代。这也要求在施工中不能保留老概念，要随着材料的更新同步更新施工工艺。

4.1 水工施工常用工具及其相关材料

4.1.1 水工施工常用工具

水路施工涉及的施工工具虽然不是很多，但每一种都是缺一不可的。下面就介绍一下水路施工常用的工具。

激光投线仪、开槽机、电锤、锤子，详见第 3 章。

1. 管子割刀

管子割刀是用来剪切 PVC、PPR 等塑管材料的工具，刀体材质一般采用铝合金，使用轻巧，刀片有 65MN、不锈铁、SK5 等，硬度在 48 ~ 58 之间，刀片采用高温淬火。手动工具一般都是消耗用品，质量较好的使用寿命在 1 ~ 3 年。

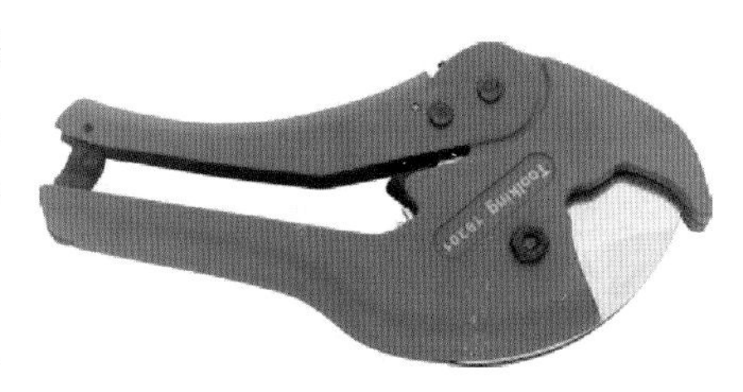

图 4-1　管子割刀

管子割刀对线管、水管进行裁切时速度快，效率高，不会出现毛边、碎屑等杂质，无噪声，质量小，操作简便，缺点是有时候裁切管子时会将管子压扁一点，不过对施工不会造成影响，管子割刀如图 4-1 所示。

2. PPR 热熔器

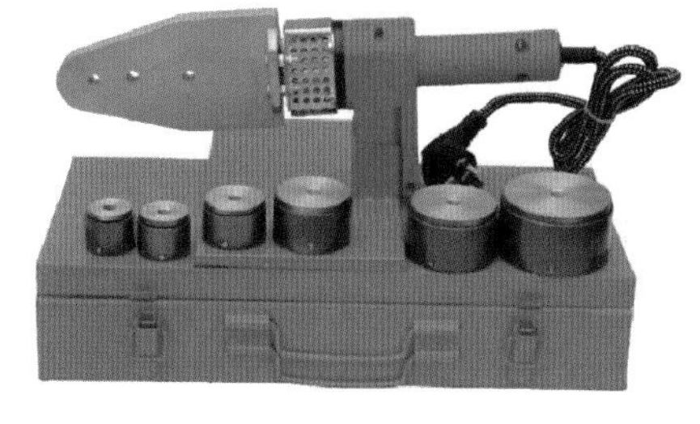

图 4-2　PPR 热熔器

PPR 热熔器，也称热合器、热合机等，如图 4-2 所示。适用于加热对接 PPR 管，简单实用，现有可调节温控和固定温控两种，其规格和管材规格一样。可调温控制热熔器可用于其他材料管材，如 PE、PP 等。

PPR 热熔器由温控旋钮、热导机身、热熔接头、底座组成，热熔接头分为 4 分、6 分和 1 寸三种直径规格，分别对应三种管径的 PPR 管，通电后待温度上升至 240℃达到恒温，指示灯由红色变为绿色时，可开始管件的熔接，管件加热 6s 后立刻对接，接口要完全到位才行，否则很容易造成漏水。

PPR 热熔器在水路施工中用于 PPR 管的热熔连接，能使管件各部分连接紧密，使用寿命长，缺点是如果一旦熔接错误就得废弃接错的连接部件，更换新的部件。

3. 水管试压机

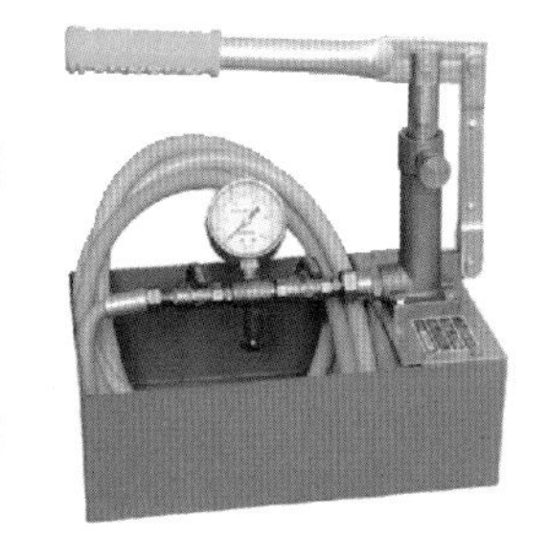

图 4-3　水管试压机

水管试压机是施工中对水管进行加压实验，检测其接头部位是否漏水的简单实用的重要工具之一，由水箱、加压手柄、压力表、水管组成，如图 4-3 所示。

水路改造也是隐蔽工程，不能马虎，所以漏水检测就显得尤为重要。PPR 给水管在熔接完成之后，封槽之前就要开始打压试验。简单操作流程为先将阀门关闭，将冷热水管用一根软管连通，选定一个接头部位进行试压，其他接头部位用堵头全部堵住，再将水压入到管中，注意压力表指针的变化，当压力达到 0.8MPa（国际标准）时停止加压，在 0.5h 内观察压力是否会下降，如果不下降或略微有一点点下降，说明管道不漏水；如有明显的下降，说明管道有地方没接好或有沙眼洞，必须找出漏水部位重新熔接，直至检测压力稳定，确保管道无漏水、漏气情况为止才可进行封槽。

图 4-4　活动扳手

特别注意：在试压的过程中，压力不要加得太大，以免出现爆管的可能。

试压机在水路施工中主要用于检测 PPR 管、铝塑管等给水管道的渗漏问题，确保隐蔽工程的安全、稳定。

4. 扳手

扳手是一种常用的安装与拆卸工具，利用杠杆原理拧转螺栓、螺钉、螺母和其他螺纹紧持螺栓或螺母的开口或套孔固件的手工工具。扳手通常在柄部的一端或两端制有夹柄，使用时沿螺纹旋转方向在柄部施加外力，就能拧转螺栓或螺母。常用碳素结构钢或合金结构钢制造。

常用的种类有活动扳手和固定扳手两种，活动扳手可随意调节开口的大小，对大型的螺栓紧固件可以拆卸，灵活性较高，但在不同螺母之间变换开口大小时比较麻烦，如图 4-4 所示。固定扳手开口尺寸固定，一种规格对应一种螺母，工作效率高，但需要备用很多种尺寸的扳手，如图 4-5 所示。在水路施工中主要用于五金卫浴的安装、旋拧膨胀螺栓、安装水龙头等。

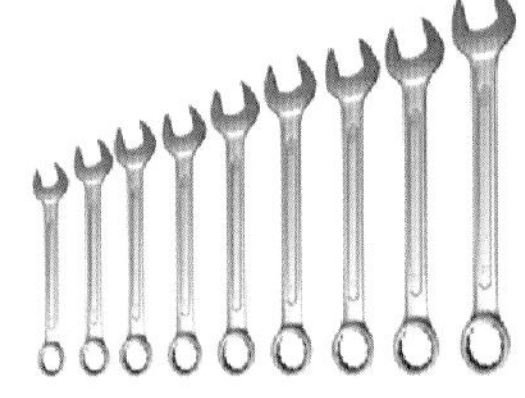

图 4-5　固定扳手

5. 其他常用工具

（1）墨斗、钢卷尺。详见第 4 章。

（2）弯管器。弯管器有多种，这里指的是电工排线布管所用工具，用于电线管的折弯排管，属于螺旋弹簧形状工具。用弯管器将线管折弯的工艺称为冷弯，这样的弯曲方式使得管线在转弯处比较顺滑，方便电线的穿入，如图 4-6 所示。

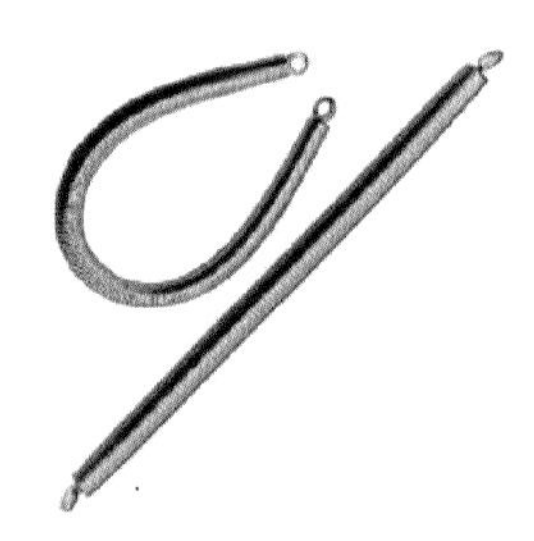

图 4-6　弯管器

4.1.2　水工施工常用材料

水工施工主要包括给水和排水管道的改造，其中又以给水管道最为重要。现在水路改造基本上都是暗装，水管多被埋入地面和墙内。不少人在水路改造时重"面子"轻"里子"，可以花上千元买个高档水龙头，却不肯花多几百块钱买质量好点的水管，这完全是本末倒置，实际上宁可适当降低水龙头的档次，也不要在水管上省钱。水工施工材料种类比较多，而且更新换代比较快，下面就以目前常见的水工施工材料进行系统的讲解。

一、PPR 管

PPR 管是目前室内应用最广泛的一种管道材料，在家居水路改造中应用尤其广泛。

PPR 管学名叫无规共聚聚丙烯，属于聚丙烯产品的第三代，此外还有一些诸如 PPH、PPB 等水管材料，也属于聚丙烯，在性能上不及 PPR 管，市场上有些商家利用其相似的特点，用 PPH 和 PPB 管冒充 PPR 管进行销售。

PPR 管的管径从 16～160mm，一般常用的是 20、25mm 这两种，市场上通常俗称为 4 分管、6 分管。

PPR 管分为冷水管和热水管两种，区别是冷水管上有一条蓝线，而热水管则是一条红线。相比而言，热水管的耐热性更好，在水温为 70℃以内、压力 10Pa 以下，其理论寿命可达 50 年。冷水管对于热水的耐受性较差，所以不能用冷水管替代热水管，但是可以使用热水管替换冷水管。PPR 冷热水管如图 4-7 所示。

图 4-7　PPR 冷热水管

通常来说，水管最容易出现的问题就是渗漏，而最容易出现渗漏的地方就是在管材和接头的连接处。PPR 管最大的优点在于其能够使用热熔器将管材和接头热熔在一起，使其成为一个整体，这样就最大程度避免了水管的渗漏问题。此外，PPR 管还具有施工方便的优点，采用的是热熔即插连接，无须套丝，数秒钟就可完成一个接头连接。

PPR 水管也有其自身的问题，其耐高温性和耐压性稍差，过高的水压和长期工作温度超过 70℃，容易造成管壁变形；同时，PPR 管长度有限，且不能弯曲施工，如果管道敷设距离长或者转角处较多，在施工中就要用到大量接头。但是从综合性能上来讲，PPR 管可以算是当前最好的水路改造的管材。

PPR 水管还有不少与之配套的配件，这些小配件种类繁多，常用的有三通、管套、弯头、直接等，这些配件起着连接、分口、弯转 PPR 管的作用，可以根据施工的需要选用。

二、其他常见管材

1. 铝塑管

铝塑管又叫铝塑复合管，也是目前市面上较为常用的一种管材。铝塑管是一种由中间纵焊铝管、内层聚乙烯塑料、外层聚乙烯塑料以及各层之间热熔胶共同构成的新型管材，如图 4-8 所示。

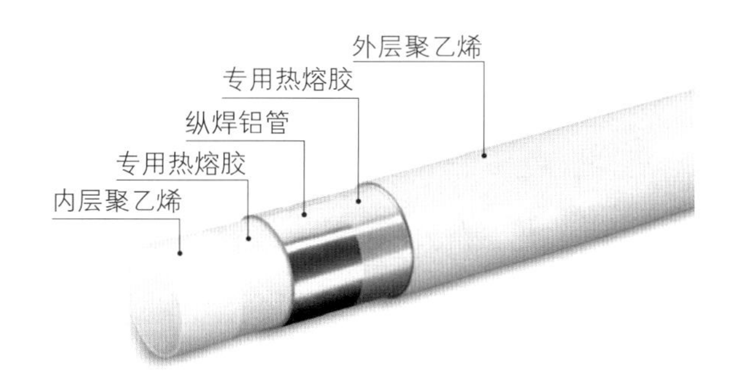

图 4-8　铝塑管构造

铝塑管同时具有塑料抗酸碱、耐腐蚀和金属坚固、耐压两种材料特性，还具有不错的耐热性能和可弯曲性，也是市场上较受欢迎的一种管材。

但是相比 PPR 管而言，铝塑管与连接件不能溶合成一个整体，长期使用尤其是作为热水管使用时，经过长时间热胀冷缩，接口处很容易变形出现渗漏。

2. 铜管

铜管在国内采用的不是很多，但国际上尤其欧美等发达国家使用最多的给水管材就是铜管，几乎占据着垄断地位。铜管最大的优点就在于其具有良好的卫生环保性能。铜能抑制细菌的生长，99% 的细菌在进入铜水管 5h 后消失，确保了用水的清洁卫生。同时，铜管还具有耐腐蚀、抗高低温性能好、强度高、抗压性能好、不易爆裂、经久耐用等优点，是水管中的上等品。在很多较高档的卫浴产品中，铜管都是首选管材。

铜管接口的方式有卡套和焊接两种，卡套方式长时间使用后容易变形渗漏，所以最好还是采用焊接式。焊接后铜管和接口也和 PPR 水管一样，基本上成为一个整体，解决了渗漏的隐患。铜管最大问题就是造价高，这也是影响其在国内广泛应用的主要原因，目前国内只有在一些如五星级酒店和高档住宅小区使用。此外，铜管还有一个问题就是导热快，所以市场上很多的铜热水管外面都覆有一层防止热量散发的塑料或发泡剂。市场上还有一种铜塑复合管，其构成原理和铝塑管基本上是一样的，区别只在于将铝材改为更加环保的铜材，铜管样图如图 4-9 所示。

图 4-9　铜管样图

3. PVC 管

PVC（聚氯乙烯）管有 PVC 和 UPVC 两种，其中 UPVC 管可以理解为加强型的 PVC 管。PVC（聚氯乙烯）是一种现代合成材料，属于塑料的一种，是应用极为广泛的管材材料，尤其是排水管，基本上都是采用 PVC 或者 UPVC 制成的。

由于 PVC 材料中有些化学元素对人体器官有较大的危害性，而且 PVC 管的抗冻和耐热能力都不好，所以很难用作热水管。再加上 PVC 管强度和抗压性较差，用作给水管容易造成渗漏，即使作为冷水管也不适用。近年来，随着 PPR 管和铝塑管等管材的兴起，PVC 管目前已经趋于淘汰的边缘，作为给水管只在一些低档的装修中还有采用。目前，PVC 管大多是用作电线套管和排水管，如图 4-10 和图 4-11 所示。

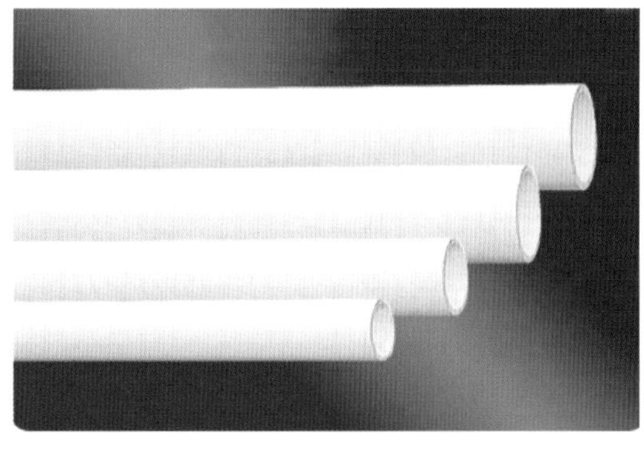

图 4-10　UPVC 排水管

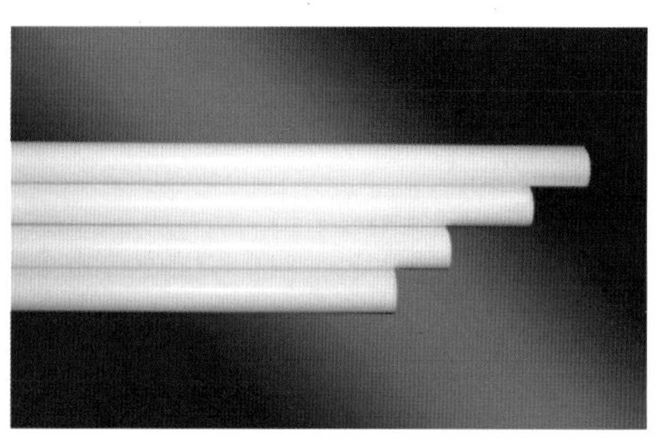

图 4-11　PVC 电线套管

4. 镀锌铁管

镀锌铁管已有上百年的使用历史，在国内早几十年前几乎所有给水管都是镀锌铁管，即使现在不少老房子还是使用镀锌铁管。

镀锌铁管作为水管有易生锈、积垢的问题，使用几年后，管内会产生大量锈垢，锈蚀会造成水中重金属含量过高，严重危害人体的健康。而且镀锌铁管不保温，容易发生冻裂，目前已经趋于淘汰的边缘。现在镀锌铁管更多是被用作煤气、暖气管道以及电线套管。

市场上有一种新型镀锌管，其内部是镀塑的，这样就一定程度上解决了镀锌铁管的固有问题，但是目前应用的还不是很广泛。

4.1.3　如何选购水工类材料

水路材料主要有 PPR 管、铝塑管、铜管、PVC 管和镀锌铁管（见图 4-12）等种类，但由于铜管应用极少，而 PVC 管和镀锌铁管又处于淘汰边缘，下面重点介绍 PPR 管和铝塑管的选购。

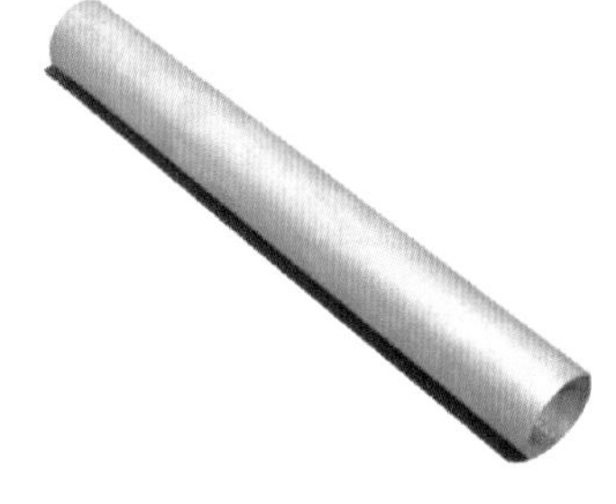

图 4-12　镀锌铁管

（1）管材表面光滑平整，无起泡、无杂质，色泽均匀一致，呈白色亚光或其他色彩的亚光。好的 PPR 管应该完全不透光，伪 PPR 管则轻微透光或半透光。在明装的施工中，透光的 PPR 管会在管壁内部因为光合作用滋生细菌；而铝塑管因为其中间的铝层则完全不会有这个问题。

（2）管壁厚薄均匀一致，管材有足够的刚性，用手挤压管材，不易产生变形。

（3）不管是 PPR 管还是铝塑管都属于复合材料，好的复合材料没有怪味和刺激性气味。

4.2　图解水工施工标准工艺步骤及验收要点

水工施工也分为明装和暗装两种方式，明装方式在一些廉价的出租房和厂房等空间中还有一些应用，在家庭装修以及一些较为高档的空间中则普遍采用暗装的方式。

4.2.1　图解打槽施工标准工艺步骤

目前水路改造也大多采用暗装的方式，也要开槽埋管。水路改造的打槽和电路施工的打槽差不多，打槽的目的也是为了将给水管埋入槽内，起到美观和保护的作用。

第 1 步：根据设计师和业主定好的位置，对照图纸准确的画好线，如图 4-13 所示。开槽位置尽量避开卧室、客厅、书房等空间。

图 4-13　画线

第 2 步：按照画好的施工线用切割机切割好，如图 4-14 所示。切割时从上到下，从左到右切割，切割时注意平整。

第 3 步：用 6 磅小铁锤依次打好要打的槽，如图 4-15 所示。

第 4 步：清理好槽内的垃圾，如图 4-16 所示。

第 5 步：做好重要位置如槽内的防水处理，如图 4-17 所示。

图 4-14　切割

图 4-15　打槽

图 4-16　清理槽内垃圾

图 4-17　重要位置的防水处理

4.2.2 图解水管安装标准工艺步骤

水管的安装相对简单，确定好位置并开好槽后，只需使用专门的管材配件将各个管材连接在一起即可。虽然管材的安装较为简单，但是在安装时需要注意的事项还是相当多的，不按照标准的要求安装，出现问题的概率将大大增加。

第 1 步：水管安装。其注意事项如下：

（1）注意冷热水管的排列，应该是面向水管的方向上左热右冷，如图 4-18 所示。

（2）布管时应将管口用管塞封好，如图 4-19 所示。

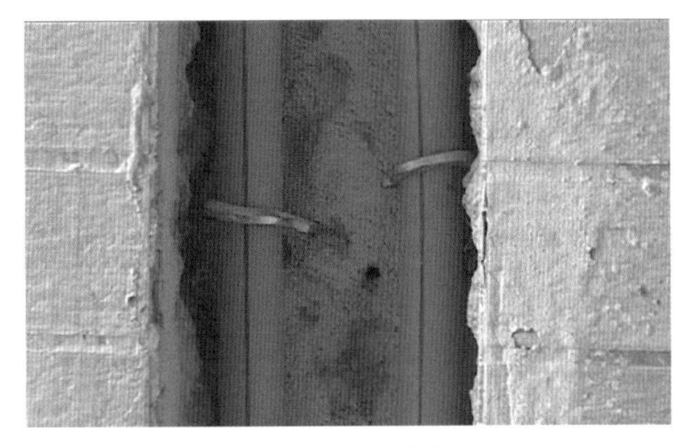

图 4-18 冷热水管的排列

图 4-19 管口用管塞封好

（3）间隔 600mm 用一个扣做固定，如图 4-20 所示。

图 4-20 间隔 600mm 用一个扣做固定

（4）PPR 管布管时连接应用热熔器，注意热度为 260℃为宜，如图 4-21 所示。可以使用热熔将 PPR 管和接口熔接在一起也是 PPR 管的一个优点。此外间隔 600mm 用一个管订固定，如图 4-22 所示。

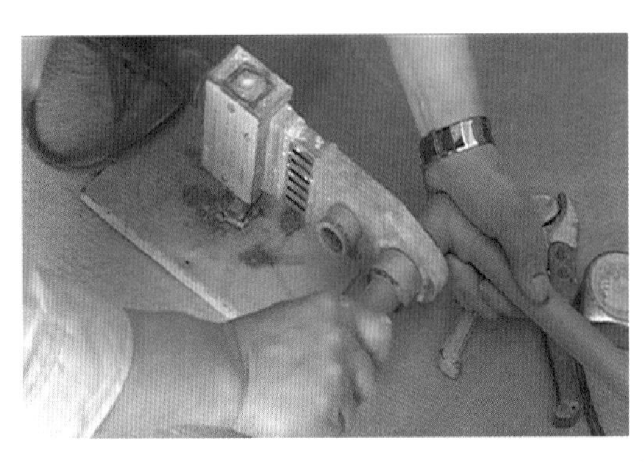

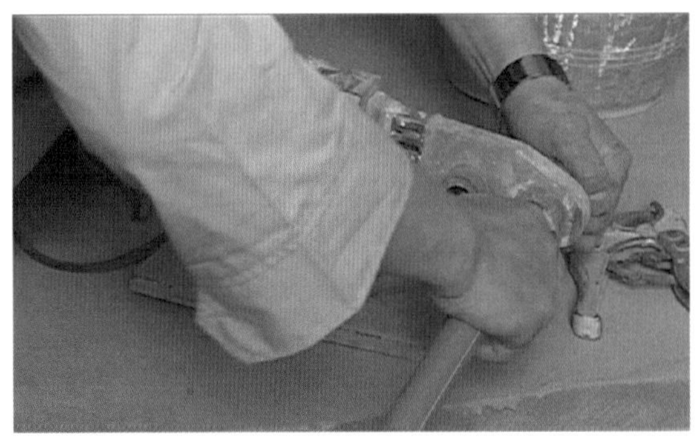

图 4-21 用热熔器连接

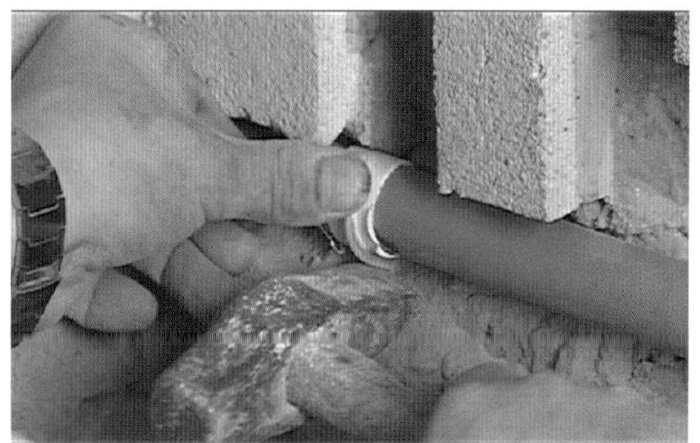

图 4-22 间隔 600mm 用一个管订固定

（5）管与管交叉处用过桥，如图 4-23 所示。

（6）立面布管时要注意花洒、水龙头的高度，如图 4-24 所示。

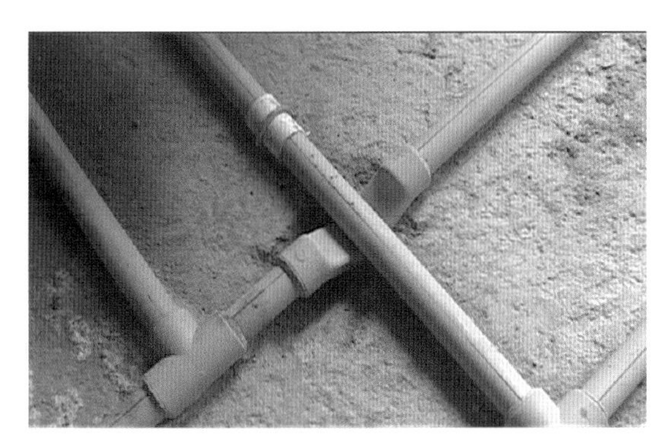

图 4-23 交叉处用过桥

第 2 步：在封槽之前必须对水管进行测试，合格后才可以用水泥砂浆封好水管，如图 4-25 所示，封槽后不应有空鼓。

图 4-24 注意花洒、水龙头的高度

图 4-25 水泥砂浆封好水管

4.2.3 图解排水管安装标准工艺步骤

水管分为给水管和排水管两种，如图 4-26 中的较粗的管子即为排水管，而墙面上较细的管材即为给水管，排水管可以分为排水管和排污管两种。

排水管的安装工艺和给水管基本一样，相对而言也是非常简单的，但是两种不同管材的安装要点不一样，要注意区分。

排水管安装注意要点如下：

（1）排水管要有坡度，要根据洁具的要求预埋，如图 4-27 所示。

图 4-26　排水管和给水管

图 4-27　排水管要有坡度

（2）排水管道中所有的洁具排水管道都要有存水弯，如图 4-28 所示。

（3）排污管最少要用管径 110mm 的，如图 4-29 所示。

（4）杜绝排水管和排污管合二为一，混合安装，如图 4-30 所示。

（5）所有的弯头、直通、三通的接头处理要严密，如图 4-31 所示。

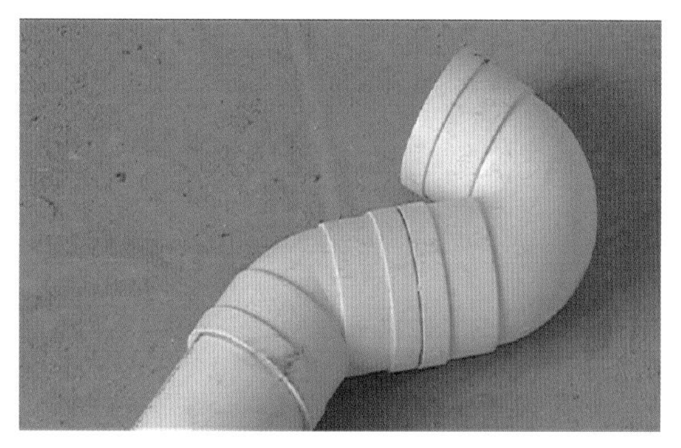

图 4-28　洁具排水管道都要有存水弯

图 4-29　排污管管径至少 110mm

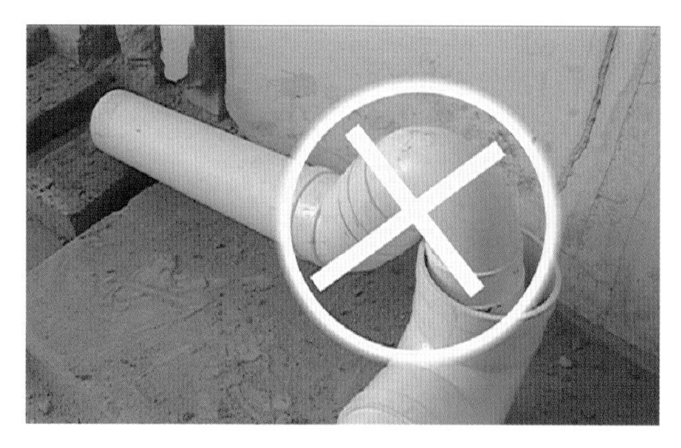

图 4-30　杜绝排水管和排污管混合安装

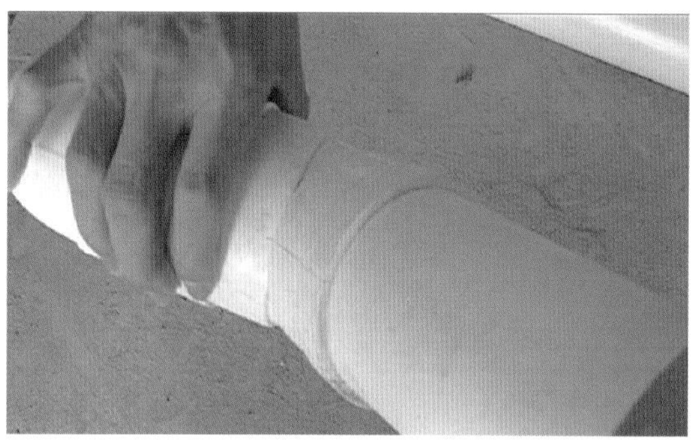

图 4-31　接头处理要严密

4.2.4　图解检测标准工艺步骤

水路施工完工后必须进行全面的检测，必须在全面检测合格后才可以进行埋管的施工。检测时不光要坚持安装的牢固度，还必须检测有无渗漏现象。

第 1 步：查看所布的给水、排水管道是否全部安装完工，如图 4-32 所示。

第 2 步：用试压机对冷热水管进行施压检测，将水压增大到比日常使用大得多，看管子是否会出现渗漏，如图 4-33 所示。

第 3 步：对所有的排水管、排污管进行注水检测，检查其是否通畅，如图 4-34 所示。

第 4 步：将所有的排水口、出水口堵盖好，避免后续的施工时杂物掉入管道内堵塞管道，如图 4-35 所示。

图 4-32　查看所布的给水、排水管道是否全部安装完工

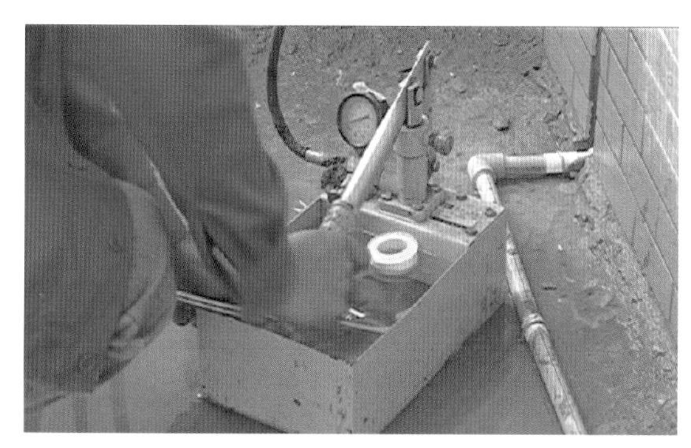

图 4-33　用试压机对冷热水管进行施压检测

图 4-34　注水检测

图 4-35　对所有的排水口，出水口堵盖好

4.2.5　图解洁具安装标准工艺步骤

洁具大多是由业主订购的，考虑到业主对于洁具并不是很了解，在安装之前应给业主提供相关的参考意见，或者陪同业主进行选购。

第 1 步：对洁具进行检查，主要检查洁具是否有裂痕、瑕疵或者其他明显的问题，如图 4-36 所示。

第 2 步：安装时要轻搬轻放，避免损坏洁具，如图 4-37 所示。

第 3 步：洁具安装要牢固不松动，如图 4-38 所示。

第 4 步：阀门开关要灵活，如图 4-39 所示。

第 5 步：安装好后可以采用珍珠棉进行成品保护，避免后期施工中对于洁具造成污损，如图 4-40 所示。

图 4-36　对洁具进行检查

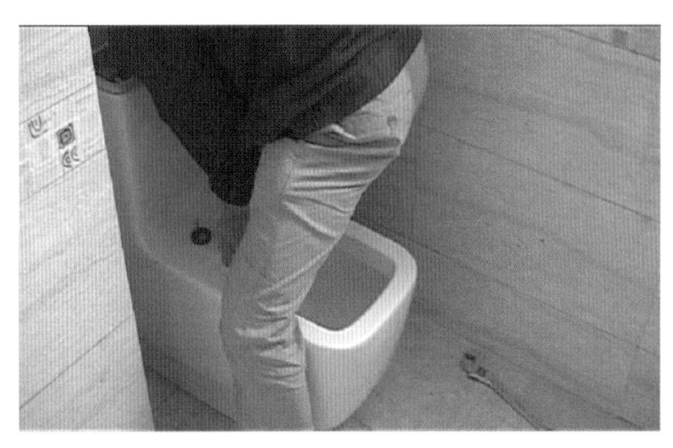

图 4-37　轻搬轻放

图 4-38　洁具安装牢固不松动

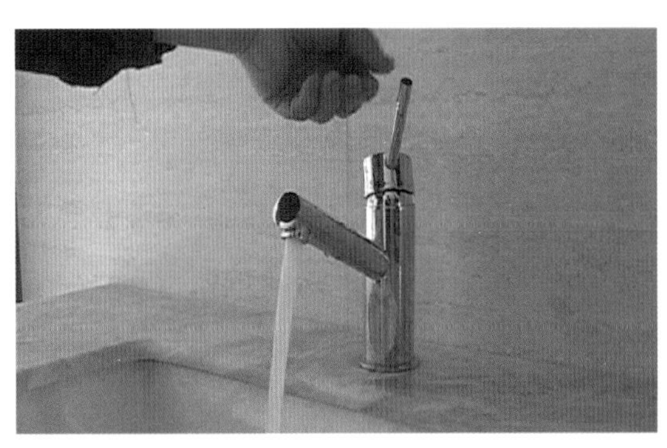

图 4-39　阀门开关灵活

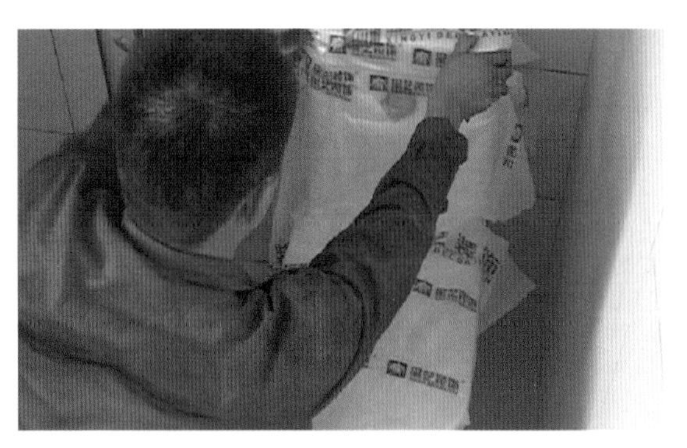

图 4-40　用珍珠棉进行成品保护

4.2.6　水工施工验收要点

水工施工验收要点为：安装牢固、横平竖直、开关灵活、不滴不漏，只有做到这四点，水路才能通过验收。业主在验收时要敏锐一点，只要发现有不满意的地方就立刻提出来，不要让隐患留在日后的生活中。

水工施工验收要点具体为：

（1）管道安装横平竖直，敷设牢固、无松动，坡度符合规定要求。嵌入墙体和地面的暗管道应进行防腐处理并用水泥砂浆抹砌保护。

（2）应采用墙面打孔下木楔或塑料胀栓，镀锌螺钉固定配套卡具，固定管材的方法，间距不大于 600mm。

（3）冷热水安装应左热右冷，安装冷热水管平行间距不小于 20mm，当冷热水供水系统采用分水器时应采用半柔性管材连接。

（4）水龙头、阀门安装平正，位置正确便于使用和维修。

（5）浴缸排水口应对准落水管口做好密封，不宜使用塑料软管连接。

（6）给水管道与配件、器具连接严密，通水后不得有渗漏现象。

（7）排水管道应畅通，无倒坡、无堵塞、无渗漏。地漏箅子应略低于地面，走水顺畅。

（8）卫生器具安装位置正确、牢固端正，上沿水平，表面光滑无损伤。

4.3 水工施工注意事项

4.3.1 水工施工的总体要求

1. 水工施工口诀

定位准确 布置合理 安排得当 使用方便 尽量利用 有限空间 空间再小 设施齐全
切槽平直 深度适宜 布置平整 埋设平稳 承重结构 不得乱动 梁不打洞 柱不穿孔
布管敷设 多小适中 分支三通 直管直通 左热右冷 红蓝分明 给水到位 方便好用
下排水管 即不二连 也不三连 流水畅通 给水不漏 排水不渗 给排水管 接头密封
砂浆封槽 用水湿润 不高出墙 不露出管 水表在中 闸阀球阀 角阀龙头 使用灵活
洗手盆平 洗菜盆稳 镜面挂件 外形美观 座厕装正 浴缸安平 花洒好看 业主喜欢

2. 施工注意事项

（1）了解物业有关规定，如允许施工的时间、施工要求、给排水安装的要求等。

（2）除有设计要求外，不得任意改变原给水管、排水立管、便器位置。

（3）除有设计要求外，不得任意抬高卫生间的地面标高。

（4）严禁用旧水管当新水管用。

（5）承重结构、箭力墙、梁、柱，不得随意打孔穿洞。

（6）注意检查原地漏、下排水管孔是否畅通，并进行保护。

（7）按最直线短距离布水管，不得特意绕道布管。

（8）施工现场保持清洁卫生，切槽后的垃圾随时清理干净。

4.3.2 开槽施工

1. 开工准备

（1）到施工现场察看实际情况，设计好给排水的合理走向。

（2）检查进水管、下排水管的管径是否能保障户内给排水的用量要求，如不能满足应及时提出处理方案供业主参考，并找物业处理。

（3）核对施工图与现场实际情况是否相符，厨房、卫生间平面布置是否合理恰当，发现问题及时提出，以便更改。

（4）拟定施工进度计划，确定进场人员，确保按时完工。

（5）做好材料预算，如前期使用的日丰管、PVC管、三通、直通、接头、弯头、堵头，后期使用的龙头、闸阀或球阀、角阀、软管、水表、卫浴洁具及配件各种材料的需用量。

（6）依据施工图结合现场实际情况，会同业主和监理做好给排水卫卫浴设施的合理定位。

（7）定位后要求在实地标明给排水管的走向，在相应位置作好标记。

2. 开槽施工

对于暗装形式的水路改造，必须开槽埋管。为了保证给排水安全、牢固、可靠、实用、美观，开槽应按严格要求做到横平竖直，深度适宜，并尽量避免从客厅、卧室、书房开槽走管。开槽施工需要注意的要点如下：

（1）开槽画线。在已定位好的标记位置基础上，从水源处引向各水位，用水平尺打水平，用钢卷尺定点量出整个冷热水管横向统一高度，根据水管直径大小确定管槽宽度，用墨斗连接各点弹出管槽宽度双线，并与各竖管线垂直交叉。

（2）走向与高度。冷热水管的走向应尽量避开煤气管、暖气管、通风管，并保持一定的间隔距离，一般距200mm以上为宜。为便于检测和装配，冷热水管横向离地面高度一般以300～400mm为宜。

（3）冷热水管立管开槽，到花洒龙头处，并排安装时其冷热水管间距为150mm，这样可以方便安装花洒龙头。

（4）开槽。在已经弹好的切割线内，用切割机从上到下、从左到右退着切，一边切割一边用装满水的瓶子注水，避免灰尘扬起。管槽深度与宽度按照水管大小而定，一般宽度大于管外径5mm为宜，深度则大于外径8～10mm为宜，以便于封槽。

（5）剔槽。用铁钎从上而下剔槽，槽沟要求平整、规则，槽内灰尘应及时清理干净，横竖管槽交叉处应成直角。

（6）排水管槽应有一定的排水坡度，一般以2%～3%为宜。

4.3.3 给水工程的施工

1. 给水管道安装总体要求

（1）给水横管道宜有0.002～0.005的坡度向泄水装置。

（2）冷热水管和龙头并列安装，应符合下列规定：

1）上下平行安装，热水管应在冷水管上面。

2）竖向垂直安装，热水管在冷水管的左侧（面向水管）。

3）在卫生器具上安装冷、热水龙头，应左热右冷（面向龙头）。

4）冷热水管为嵌入墙体敷设，冷水管深入墙面不低于10mm、热水管深入墙面不低于15mm（防止热水温度对水泥及瓷片造成影响）；冷、热水管平行距离不小于150mm；冷热水管交叉处必须采用绝热材料隔开。

5）冷热水管不许混用，冷热水管出水弯头的端面离墙面完成面凹进2～5mm。

6）冷热水管如果必须沿墙敷设，高度必须在300mm位置。

（3）户内给水管要求主管为6分，支管为4分。

（4）安装的水表和各种阀门位置应符合要求，以便于使用和维修。

（5）铜管焊接用锡焊或铜焊，焊接时注意表面去氧化层处理。焊接时注意掌握火焰的温度，避免出现假焊或破坏管质。焊好后表面必须用环氧树脂涂好保护膜再套上套管。

（6）给水管安装完毕后，画好水管走向示意图，并给冷热水管1MPa试压2h，排水冲水测试，经检查合格后再进行封槽。

（7）厨、卫管槽要先做好防水再用水泥砂浆封槽。

2. 日丰水管安装

（1）安装前，应对管槽内进行必要的清理，安装时应注意防止泥沙等污物进入管材内。如果较长时间中断施工，应将管口用管塞封堵。

（2）布管应按已定位开好槽的位置进行敷设。

（3）1014-2632规格管材盘卷向前延伸，可调直管材，对于小口径的管材或管材局部弯曲亦可用手调直。方法是每隔600～1000mm装一个管扣座，然后边用手调直管材，边将管材压嵌入扣座内。

（4）管道的截断一般用专用管剪，也可使用锯或刀截断。

（5）1014-2632规格管材可直接弯曲，但弯曲半径不能小于管材外径的5倍，弯曲方法是将如图4-41所示的弯管弹簧插入管材，送至需弯曲外（如弹簧长度不够，可接驳钢丝加长），在该处用手加力缓慢弯曲，成型后抽出弹簧。

图 4-41　弯管弹簧

（6）1014-2632 规格管材的连接。

1）按所需长度截断管材，用整圆器将切口整圆。

2）将螺母和 C 型套环先后套入管材端头。

3）将管件本体内芯插入管材内腔，应用力将内芯全长压入为止。

4）拉回 C 型套环和螺母，用扳手将螺母拧固在管件本体的外螺纹上。

（7）管材的固定应采用管材厂家提供的配套管扣座。

（8）管材使用时，应避免被钉、刀、钻、锯等利器损伤，当管材暗装时，严禁在管材经过的地方进行钻、凿、钉等有可能损伤管的工作。

（9）日丰管红色为热水，白色为冷水。

3. 镀锌水管安装

（1）施工前，应将管槽内清理干净，安装时应注意防止泥沙等污物进入管内，较长时间中断施工时，应将管口堵好。

（2）镀锌水管螺纹加工精度应符合规定，螺纹清洁、规整、断丝或缺丝不大于螺纹全扣数的 10%，连接牢固，管螺纹根部有外露螺纹。

（3）镀锌水管连接时，与接头、直通、三通、弯头、水龙头等配件相接时，必须在管螺纹口上缠绑生料带，然后纽紧。

（4）注意检查配件与镀锌水管壁是否有砂眼。

（5）镀锌水管布在管槽内应用管码固定，管码距离 600 ~ 1000mm 之间装一个。

（6）镀锌水管连接，螺纹无断丝，配件与水管镀锌层无破损，螺纹露出部分做好防腐蚀处理，接口处无外露生料带等缺陷。

（7）镀锌水管不能直接弯曲，转弯时应用弯头连接。

（8）镀锌水管横竖交叉时，尽量避免重叠。

4.PPR 水管安装

（1）管道施工过程中，整个管路系统采用 PPR 管热熔连接。

（2）裁切，按需要长度用电动切割机或割管机，垂直切断管材，切口应平滑。

（3）扩口，用尖嘴钳或锥钎等工具，对切割后的管口进行内口整圈、倒棱、扩口处理，并清洁管材与管件的待熔接部位。

（4）热熔，采用热熔器，并配专用模头加热至 260℃，严禁超过 265℃，无旋转地将水管和管件同时推入模头加热。

（5）连接，把加热的水管和管件同时取下，将水管内口轴心向对准件内管口，并迅速无旋转地用力插入，未冷却时可适当调整，但严禁旋转。

4.3.4　排水工程的施工

1. 排水管道安装总体要求

（1）排水管道安装在施工前必须对原有的管道、地漏、排水孔等进行检查，并要采取保护措施，防止堵塞。

（2）排水管道的安装应杜绝二合一、三合一连通地漏。

（3）下排水管安装后要用水泥砂浆固定，避免挪位。

（4）排水管的接口处应密封，安装完毕后要试水，看是否畅通和是否有渗漏现象。

（5）生活排污水管道的坡度应符合表 4-1 的规定。

表 4-1　生活污水管道的坡度

项次	管径（mm）	标准坡度	最小坡度
1	50	0.035	0.025
2	75	0.025	0.015
3	100	0.020	0.012
4	125	0.015	0.010
5	150	0.010	0.007
6	200	0.008	0.005

2. PVC 排水管道安装

（1）安装前，应对现场和管槽内进行必要的清理，安装时应避免泥沙等污物进入管内。较长时间中断施工时，应将管口封好。

（2）一般排水管道用于地漏、洗脸盆、洗菜盆、浴缸、浴盆、淋浴房、蒸汽房、按摩浴缸等下排水，排污管道用于座厕、蹲厕、尿池等下排污物。

（3）洗脸盆、洗菜盆一般沿墙边暗埋 1 ~ 1.5 寸 PVC 排水管，并安装好沉水弯，预埋管口要便于安装连接洗手盆、洗菜盆的管件。

（4）地漏布管要求将地漏口安装在易排水又较隐蔽的角落里，一般原有地漏不要随意挪位，地漏口一般不做竖立式安装。

（5）浴缸、浴盆、蒸汽房、按摩浴缸等按说明书要求预埋安装排水管道。

（6）座厕、蹲厕安装，首先确定好平面安放位置，然后量好座厕、蹲厕的实际排污孔位置尺寸（有下排污和后排污两种），最后安装排污管道并设沉水弯，用水泥砂浆固定管道。

（7）卫生间设有沉箱的排污管道安装在沉箱内，并设置沉水弯，杜绝排污与排水管道合二为一混合安装，应各行其职，避免堵塞和臭味外泄。

（8）排水管道 PVC 管的弯头、直通、三通的接头，应采用 PVC 胶密封接口，处理应严密。

（9）排水管道、排污管道与卫生洁具的管件连接接口要吻合严密，不得偏离，避免渗漏现象。

（10）排水管道的安装应按表 4-1 的规定放坡。

3. 铸铁排水管道安装

（1）接口结构和所用填料应符合设计要求和施工规范规定。

（2）环缝间隙均匀，灰口平整、光滑，养护良好。

（3）不得出现渗水、漏水现象。

（4）座厕、蹲厕要设沉水弯。

（5）铸铁管安装完毕后应涂刷防锈漆。

（6）外表无脱皮、起泡和漏涂等现象，厚度均匀，色泽一致。

（7）原排水立管为铸铁管时，不得随意切断进行焊接。

（8）铸铁排水管的安装应按表 4-1 的规定放坡。

4.3.5　卫生洁具安装

（1）安装前对卫生洁具要进行检查，检查其是否完好无损坏，符合产品验收标准。

（2）安装时，对卫生洁具要轻搬轻放，防止损坏。

（3）卫生洁具安装必须牢固不松动，平整、美观、排水畅通。

（4）卫生洁具安装各连接处应密封无渗漏，阀门开关灵活。

（5）安装完毕后进行不少于2h的试验，无渗漏才算合格。

（6）安装完毕后必须采取保护措施，用塑胶纸或珍珠棉将卫生洁具封闭好，避免损坏、弄脏。

（7）连接卫生器具的排水管管径和最小坡度，如无设计要求，应符合表4-2的规定。

表4-2 连接卫生器具的排水管管径和最小坡度

项次	卫生器具名称	排水管管径（mm）	管道的最小坡度
1	洗手盆	32～50	0.020
2	浴盆	50	0.020
3	单双格洗涤盆	50	0.025
4	座厕（后排式）	75～100	0.025～0.030
5	手动冲洗阀	40～50	0.020
6	自动冲洗阀	40～50	0.020

（8）坐便器的进水角阀应安装在能被坐便器挡住视线的地方，并能更换。

（9）立柱盆的冷、热水角阀离地高度为500～550mm，洗手盆去水管要装在立柱内，并做排水防臭处理。

（10）台盆的冷热水角阀离地高度为500～550mm，洗手盆水管应埋墙布置，并做好排水防臭处理。

（11）安装浴缸前应检查防水是否合格，并做好检修口处理。

4.3.6 洗手盆、洗菜盆安装

1. 洗手盆安装

（1）台面式洗手盆。

1）先在洗手盆上将水龙头进行试装测试。

2）洗手盆大理石台预留孔过小时，应画好线用切割机把盆孔扩大，再将其打磨平，直到合适为止。

3）将洗手盆安放平整，用玻璃胶把周边缝隙填平。

4）将软管连接水龙头，将下水管件，套上洗手盆底水嘴密封，一般配件有S形存水弯，只要将上面和下面接牢密封便可。

（2）台下式洗手盆。

1）一般台下式洗手盆应先固定好台下洗手盆，再把水龙头安装在台面大理石上（大理石应预留水龙头孔）。

2）其他安装方法基本与台面式洗手盆相似。

（3）立柱式洗手盆。

1）先试装立柱与洗手盆，检查位置是否合适。

2）装好水龙头，用膨胀螺栓将洗手盆固定在墙上，柱套在洗手盆下部，底部用白水泥粘牢。

3）将下水管件及配件安装密封好便可。

2. 洗菜盆安装

洗菜盆有单式和双式两种，安装方法大体相似。

（1）先在地柜台面上试装洗菜盆，检查预留盆孔大小是否合适。

（2）将洗菜盆固定好，一般洗菜盆购买时已带有下排水配件，只要按说明书将配件安装牢固接口密封，不渗漏，排水畅通，将给水龙头安装好便完毕。

4.3.7 座厕、蹲厕安装

1. 总体要求

（1）安装前对卫生洁具要进行检查，是否完好无损坏，符合产品验收标准。

（2）安装时，对卫生洁具要轻搬轻放，防止损坏，按说明书要求规范安装。

（3）卫生洁具安装必须牢固不松动，平整、美观、排水畅通。

（4）卫生洁具安装，各连接处应密封无渗漏，阀门开关灵活。

（5）安装完毕后进行存水试验，确定无渗漏后必须采取保护措施，用塑胶纸或其他物品将卫生洁具封闭好，避免损坏、弄脏。

2. 座厕安装

座厕一般有分体式和连体式两种，根据排水的不同又有下排式和后排式两种。

分体式：一般外形长度 7.5mm，宽度 400 ~ 430mm，总高 610 ~ 720mm，排污孔中心到水箱后外沿为 305mm，水箱厚度 155 ~ 200mm，但随型号不同尺寸也不相同。

连体式：一般外形长度 710mm，宽度 520mm，总高 490mm，但随型号不同尺寸也不相同。

（1）下排式座厕安装。

1）应预留下水管口突出地面 10 ~ 15mm，座厕排污口套入下水管内要吻合，不得有偏差。

2）先用座厕试比一下，看管口套入是否位置合适，如不合适要调整排水管口。

3）分体式座厕要留有水箱位的空当，一般为 200mm 左右，不要靠墙太紧，也不要太松，正合适为宜。

4）座厕固定用膨胀螺栓，螺栓型号不小于 M6。不得用水泥浆代替膨胀螺栓固定，这样不便于检修。

5）底座空隙用白水泥填缝抹边。

6）最后将水箱安装好，进行试水，并采取保护措施。

（2）后排式座厕安装。

1）后排式座厕排污口套入下水管内，不但要吻合，而且接口处要密封好，不得出现渗漏。

2）其余安装方法与下排式相似。

3. 蹲厕安装

蹲厕一般为下排式，在布下排污管道时，就应将蹲厕定位，同时安装，并固定好。安装时注意要点如下：

（1）蹲厕安装时应向后带有 0.002 的坡度，以利排污。

（2）蹲厕水箱高度自蹲台面至水箱 1200mm 为宜。

（3）蹲厕排污口与下水管连接处要密封，不得出现渗漏。

4.3.8 浴具安装

1. 浴盆安装

（1）浴盆一般为三角扇形，三角边长 800mm × 800mm，安装时排水嘴套入排水管内要吻合，不得偏差。

（2）先试装合适后，将底部地面用水泥砂浆垫平，向出水口放 0.2% 的坡，放上浴盆后用手轻轻拍紧。

（3）安装玻璃门底部要水平，推拉应灵活。

（4）安装花洒龙头高一般为 1100 ~ 1200mm 为宜，应装在顺手的一面墙上。

2. 浴缸安装

（1）浴缸按规格型号的大小有长度 1700、1600、1500、1400、1200、1000mm，宽度 800、750、700mm 不等，高度一般为 380mm。

（2）安装时依据型号尺寸，先试装是否合适，然后底部定位先垫好，高度应合适，三方砌砖墙，并固定好。

（3）浴缸安装时排水嘴套入排水管内要吻合，而且要密封好，不得出现渗漏。

（4）浴缸底部的空位应灌满砂浆填实，然后再封口，排水管的地方留个检修口。

（5）浴缸花洒龙头安装在出水口一头的墙上，应对准浴缸的中间，离浴缸口一般高度以 100 ~ 150mm 为宜。

（6）淋浴房、蒸气房、按摩浴缸整体式一般由供销商或厂家前来安装。

（7）水龙头安装要正、要稳、牢固，水龙头带盖的要平整，挂件、花洒等安装同样要平整牢固。

（8）普通浴缸的混合龙头应装在浴缸中间（先确定浴缸尺寸），高度为浴缸面高出 150 ~ 200mm 处，水龙头的出口应在浴缸内离缸边 100mm 处出水。

（9）卫生器具安装的允许偏差和检验方法应符合表 4-3 的规定。

表 4–3　卫生器具安装的允许偏差和检验方法

项次	项目		允许偏差（mm）	检验方法
1	坐标	单独器具	10	拉线、吊线和尺量检查
		成排器具	5	
2	标高	单独器具	15	
		成排器具	10	
3	器具水平度		2	用水平尺和尺量检查
4	器具垂直度		3	吊线和尺量检查

4.3.9　加压测试

水管安装过程中或验收时，通过加压的方法对安装质量进行检验。水路改造最容易出现的问题就是爆管和渗漏，爆管原因多是管材本身质量问题，而渗漏除了本身材料有问题外，还可能是施工不规范造成的。但不管是爆管还是渗漏，只要出现问题造成的影响都很大，会给日常的生活使用造成很大的不便，而且返工极其不便。所以在水路改造完成后进行一次加压测试是非常必要的，在测试没有问题的情况下才能埋水管。

打压测试需要使用专门的水管打压设备，如图 4-42 所示。

图 4-42　用于检测的加压测试器

打压前应先把水表的进户节门关掉，确定堵头封堵严密，不会漏水。通常多层和小高层使用 8kg，高层使用 10kg，稳压时间一般为 0.5h 左右，因为正常水压一般在 3kg 左右，在 8 ~ 10kg 的压力下，哪怕只有很小的一个孔或者接口处有缝隙的话，压力表就会直线下降，就说明水管安装有问题。在 0.5h 内如果压力表没有变化，说明安装的水管没有问题。此外，还需要仔细检查每个接口处是否有渗漏，如果有一定要当场修复好，然后再打压直到没有渗漏，才属于验收合格。

需要特别注意的是不要加压过大，可能水管本来没有问题，但因为加压过大反而导致水管爆裂。时间也不能太长，测试 20～30min 即可。在试压过程中，因为水管中有少量空气，所以一定的压力下降是正常现象。关键是压力下降到一定的数值就得停住，如果压力一直下降，那么就有问题了。

如果没有水管打压设备，也可以采用如下办法测试：关闭水表前面的水管总阀；之后打开房间里面的水龙头 10min 以上，确保没水再滴后关闭所有的水龙头和马桶水箱以及洗衣机等具蓄水功能的设备进水开关；重新打开水管总阀，20min 后仔细观察查看水表是否走动，包括缓慢的走动，即使有缓慢走动也说明水管某处漏水。但是这种方法不会很精确，因为有时候很少的渗漏不会导致水表转动，采用这种方法还得仔细检查每根水管尤其是每个接口处是否有渗漏。

4.4　水工施工常见问题及解决办法

水路施工中会遇到各种问题，有的业主在验收时因为缺乏经验而导致不合格的施工验收过关，为日后的使用带来很多不必要的麻烦，下面介绍会影响生活质量的几种问题。

4.4.1　水路改造施工的注意事项

放管以最近距离、最少接口为标准，尽量少弯曲和交叠管道，安装横平竖直，敷设牢固无松动，嵌入墙体和地面的暗管道应进行防水处理并用水泥砂浆抹砌保护；承重墙不允许开槽，带有保温层的墙体开槽之后，很容易在表面造成开裂，而在地面开槽，更要注意不能破坏楼板，给楼下的住户造成麻烦；冷热水安装应左热右冷，安装冷热水管平行间距不小于 150mm；墙内厚度冷水管不小于 10mm、热水管不小于 15mm，嵌入地面的管道不小于 10mm；排水管道应畅通，无阻塞，无渗漏，地漏应略低于地面。

4.4.2　家装水管的选择

根据目前的实际情况，家居装修通常采用 PPR 管或者铝塑管较好，其中 PPR 管会更好些，也是目前的主流。因为 PPR 管采用热熔接连接，不会漏水，经过打压试验后更有保证，理论使用年限可达 50 年。水路改造后最好保留一份水路图，以免后期的装修施工误打到水管。

4.4.3　刚入住就出现下水道堵塞

下水道堵塞有很多原因，对于水工施工而言，一定要特别注意防止下水道堵塞。在施工前，必须对下水口、地漏做好封闭保护，防止水泥、砂石等杂物进入，更加不能图省事，将尘土或者大块垃圾、杂物敲碎后顺着下水管道倾倒。水泥、砂浆一旦堵塞通道，极难清理。

4.4.4　水装修

装修中的新概念和新名词层出不穷，水装修就是其中的一个。水装修指通过专门的水处理设备除去自来水中的氯、泥沙、细菌、病毒、重金属，但又保留水中必要的有益成分，改造水质，达到优质饮水（可以直接饮用）和优质用水的标准。目前国内不少地区的水源污染已经比较严重，低劣的水质或入户供水的二次污染是导致各种疾患的重要原因之一，因而这种能够净化水的设备也日益受到市场的欢迎，被誉为是水的改造装修，甚至被称为"水的二次革命"。

4.4.5　水管斜线走管

水路斜线走管被墙地面装饰材料隐藏后，无法判断该管路的具体位置，容易造成后期打孔损坏水路，同时也会影响地板木龙骨的铺设。解决办法是布管要有规律，做到横平竖直，且尽量沿墙角布管。墙上走管必须要开槽，且宽度要比水管宽，深度也要比水管深。

4.4.6 竣工后发现水压低，影响使用

竣工后打开水龙头发现水流很慢很小，这种现象是水压低造成的。解决办法是水工布完水管就要进行是试压，试压过程中遇到问题及时解决，确保水压达到标准方可进行下一环节施工。

4.4.7 厨房洗菜池下水距离远，坡度不够

洗菜池排水时泥沙及杂物较多，容易堵塞。如主立管的排水口位置较高，会影响下水坡度且下水管横排在橱柜柜体内，影响橱柜使用与美观。解决办法是洗菜池应尽量靠近主立管以减少横管距离。下水管位置必须考虑下水坡度及安装高度，高度偏高，可以连坡度在内降至橱柜底板以下，最高点不得高于原地面 12cm。

4.4.8 出水口排布要求

水工施工布置出水口的时候要注意出水口的水平度及垂直度，否则在安装淋浴花洒的时候就会出现因两出水口不水平或间距不够而导致安装不了。解决办法是内丝弯要求固定出水口离墙 10mm 左右，出水口应垂直于墙面。存在相邻两内丝弯排布时应控制相邻内丝弯的水平度，淋浴及浴缸龙头相邻内丝间距应控制 15cm 左右。后期由瓦工贴砖时进行检验与精调整，内丝弯应出砖面 0.5 ~ 1mm。

第5章　木工施工

木工是家庭装修中不可缺少的工序，对于木工施工来说不仅要注重质量，还要注意美观性，因此木工施工过程中也存在很多细节问题。细节决定成败，只有把细节做好，木工的整体效果才会表现出来，从而使整个空间都丰富起来。木工的具体施工项目包括：顶棚工程（石膏吊顶）、木质隔墙工程（轻钢龙骨隔墙）、定制家具工程、门套、窗套工程、客厅背景墙工程、玄关工程。木工手艺的好坏直接关系着整个施工效果的好坏，但是随着建材产品工艺的日趋完善，很多木工项目已经由厂家直接定做生产，在大幅降低装修成本的同时，也大幅提高了定制产品的质量和感观效果。目前市场上比较常规的木工定制产品有成品套装门、定制衣柜、定制书柜、定制橱柜、定制移门等。

5.1　木工施工常用工具及材料

5.1.1　木工施工常用工具

在装饰施工项目中，木工施工是一个对数据要求非常精细的工种，同时木工使用的工具更是琳琅满目，种类繁多，传统手工工具和现代电动工具都非常有特色，下面介绍几种木工工具的种类和作用。

图 5-1　木工锯台

1. 简易木工台锯

简易木工台锯是将电圆锯倒装在自制的木工台面上，木工台面由板材和支撑脚组成，并配以靠尺和推板。可用于板材裁切和方料锯切操作，数据准确，裁切规则，充分满足了木工对于细节把握的要求，如图 5-1 所示。

在木工施工中，台锯主要用于不同尺寸板材的精准裁切，实用性最明显。

2. 手持式电圆锯

电圆锯是一种以单相串励电动机为动力通过传动机构驱动圆锯片进行锯割作业的工具，具有安全可靠、结构合理、工作效率高等特点。主要由电动机、减速箱、防护罩、调节机构和底板、手柄、开关、不可重接插头、圆锯片等组成，如图 5-2 所示。

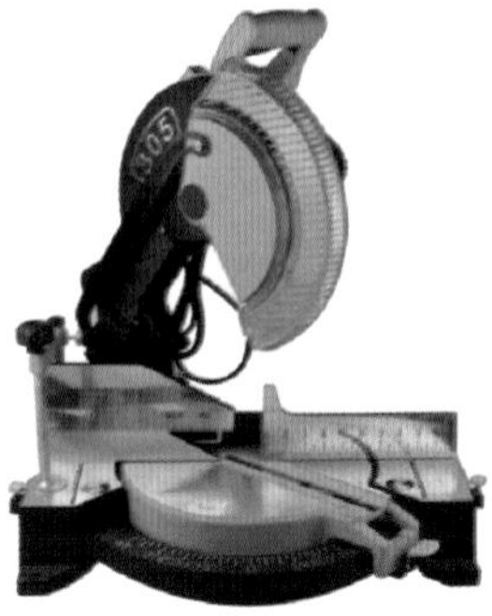

图 5-2　电圆锯

在木工施工中，电圆锯可用于制作锯台，也可手持锯切木料，换上不同的切割片还可进行打磨、切割金属等操作，和云石机很相似，只是在功率上略小一点。

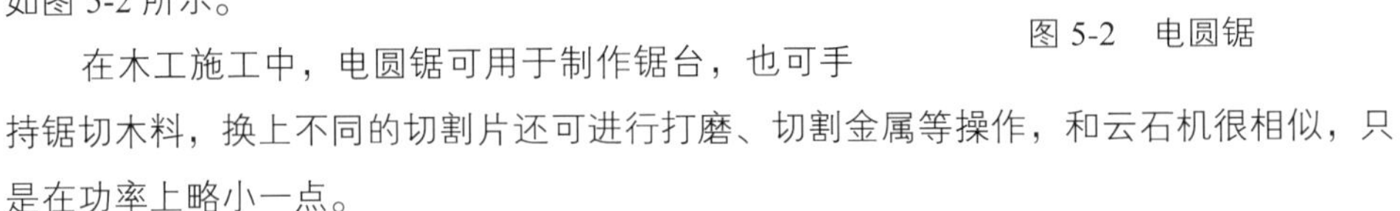

3. 锯铝机

锯铝机也叫介铝机，使用合金锯片，专用于切割各种铝材，切割精确、效率高，如图 5-3 所示，由单相串励电动机、减速机构（传动带式或齿轮式）、夹板、电源开关、机壳等组成。

图 5-3　锯铝机

锯铝机结构坚固、性能稳定、切割精确、耐用性强、双重绝缘、瞬时停止（定子有制动绕组，有的机型无该功能）、性能可靠。

在木工施工中，锯铝机主要用于切割铝合金龙骨等金属材料，换上木工锯片用于切割板材和木方，使用频率较高。

4. 曲线锯

主要用于切割金属和有色金属。切割金属时，切屑处理能力更强，锯齿较大，切割木材及其他木制品时效率更高。碳钢曲线锯用于切割各种木材及非金属，锯齿被磨尖，呈圆锥形，切割很快而且切屑处理能力更强。

主要由串激电机、减速齿轮、往复杆、平衡板、底板、开关、调速器等组成，如图 5-4 所示。电机通过齿轮减速，大齿轮上的偏心滚套带动往复杆及锯条往复运动进行锯割。

在木工施工中，曲线锯可对板材进行曲线形切割，大大满足了木工在装饰效果上的多样变化。同时，还可以对较薄的板材进行镂空，制作出漂亮的镂空板。

图 5-4　曲线锯

5. 电刨

电刨是由单相串励电动机经传动带驱动刨刀进行刨削作业的手持式电动工具，具有生产效率高、刨削表面平整、光滑等特点。广泛用于房屋建筑、住房装潢、木工车间、野外木工作业及车辆、船舶、桥梁施工等场合，进行各种木材的平面刨削、倒棱和裁口等作业。

电刨由电动机、刀腔结构、刨削深度调节机构、手柄、开关和不可重接插头等组成，如图 5-5 所示。

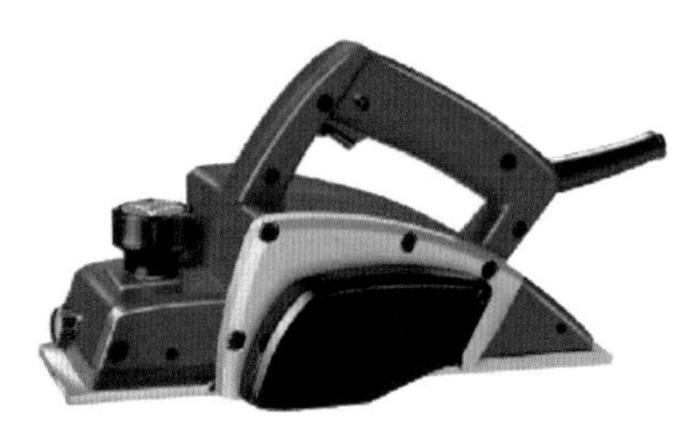
图 5-5　电刨

在木工施工中，电刨的实际使用率不是很高，主要是在制作一些实木家具或装饰背景时，选用的实木原料表面比较粗糙，手动刨削比较费力，可以先用电刨大致刨平，再用手推刨修整平整。

6. 修边机

大多用于木材倒角、金属修边、带材磨边等马达式活动型较强的修边设备，也称倒角机。修边机通常由马达、刀头，以及可调整角度的保护罩组成，如图 5-6 所示。

在木工施工中，修边机主要用于贴好饰面板及钉好木线条后边缘的修平，还可用于木材的倒角，雕刻一些简单的花纹。

图 5-6　修边机

7. 型材切割机

型材切割机适合锯切各种异型金属铝、铝合金、铜、铜合金、非金属塑胶及碳纤等材料，特别适用于铝门窗、相框、塑钢材、电木板、铝挤型、纸管及型材之锯切。手持压把料锯料，材料不易变形、损耗低，锯切角度精确，振动小、噪声低，操作简单，高效率，能单支或多支一起锯切，可作 90° 直切，90° ~ 45° 左向或右向任意斜切等。砂轮切割机可对金属方扁管、方扁钢、工字钢、槽型钢、碳元钢、元管等材料的切割，如图 5-7 所示。

在木工施工中，型材切割机主要用于切割轻钢龙骨、角钢、螺纹吊杆、钢筋等金属材料。

图 5-7　型材切割机

8. 气泵

气泵即空气泵，是从一个封闭空间排除空气或从封闭空间添加空气的一种装置。气泵分为电动气泵、手动气泵、脚动气泵。电动气泵以电力为动力，通过电力不停压缩空气，产生气压，主

图 5-8　气泵

要应用于气动打胶、汽车充气等，如图 5-8 所示。根据电动机功率的大小，可释放出不同压强的气压，用于带动各种气动工具工作。

在木工施工中，气泵不是施工工具，而是提供动力的工具，后面讲到的气钉枪、风批、喷枪等都是以它为动力进行作业的。

9. 风批

风批也叫风动起子等，是用于拧紧和旋松螺钉、螺帽等用的气动工具，如图 5-9 所示。

图 5-9　风批

风批是用压缩空气作为动力来运行，有的装有调节和限制扭矩的装置，称为全自动可调节扭力式，简称全自动气动起子；有的无以上调节装置，只是用开关旋钮调节进气量的大小以控制转速或扭力的大小，称为半自动不可调节扭力式，简称半自动气动起子。主要用于各种装配作业，由气动马达、捶打式装置或减速装置几大部分组成。由于它的速度快、效率高、温升小，已经成为组装行业必不可缺的工具。

在木工施工中，风批主要用于石膏板安装、门铰链安装，操作简便，效率高。

10. 气动钉枪

气动钉枪也叫气动打钉机，气钉枪以气泵（空气压缩机）产生的气压 [小枪气压，4 ~ 6.5kg/cm^2（bar）；大钉枪气压，5 ~ 8kg/cm^2（bar）] 体为动力源，高压气体带动钉枪气缸里的撞针做锤击运动，将排钉夹中的排钉钉入物体中或者将排钉射出去。气动钉枪的种类很多，木工常用的种类有直钉枪、钢钉枪、码钉枪、蚊钉枪等。各种枪工作原理相同，只是在结构上略微有点差别，所用的地方也不一样。

（1）直钉枪主要用于普通板材间的连接和固定，使用的钉子长度一般在 2 ~ 3cm，也有 5cm 的，但较少用，如图 5-10 所示。

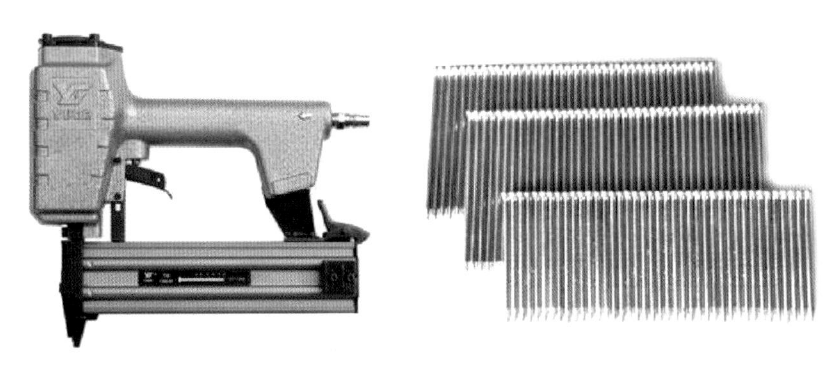
图 5-10　直钉枪及所使用的直排钉

（2）钢钉枪相对于直钉枪而言体型更大，质量更大，危险性也更大，所以在其枪嘴前端有一个保险装置，只有将保险压下去之后才能将钉子射出。主要用于将板材或木方等固定在墙地面等坚硬材质表面上，其冲击力较大，可直接打入墙内，但若遇到坚硬的鹅卵石或钢筋，钉子打不进去，如图 5-11 所示。

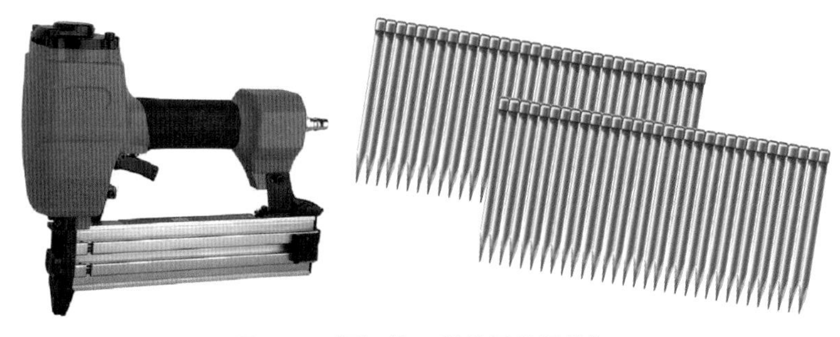
图 5-11　钢钉枪及所使用的钢排钉

（3）码钉枪在结构上与其他气动钉枪的不同之处主要是枪嘴，其枪嘴为扁平状，适合于码钉的射出，主要用于板材与板材之间的平面平行拼接，如图 5-12 所示。

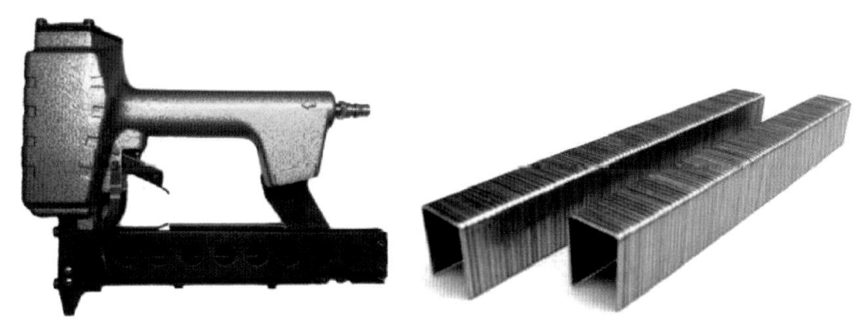

图 5-12 码钉枪及所使用的码钉

（4）蚊钉枪和直钉枪造型一样，只是体型上略小一点点，它的枪身放不下直钉，只能放专用的蚊钉，蚊钉长度只有 1cm，而且没有钉帽，在钉的时候需要倾斜 45° 斜钉。主要用于饰面板等较薄的饰面材料的固定，钉上去的钉子不仔细看看不到钉眼，较为美观，如图 5-13 所示。

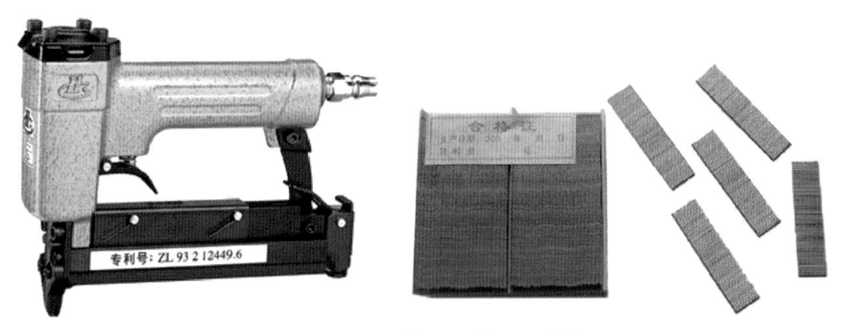

图 5-13 蚊钉枪及所使用的蚊钉

11. 框锯

框锯是传统木工工具，由木框架、铰绳和锯条组成，用于手动锯开木条和木板，是木工最常用的工具之一，如图 5-14 所示。

图 5-14 框锯

在木工施工中，框锯用于部分木材的锯切，相对电动台锯而言，效率虽然慢点，但是便捷，无噪声，无扬尘。用于装修的锯条要选用密锯齿的。

图 5-15 手推刨

12. 手推刨

手推刨是传统木工工具，由刨身、刨铁、刨柄组成，用于刨削木材表面，刨削面光滑、平直，但刨铁容易磨损，需要经常磨，比较花时间，如图 5-15 所示。

手刨在木工施工中较多用于修整木方的使用面，使其光滑平整，还可用于板材、线条等木质材质的修边，使用频率高于电刨。

图 5-16 燕尾锯

13. 其他常用工具

（1）燕尾锯。形似燕尾，锯条为狭长的三角形，用于切割一些简单的曲线，如图 5-16 所示。

（2）小手刨。微小型手推刨，没有长长的刨身，所以在刨削物体时不会受到限制，如图 5-17 所示。

（3）锉刀。用于将不锋利的锯条锉成锋利的尖齿状，是框锯的修复工具之一，如图 5-18 所示。

图 5-17 小手刨

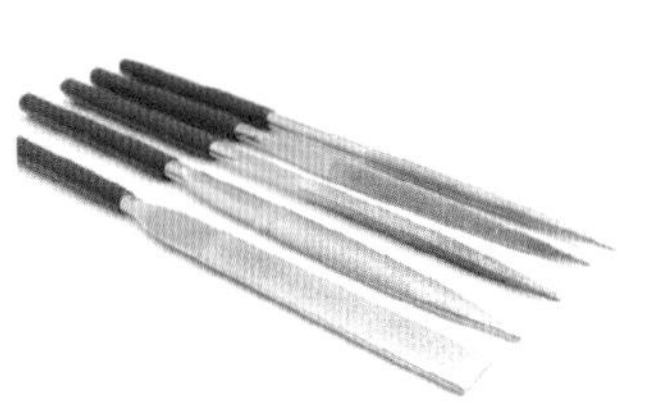

图 5-18 锉刀

（4）磨刀石。刨铁的修复工具，刨铁用了一段时间后就会变钝，或者碰到钉子会出现缺口，这时就需要重新磨锋利，如图 5-19 所示。

（5）三角尺。包括 90° 直角、60° 斜角、45° 斜角、30° 斜角尺子，不过木工喜欢自己制作三角尺，规格较大，方便实用，如图 5-20 所示。

（6）开孔器。用于开出各种尺寸的圆孔，为安装筒灯而准备的，钻头上面的间距可以调节，如图 5-21 所示。

图 5-19　磨刀石

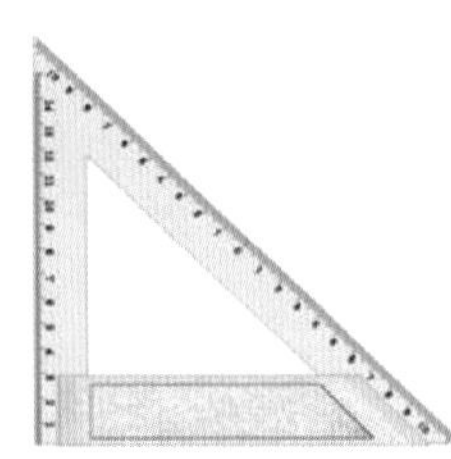
图 5-20　三角尺

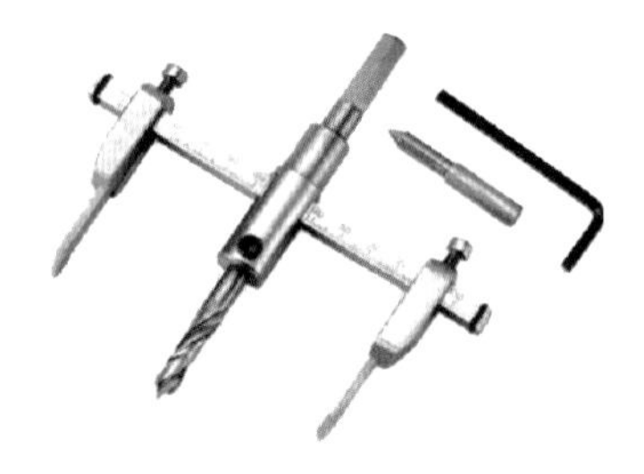
图 5-21　开孔器

14. 公共工具

木工也有许多工具和其他工种是共用的，如激光投线仪、手电钻、电锤、人字楼梯、钢卷尺、墨斗、美工刀、钉锤、螺钉旋具等，这些在前面的章节已经介绍过了，这里就不详细阐述了。

除此之外，木工还有许多工具，只是在装饰行业里较少使用，这里就不再一一阐述。

5.1.2　木工施工常用材料

木工施工关联的材料种类较多，主要是因为木工施工项目较多，如木地板铺设、天花制作、家具制作、隔墙安装、背景墙制作等都属于木工施工范畴。虽然目前很多木工项目是由厂家定做，但是木工施工也有必要全方位了解各种材料的种类和特性。

一、装饰木地板

木地板显示自然木色，使人感到亲切，更适合于居室空间的设计要求。但木地板也有其自身的问题，相比瓷砖，木地板尤其是实木地板在保养和清理上要麻烦得多，所以目前趋势是木地板和瓷砖混用，即在一些较私密的空间如卧室等处用木地板，在公共空间如过道或客厅等处用瓷砖。这样即兼顾了实用性而且还打破了整体室内空间地面的单一感觉。木地板的选择和地砖一样，要讲究款式、色调与室内整体风格相协调。通常在设计时需要将木地板的色调和木作业或木制家具的色调分开；或者形成鲜明对比，或者形成深浅不一的同一色系。一般而言，如果地板颜色深一些，木作业或木制家具的颜色就浅一些，反之亦然。

1. 装饰木地板的主要种类及应用

目前市面上的木地板主要有实木地板、复合木地板、实木复合地板、竹木地板 4 种，这 4 种木地板都各自有其优劣势，在室内装饰上都有广泛的应用。

（1）实木地板。实木地板大多是采用大自然中的珍贵硬质木材品种烘干后加工而成，源于自然，是真正天然环保的产品。虽然中国也有多种名贵木种，但目前市场销售的实木地板原木绝大部分是进口木材，多来自于南美、非洲、东南亚、巴西等国家。这主要因为中国几千年来建筑都采用木结构，再加上战火损毁重建，明朝时建造主宫殿承重梁柱的金丝柚木在中国国内已经找到不到合用的成材了。名贵木材的成材至少要数十年甚至数百年，这也更加突出了实木地板的珍贵。

实木地板纹理自然美观、脚感舒适、冬暖夏凉，给人以温馨舒适的感觉，可谓室内地面装饰的最佳产品。实木地板分为素板和漆板两种，素板本身没有上漆，需要安装后再进行油漆处理；漆板则是由工厂在流水线上制成，所用漆大多为 PU 漆或者 UV 漆，以紫外线快速固化，其硬度和耐磨性能均大大高于普通手工漆，其中又以 PU 漆性能更佳。漆板是目前市场上实木地板的主流产品，占据市场绝大部分份额。实木地板接边处理主要分为平口（无企口）、企口、双企口三种。平口地板属于淘汰产品，市场上已很难找到了；而双企口地板由于推出时间不长、技术不成熟，尚未能成为市场的主流；目前多数铺设的实木地板都属于单企口地板，一般所说的企口地板也是指单企口地板。

实木地板优点突出，其缺点也很明显。首先是施工工艺要求较高且比较麻烦。如果施工人员的水平不高，往往容易造成很多的问题，如起拱、变形等，而且在施工中需要安装龙骨，工序也相对复杂；其次是实木地板的日常保养相对麻烦，实木地板比较娇贵，需要定期养护打蜡，在日常生活中也要注意对实木地板的保护，水浸、烟头烫和强烈摩擦都容易对实木地板造成损害；最后，实木地板的价格也是木地板中最贵的，动辄数百元一平方米，越是名贵的树种其价格也相对越贵。

实木地板产品常用规格有很多种，很多人认为越长越宽就越好，实际上木地板越宽越长，变形的概率就越大，通常的最佳尺寸是长度 600mm 以下，宽度 75mm 以下，厚度 12～18mm。

实木地板因为本身比较娇贵，后期的保养比较麻烦，所以在公共空间应用较少，更多的是应用于家居装饰中，在客厅、卧室、书房等空间均有大量的采用。实木地板装饰效果如图 5-22 所示。

图 5-22　实木地板实景效果

（2）强化木地板。强化木地板又称复合木地板，市场上甚至称为金刚板，它是在原木粉碎基础上，填加胶、防腐剂、添加剂后，经热压机高温高压压制处理而成。

强化木地板按从下往上的顺序由四层结构构成：

1）底层。采用高分子树脂材料，胶合于基材底面，起到稳定与防潮的作用。

2）基层。一般由密度板制成，视密度板密度的不同，分为低密度板、中密度板和高密度板。其中高密度板质量最好，中密度板次之，低密度板根本不能用于制作实木地板基层。

3）装饰层。是将印有实木木纹图案的特殊纸放入三聚氰胺溶液中浸泡后，经过化学处理，利用三聚氰胺加热反应后化学性质稳定，不再发生化学反应的特性，使这种纸成为一种美观耐用的装饰层。

4）耐磨层。是在强化地板的表层上均匀压制一层三氧化二铝为主要成分的耐磨剂。三氧化二铝的含量决定了强化木地板的耐磨转数，转数越高耐磨性能越好。每平方米含三氧化二铝为 30g 左右的耐磨层转数约为 4000r，含量为 38g 的耐磨转数约为 5000r，含量为 44g 的耐磨转数应在 9000r 左右，含量为 62g 的耐磨转数可达 18000r 左右。一般室内应用转数在 5000r 以上即可。

强化木地板依靠装饰层来模仿实木木纹效果，因为批量生产的原因，所以每块强化木地板的纹理都一样，不像实木地板那样每张板的纹理都不一样，这样强化木地板就失去了实木地板的自然纹理，显得比较假。而且由于基层采用的是硬度较高的密度板，所以在脚感上也不如实木地板那么舒适。但是从耐磨、抗污、防潮、防虫、阻燃、稳定性等各个性能比较，强化地板都明显强于实木地板。而且强化木地板的安装非常简单，不需要打木龙骨和做垫层，直接可以铺设在找平后的水泥地面上，平时也不要做什么特别的保养，皮实耐用。所以尽管大家都喜爱实木地板的漂亮纹理和舒适脚感，但强化木地板还是因其低廉的价格和良好的内在品质赢得了市场更多的份额。强化木地板装饰实景效果如图 5-23 所示。

图 5-23　强化木地板装饰效果

强化木地板还有个问题是大面积铺设时，可能会出现整体起拱变形的现象。不少人有个误区，认为强化复合地板是防水地板，不怕水。实际上，强化木地板只能做到防潮，强化木地板在使用中最大的忌讳就是水泡，而且水泡损坏后不可修复。

（3）实木复合地板。实木复合地板可以认为是结合了实木地板和复合木地板各自优点，又在一定程度上弥补了它们各自缺点而生产出来的一种产品。实木复合地板品种主要有三层实木复合地板和以胶合板为基材的多层实木复合地板两大种类。

三层实木复合地板从上至下分别由表层板、软质实木芯板和底层实木单板三层实木复合而成。最上层的表层板一般是名贵硬质木材，厚度为 2～4mm；中间层多为厚实的软质木材如松木等，厚度一般为 8～9mm；底层实木单板厚度在 2mm 左右。因为最上面的表层板是和实木地板一样的硬质名贵木材，所以也就很好地保留了实木地板自然美观的木纹，在装饰效果上毫不逊色于实木地板。

以胶合板为基材的多层实木复合地板由多层薄实木单片胶黏而成，最大的优点是变形率很小，比三层实木复合地板更稳定，但用胶量大，容易造成甲醛污染。

实木复合地板和实木地板一样具有非常漂亮的纹理，同时又克服了实木地板相对较易变形的缺点，且铺设方便。但从脚感方面比较，实木复合地板脚感还是略差一筹，不过现有一种 18mm 的厚板实木复合地板，在脚感上和实木地板相比差别不大。实木复合地板和强化木地板一样属于复合型的板材，采用了胶水胶合，如果胶合质量差容易出现脱胶现象。同时，因为实木复合地板之间是以胶水胶合，胶水必然会有一定量的甲醛释放，按照国家标准实木复合地板甲醛释放量必须达到 E1 级的要求（甲醛释放量为≤ 1.5mg/L）。此外，因为实木复合地板最上层的表层板是采用较薄的珍贵硬质木材制成（尤其是多层实木复合板），使用中还是必须重视维护和保养。实木复合地板装饰效果如图 5-24 所示。

（4）竹木地板。竹木地板是近几年才发展起来的一种新型地面装饰材料，它以天然优质竹子为原料，经过二十几道工序，脱去竹子原浆汁，经高温高压拼合，再经过 3 层油漆，最后由红外线烘干制成。竹木地板有竹子的天然纹理，清新高雅，给人一种回归自然、清凉脱俗的感觉。“宁可食无肉，不可居无竹”，竹子一直以来就为

图 5-24　实木复合地板装饰效果

中国文人士大夫所喜爱，是中国文化的特有符号。竹木地板虽然和竹子还是有本质的区别，但这种传统理念对于竹木地板的推广还是起到了不小的作用。

竹木地板色泽天然美观，有一种不同于木地板的独特韵味。同时，竹木地板相比实木地板色差小、硬度高、韧性强、富有弹性，在室内使用冬暖夏凉。而且竹子的生长周期很快，是一种可持续生产的资源。不像一些名贵木材，动辄几十年上百年的成材期。从这点看，推广竹木地板同时还具有很好的环保理念。

竹木地板主要有竹制地板和竹木复合地板两种，其中竹木复合地板为竹木地板的主流产品。竹木复合地板是竹材与木材的复合物，它的面板和底板采用的是上好的竹材，而其芯层多为杉木、樟木等木材，经过一系列的防腐、防蚀、防潮、高压、高温以及胶合、旋磨等工序制作而成。因为竹木地板芯材采用了木材做原料，故其稳定性极佳，结实耐用，脚感也不错。再加上竹木地板较低廉的价格，在市场上也越来越受欢迎。

按照表面质感，竹木地板可以分为本色竹木地板和碳化竹木地板两种。本色竹木地板保留了竹子的本色，而碳化竹木地板则人为地加上了各种颜色，这是因为竹材本身颜色单一，所以有些厂家就采用人工的办法给竹子造出了各种颜色，以迎合市场的需求。竹木地板样图及实景图如图 5-25 所示。

竹木地板缺点是对于日晒和湿度比较敏感。竹材地板在理论上的使用寿命可达 20 年左右，但在日常的使用中应该注意不能阳光暴晒和雨水淋湿。过度的阳光暴晒容易使得竹木地板出现色差。在水浸方面，竹木地板比实木

图 5-25　竹木地板样图及实景效果

地板要强很多，但过度浸水也会导致竹木地板使用寿命减短。

2. 木材的主要种类

在木地板尤其是实木类木地板的销售中，市场名称非常混乱，商家给实木地板安上了各种稀奇古怪的名称，如柚木王、金不换、富贵木等，以至假冒伪劣产品混杂其间，冒名顶替现象严重，使人真假难辨。实际上，实木地板名贵与否，很大程度取决于其原材的树种是否名贵。

自然界的树种大致上可以分为两大类，一是针叶类，这种树种的木制较软，大多不适合制作需要一定硬度的木地板，尤其是面层，更多的只是用在实木复合地板或者竹木复合地板的基层，比如松木、杉木等；二是阔叶类，此类木材中有不少木纹漂亮且硬度极高，是生产木地板和饰面类木材的主选木种，比如常见的柚木、榆木等。

木材在装饰中的应用极为广泛，做木地板只是其中的一种应用，像家具、饰面板和各类基层板材基本都是木材制品。因而掌握木材的种类对于材料的学习也是非常重要的。市场上名贵木材及常用木材主要如下。

（1）红木。红木是泛称，多是指那些珍贵的深色木材，比如紫檀、黄檀等，因这些名贵木材的心材颜色大多接近于红色而得名。市场上常见的名贵木材也就是紫檀木、黄花梨木、酸枝木、花梨木等少数几种而已。

（2）紫檀木。紫檀木学名为檀香紫檀，在市场上也经常被称做紫旃、赤檀、红木、蔷薇木、玫瑰木、海紫檀等，是一种较名贵的木材，有"寸檀寸金"的说法。檀香木主要产于亚洲热带地区，如印度、越南、泰国、缅甸及南洋群岛等地，在我国云南、两广等地亦有少量分布。

紫檀木的特点是心材偏红或橘红色，多有紫褐色条纹，长期暴露在空气中会变紫红褐色；木材结构细密、硬度高、有光泽，耐腐、耐磨性强，同时木材本身具有一种檀香的特殊香气。

（3）黄花梨木。黄花梨木学名降香黄檀，有时也被称做老花梨，也是很名贵的木种。明清时期家具制作很多都是采用黄花梨木为原料，不少留存至今。现在一把明朝时期的官帽椅动辄可以拍卖到数百万。黄花梨木在市场上也常被称为降香木、香红木、花榈、香枝、花梨母等。黄花梨木为我国特有的珍稀树种，现在主要分布于海南岛低海拔的平原或丘陵地区，两广、云南亦有少量栽培。黄花梨中的海南黄花梨原材一吨价格就可以达到上千万，由此也可见其何其贵重。

黄花梨木心材颜色多是从红褐色到紫红褐色，长期暴露在空气中会变为暗红色，常有深褐色条纹；木材结构细密、硬度高、有光泽，耐腐、耐磨性强，具有一种辛辣香气。

（4）酸枝木。酸枝木属于黄檀木类别，也是明清家具制作的原材主要品种，在市场上常被称做紫榆、红木、黑木、宽叶黄檀、黑黄檀、刀状紫檀等。黄檀属树种分布于热带及亚热带地区，主要产地为东南亚各国和巴西、马达加斯加等国，在我国云南少数地区也有分布。酸枝木也是一种常见的名贵木种，但相对于黄花梨而言还是要逊色很多。

酸枝木心材多为橙色、浅红褐色、红褐色、紫红色、紫褐色和黑褐色等，木材中有较明显的深色条纹。木材结构细密、硬度高、有光泽，耐腐、耐磨性强，具有酸味或酸香味（少数为蔷薇香气）。

（5）花梨木。花梨木属于紫檀类树种，在市场常被称为新花梨、香红木、缅甸紫檀、越南紫檀、乌足紫檀、束状紫檀、印度紫檀、刺紫檀、非洲紫檀等，也是高档家具制作的主要原材品种。紫檀属树种分布于全球热带地区，主要产地为东南亚各国和非洲、巴西等国。我国海南、云南及两广地区亦有少量栽培。

花梨木心材多为浅黄褐色、橙褐色、红褐色、紫红色和紫褐色，木材中有较明显的深色条纹，木材纹理交错、结构细密均匀，但也有部分南美、非洲产的花梨木纹理较粗，总体结构细密、硬度高、有光泽，耐腐、耐磨性强，本身具有轻微或明显的清香气。

（6）鸡翅木。鸡翅木又叫杞梓木，广东一带俗称海南文木，也可称做红豆木和相思木等名。鸡翅木是上述名贵木种中硬度最高的，分为新鸡翅木和老鸡翅木。老鸡翅木肌理细腻，有紫褐色深浅相间的蟹爪纹路，尤其是纵切面，纤细清晰，有些类似鸡的翅膀形状，因而得名。新鸡翅木相对于老鸡翅木而言木质相对粗糙，紫黑相间，纹理浑浊不清，纹路较呆板，相对较易变形、翘裂和起茬。鸡翅木比花梨、紫檀等木产量还要少，木质纹理又独具特色，也属于非常珍贵的木种。

以上这些木种都属于非常珍贵的木材，在市场上是一些名贵家具的首选原材，以这些原材制作的家具不光美观典雅、结实耐用，且具有保值升值的作用。因为这些木种的成材极慢，且对于生长环境有特殊的要求，不能够大面积的推广种植，因而市场的货量十分有限。市场上很多的实木地板仅仅是借了紫檀等名贵木材的名称，根本就不是真正的紫檀木种。

（7）其他常见木材还有：

1）柚木。属于落叶乔木，常分为美国柚木和泰国柚木，颜色多为黄褐色和暗褐色，硬度高，耐腐、耐磨，纹理清晰漂亮，多产于东南亚和北美等地。

2）黄杨木。质地细密，纹理多呈蛋黄色，比较漂亮，但是黄杨木难长粗、长长，因而没有大料，所以多是用来制作一些小件物品，市场上很多的木梳就是用黄杨木制作的。

3）水曲柳。硬度较高且韧性大，纹理清晰漂亮，耐腐、耐水性能好，易加工，具有良好的装饰性能，是目前装饰材料中用得较多的一种木材。

4）樟木。心材多为红褐色，纹理清晰、细腻、美观，且硬度高，不易变形，樟木最突出的优点是有浓烈的香气，可以驱避蟑螂蚊虫，因而很早就被用于衣橱、衣柜的制作。

5）椴木。材质较软，纹理较细，木材含有一定的油脂，不易开裂，易加工，目前多用于制作木线、细木工板、木制工艺品等。

6）榆木。心材颜色多为红棕色到深棕色，木质硬度高、纹理粗，可用于制作各种家具。

7）杉木。心材颜色多为白色到淡红棕色，木质较软，纹路疏松，质轻，易干燥，易加工，且成材周期只需数年，是目前应用最为广泛的基层木材品种之一。

8）松木。心材颜色多为淡乳白色到淡红棕色。木质较软，质轻，加工容易，和杉木一样成材很快，也是制作基层板材的最常见品种。

9）柳桉。纹路略粗，硬度居中，干燥过程容易有翘曲和开裂现象，易于加工，现在多是用来制作胶合板等基层板材。

10）枫木。根据颜色有红枫和白枫之分，相对而言白枫更坚硬，耐冲击、耐磨损性能也更好。

11）楠木。楠木有三种，一是香楠，颜色稍微有点偏紫，纹理很漂亮且略带清香；二是金丝楠，木纹里有隐隐的金丝，是楠木中最好的一种，可以长得很长、很粗、很直，在古代宫殿修建中常用作大殿的梁柱；三是水楠，木质相对较软，多用其制作各式家具。

12）橡木。心材颜色从淡粉红色到深红棕色。硬度及韧性优良，纹理清晰美观，用于制作家具及板材均可。

二、装饰地毯

当前室内装饰越来越重视自然性和装饰性，尤其是地毯这些软性装饰材料更是大受欢迎。地毯在室内装饰中的应用历史悠久，最早的地毯基本都是以动物皮毛为原料编织而成，在现代则发展出了毛、麻、丝和合成纤维等多种材料混合的新型地毯。

地毯既具有很高的欣赏价值又具有很强的实用性，它能起到抗风湿、吸音、降噪的作用，使得居室更加宁静、舒适，同时还能隔热保温，降低空调使用的费用。此外，地毯本身具有非常美丽的纹理和质地，装饰性非常好，能够很好地美化居室。因而地毯在室内空间应用也是越来越广泛，可以在室内大面积的铺设，也可以在沙发和床前局部应用，甚至可以挂在墙上作为装饰品。

地毯的种类很多，以制作工艺来分，主要是手工编织和机器编织两种；以编织构造来分，主要是簇绒和圈绒两种；以材料来分，主要有天然材料毛、丝、麻、草制成的全毛地毯、剑麻地毯和人造材料绵纶、丙纶、晴纶、涤纶制成的化纤地毯以及天然材料和化纤材料混合制成的混纺地毯几大类。不同的种类有不同的铺设效果，适合于不同功能的房间。像公共场合可以选择化纤等方便清洗保养的地毯；私人空间或者一些高档的场所则可以选择厚重、舒适的羊毛地毯等全毛地毯。市场主要的地毯种类介绍如下。

1. 纯毛地毯

早在公元三世纪时，人们就开始使用羊毛等动物皮毛编制各类织品，像传统的波斯和中国地毯就是其中的典型代表。目前的纯毛地毯很多都是以粗绵羊毛为原料，其纤维柔软而富有弹性，织物手感柔和、质地厚实，可以有多种颜色和图案，同时还具有良好的保暖性和隔音性，是制作地毯、挂毯及其他织物的高档原料。纯毛地毯的缺点是比较容易吸纳灰尘，而且容易滋生细菌和螨虫，再加上纯毛地毯的日常清洁比较麻烦、价格较高，使得纯毛地毯更多只是应用在一些高档的室内空间或在空间中局部采用，如图 5-26 所示。

2. 化纤地毯

化纤地毯也称合成纤维地毯，是以绵纶、丙纶、腈纶、涤纶等化学纤维为原料，用簇绒法或机织法加工成纤维面层，再与麻布底缝合而成的地毯。绵纶、丙纶、腈纶、涤纶都属于化学纤维的范畴，化学纤维目前已经大量的被应用于各类织物之中。化学纤维的优点生产加工方便，价格低廉，同时各种内在性能如耐磨、防燃、防霉、防污、防虫蛀均非常良好，且能够在光泽和手感方面模仿出天然织物的效果。但是化纤地毯弹性相对较差，脚感不是很好，同时也有易产生静电和易吸纳灰尘的问题。化纤地毯实景效果如图 5-27 所示。

图 5-26　全毛地毯实景效果

图 5-27　化纤地毯实景效果

3. 混纺地毯

混纺地毯结合了纯毛地毯和化纤地毯的优点，是在纯毛地毯纤维中加入一定比例的化学纤维制成的。在纯毛中加入一定的化学纤维成分能够起到加强地毯物理性能的作用，同时又因为混入了一定比例的廉价化学纤维还能使得地毯造价更加低廉。如在纯毛地毯中加入 20% 的尼龙纤维，地毯的耐磨性比纯毛地毯要提高 5 倍。混纺地毯在图案、质地、脚感等方面与纯毛地毯差别不大，但相比纯毛地毯其耐磨性和防燃、防霉、防污、防虫蛀性能均有大幅提高，因而在市场上越来越受欢迎，其实景效果如图 5-28 所示。

图 5-28　混纺地毯满铺及局部应用效果

4. 橡胶地毯

橡胶地毯是以天然或合成橡胶配以各种化工原料制作而成的卷状地毯。橡胶地毯价格低廉，弹性好、耐水、防滑、易清洗，同时也有各种颜色和图案可供选择。适用于卫生间、游泳池、计算机房、防滑走道等多水的环境。

在一般的室内应用较少，属于比较低档的地毯种类。

三、装饰板材

装饰板材是室内装饰必不可少的一种材料，在各类木作业中都被大量使用。由于大多装饰板材品种都是采用胶黏的方式制成的，因而或多或少在环保性上都有所欠缺，在使用装饰板材需要重点考虑其环保问题。

装饰板材种类繁多，根据施工中使用部位不同可以分为基层板材和饰面板材两大类。饰面板材通常具有漂亮的纹理，用在外面起到一个装饰作用，像饰面板、防火板、铝塑板就是常用的饰面板材类型；基层板材通常都是作为基层材料应用，在外面一般看不到，像大芯板、胶合板、密度板就是常用的基层板材类型。但也不是绝对的，也有基层板材用在外面的情况，但由于基层板材自身没有漂亮的纹理，所以通常还会在基层板材上刷上不透明的颜色漆进行遮盖，这种施工做法通常被称为混水或混油；饰面板材因为本身就具有漂亮纹理，所以即使上漆也通常是透明漆，这种施工作法通常称做清水或清油。

1. 胶合板

胶合板也常被称为夹板或者细芯板，是现代木工工艺的较为传统的材料，一般是由三层或多层 1mm 左右的实木单板或薄板胶贴热压制成，一层即为一厘，按照层数的多少称做三厘板、五厘板、九厘板等名称（装饰中称的一厘就是现实中的 1mm，板材、玻璃等材料均如此）。常见的有 3 厘板、5 厘板、9 厘板、12 厘板、15 厘板和 18 厘板等六种规格，大小通常为 1220mm × 2440mm，胶合板样图如图 5-29 所示。

图 5-29　胶合板样图

胶合板的特点是结构强度高，拥有良好的弹性、韧性，易加工和涂饰作业，能够较轻易地创造出弯曲的、圆的、方的等各种各样的造型。胶合板曾是制作天花的最主要材料，但近些年已经被防火性能更好的石膏板所取代。胶合板目前更多地用作饰面板材的底板、板式家具的背板、门扇的基板等各种木工作业中。

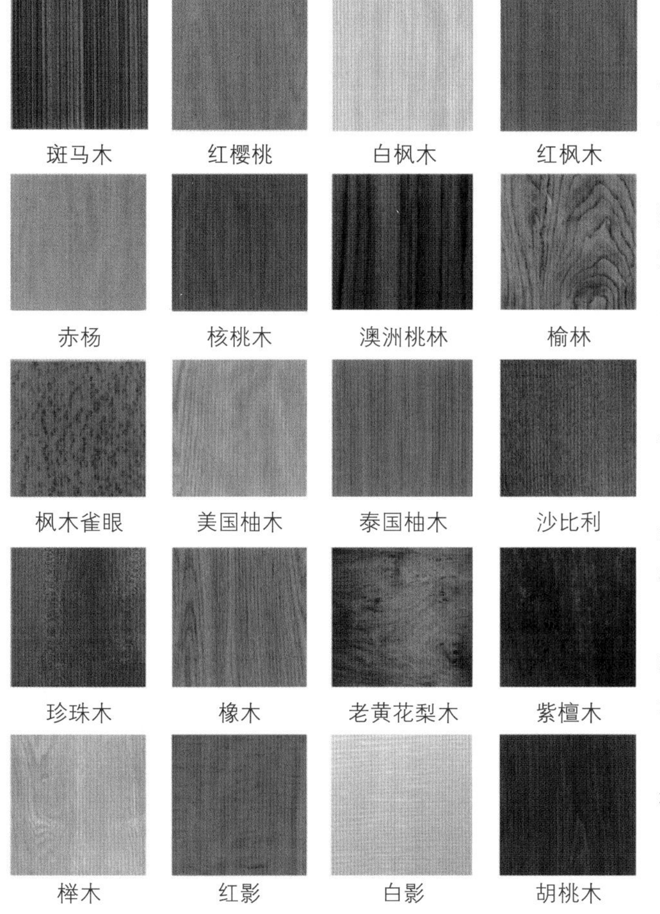

图 5-30　常见饰面板样图

胶合板含胶量相对较大，施工时要做好封边处理，尽量减少污染。同时，因为胶合板的原材料为各种原木材，所以也怕白蚁，在一些大量采用胶合板的木作业中还要进行防白蚁的处理。

2. 饰面板

饰面板也叫贴面板，也属于胶合板的一种。与胶合板不同的是饰面板的表面贴上了各种具有漂亮纹理的天然及人造板材贴面，这些贴面具有各种木材的自然纹理和色泽，所以饰面板在外观明显要比普通胶合板漂亮，被广泛应用于各类室内空间的面层装饰。

饰面板根据面层木种纹理的不同，有数十个品种。常用的面层分类有柳木、橡木、榉木、枫木、樱桃木、胡桃木等，如图 5-30 所示。饰面板因为只是作为装饰的贴面材料，所以通常只有三厘一种厚度，规格为 2440mm × 1220mm。

3. 大芯板

大芯板常被称为细木工板或木工板，是由上下两层胶合板加中间木条构成。和胶合板一样，也是室内最为常用的板材之一，但价格比胶合板要便宜。尺寸规格为1220mm×2440mm，厚度多为15、18、25mm，越厚价格越高，大芯板样图如图5-31所示。

大芯板内芯的木条有许多种，如杨木、桦木、松木、泡桐等都可制作大芯板的内芯木条，其中以杨木、桦木最好，质地密实，木质不软不硬，持钉力强，不易变形。细木工板的加工工艺分机拼和手拼两种，手工拼制是用人工将木条镶入夹板中，这种板持钉力差、缝隙大，不能切锯加工，只适宜做部分装修的基层处理，如做实木地板的垫层毛板等；而机拼的板材受到的挤压力较大，缝隙较小，拼接平整，承重力均匀，长期使用不易变形。

大芯板握螺钉力好，质量小，易于加工，不易变形，稳定性优于胶合板，在家具、门窗、暖气罩、窗帘盒等木作业中大量使用，是装修中墙体、顶部木装修和木工制作的必不可少的木材制品。

大芯板的最主要缺点是其横向抗弯性能较差，当用于制作书柜等承重要求较高的项目时，书架间距过大的话，大芯板自身强度往往不能满足书柜的承重要求。解决方法只能是将书架之间的间距缩小。实际上大芯板最大的问题在于它的环保性，因为大芯板的构造是中间多条木材黏合成芯，两面再贴上胶合板，这些板材都是由胶水黏结而成的，加之国内黏结剂的质量参差不齐，很多黏结剂的甲醛和苯的含量都是超标的，所以不少大芯板锯开后有刺鼻的味道。

4. 密度板

密度板也叫纤维板，是将原木脱脂去皮，粉碎成木屑后再经高温、高压成型，因为其密度很高，所以被称为密度板。密度板表面常贴以三聚氢氨或木皮等作为饰面。密度板分为高密度板、中密度板、低密度板，密度在800kg/m³以上的是高密度板，密度在450～800kg/m³的是中密度板，低于450kg/m³为低密度板，同样规格，越重则密度越高。密度板样图如图5-32所示。

图5-31　大芯板样图

图5-32　密度板样图

密度板结构细密，表面特别光滑平整、性能稳定、边缘牢固，加工简单，很适合制作家具，目前很多的板式家具及橱柜基本都是采用密度板作为基材。在室内装修中主要用于强化木地板、门板、隔墙、家具等制作。

密度板的握钉力不强，由于它的结构是木屑，没有纹路，所以当钉子或是螺钉紧固时，特别是钉子或螺钉在同一个地方紧固两次以上的话，螺钉旋紧后容易松动。所以密度板的施工，主要采用贴，而不是钉的工艺。比如橱柜门板，多是将防火板用机器的压制在密度板上。同时，密度板缺点还有遇水后膨胀率大和抗弯性能差，不能用于过于潮湿和受力太大的木作业中。

5. 刨花板

刨花板是将天然木材粉碎成颗粒状后，加入胶水、添加剂压制而成，因其剖面类似蜂窝状，极不平整，所以称为刨花板。刨花板在性能特点和密度板类似，而且表面也常以三聚氢氨饰面双面压合，经封边处理后与贴有三聚氢氨饰面的密度板外观相同。

刨花板密度疏松易松动，抗弯性和抗拉性较差，强度也不如密度板，所以一般不适宜制作较大型或者承重要求较高的家私。但是刨花板价格相对较便宜，同时握钉力较好，加工方便，甲醛含量虽比密度板高，但比大芯板要低得多。可以用于一些受力要求不是很高的基层部位，也可以作为垫层和结构材料。现在很多厂家生产出的板式家具也都采用刨花板作为基层板材，同时，刨花板和密度板一样，也是橱柜制作的主要基层材料。在装修施工中主要用作基层板材和制作普通家具等。刨花板样图如图 5-33 所示。

6. 防火板

防火板是一种高级新型复合材料，是用牛皮纸浆加入调和剂、阻燃剂等化工原料，经过高温高压处理后制成的室内装饰贴面材料。防火板最大特点是具有良好的耐火性，也因此被称为防火板，但它不是真的不怕火，只是耐火性较强。防火板这种特性使得它成为橱柜制作的最佳贴面材料。防火板同时还具有耐磨、耐热、耐撞击、耐酸碱和防霉、防潮等优点。

防火板的常用规格有 2135mm × 915mm、2440mm × 915mm、2440mm × 1220mm，厚度一般为 0.6、0.8、1mm 和 1.2mm。防火板的面层可以仿出各种木纹、金属拉丝、石材等效果，再加上其优良的耐火性能，因而橱柜、展柜等面层装饰上得到了广泛的应用。防火板样图如图 5-34 所示。

图 5-33　刨花板样图

图 5-34　防火板样图

防火板从底面至表面共分四层，依次为粘合层、基层、装饰层、保护层。其中粘合层和保护层对防火板质量的影响最大，也决定了防火板的档次及价位。质量较好的防火板价格比装饰面板还要贵。需要特别注意的是防火板的施工对于粘贴胶水的技术要求比较高，要掌握刷胶的厚度和胶干时间，并要一次性粘贴好。

7. 铝塑板

铝塑板又叫铝塑复合板，是由上下两面薄铝层和中间的塑料层构成，上下层为高纯度铝合金板，中间层为 PE 塑料芯板。铝塑板样图如图 5-35 所示。

铝塑板可以切割、裁切、开槽、带锯、钻孔、还可以冷弯、冷折、冷轧，在施工上非常方便。同时还具有轻质、防火、防潮等特点，而且铝塑板还拥有金属的质感和丰富的色彩，装饰性相当不错。铝塑板在建筑外观和室内均有广泛的应用，尤其是在建筑外观上被广泛用于高层建筑的幕墙装修、大楼包柱、广告招牌等，已成为建筑外墙装饰干挂石、玻璃幕墙、瓷砖、水泥的良好替代材料。在室内目前则多用于形象墙、展柜、厨卫吊顶等面层装饰。

图 5-35　铝塑板样图

铝塑板分室内和外墙两种，室内的铝塑复合板由两层 0.21mm 的铝板和芯板组成，总厚度为 3mm；外墙的铝塑复合板厚度应该达到 4mm，由两层 0.5mm 的铝板和 3mm 的芯板材料组成。

四、装饰玻璃

玻璃在装饰中的应用有着悠久的历史，早在古罗马时期就有玻璃的应用，在哥特式教堂中更是广泛采用彩色玻璃来营造出教堂神秘的宗教氛围。现代玻璃的品种更是多样，在美观性和实用性上都有极大的加强，各类装饰玻璃在室内都有着广泛的应用，可以说金属和玻璃是现代主义设计风格中两大最能体现风格特色的材料。

用玻璃来构筑隔断空间比如玄关、厨房、客厅隔断、主人房卫浴、办公空间前台等，是较为巧妙的一种设计，既间隔出了空间的区分，又不与整个空间完全割裂开，既保留通透、开放的感觉，又保证了充足的采光，真正实现了“隔而不断”的意境。

目前市场的玻璃品种非常多样化，各种类型的玻璃产品都层出不穷，除了用于装饰材料外，各种玻璃工艺品、装饰品对于美好化室内空间也能够起到很大的作用。

玻璃已经由过去单纯的采光材料向控制光线、节约能源等各种功能性要求发展，同时玻璃还可以通过着色、磨砂、压花等工艺生产出各种外形漂亮的装饰玻璃品种。目前市场上的装饰玻璃的品种非常多，常见的室内装饰玻璃品种如下。

1. 平板玻璃

图 5-36　平板玻璃样图

平板玻璃是最常见的一种传统玻璃品种，其表面具有较好的透明度且光滑平整，所以称为平板玻璃，有时也被称为白玻或者清玻，主要用于门窗，起着透光、挡风和保温作用，平板玻璃样图如图 5-36 所示。

按照生产工艺的不同，平板玻璃可以分为普通平板玻璃和浮法玻璃两种。普通平板玻璃是用石英砂岩粉、硅砂、钾化石、纯碱、芒硝等原料，按一定比例配制，经熔窑高温熔融生产出来的透明无色的传统玻璃产品。浮法玻璃生产过程是在充入保护气体的锡槽中完成的，熔融玻璃液从池窑中连续流入并漂浮在相对密度大的锡液表面上，在重力和表面张力的作用下，玻璃液在锡液面上铺开、摊平、形成上下表面平整、硬化。浮法玻璃比普通平板玻璃具有更好的性能，相对于普通平板玻璃而言，浮法玻璃表面更平滑，无波纹，透视性更好，厚度均匀，上下表面也更平整。浮法玻璃可以认为是普通平板玻璃的升级产品。

平板玻璃厚度从 3～25mm 不等，常见的厚度有 3、4、5、6、8、10、12mm 等七种。一般而言，3～5 厘平板玻璃主要用于外墙窗户、推拉门窗等面积较小的透光造型中，而对于一些室内大面积玻璃装饰以及栏杆、地弹簧玻璃门等具有安全要求的空间，则更宜采用 9～12 厘的玻璃。

平板玻璃除了主要应用于建筑物的门窗玻璃外，也是很多品种的装饰玻璃的原片玻璃，可以在平板玻璃的基础上加工出磨砂玻璃、磨光玻璃、彩色玻璃、喷花玻璃等多种装饰玻璃。

2. 彩色玻璃

彩色玻璃也是一种常见的装饰玻璃品种，根据透明度可以分为透明、半透明和不透明三种。

透明彩色玻璃是在玻璃原料中加入金属氧化剂从而使玻璃具有各种各样的颜色，如加入金呈现红色，加入银呈现黄色，加入钙呈现绿色，加入钴呈现蓝色，加入铵呈现紫色，加入铜呈现玛瑙色。透明彩色玻璃有着很好的装饰效果，尤其是在光线的照射下会形成五彩缤纷的投影，造成一种神秘、梦幻的效果，常用于一些对于光线有特殊要求的隔断墙、门窗等部位，如图 5-37 所示。

图 5-37　彩色玻璃装饰效果

半透明玻璃又称为乳浊玻璃，是在玻璃原料中加入乳浊剂，具有透光不透视的特性，在它的基础上还可以加工出钢化玻璃、夹层玻璃、夹丝玻璃、压花玻璃等多种品种，同样有着非常不错的装饰性。

不透明彩色玻璃是在平板玻璃的基础上经过喷涂彩色釉或者高分子有色涂料制成的，也称为喷漆玻璃，是目前市场上非常受欢迎的一种装饰玻璃品种。既具有塑料板材的多色彩，同时又具有玻璃独有的细腻和晶莹，用于室内能够营造出很现代的感觉。在它基础上制成的不透明彩色钢化玻璃兼具更好的安全性和装饰性。不透明彩色玻璃目前在居室的装饰墙面和商店的形象墙面上都有广泛的应用。

彩色玻璃颜色艳丽，在室内过多使用容易造成花哨的感觉，但对于一些对颜色有特殊要求的地方，比如娱乐空间、KTV 和儿童房等空间适量使用无疑会形成很强烈的视觉效果。

3. 磨砂玻璃

磨砂玻璃又称为毛玻璃，它是将平板玻璃的一面或者两面用金刚砂、硅砂、石榴粉等磨料经机械喷砂、手工研磨或用氢氟酸溶蚀等方法处理成均匀毛面而成的。磨砂玻璃具有透光不透视的特性，射入的光线经过磨砂玻璃后会变得柔和、不刺目，如图 5-38 所示。

磨砂玻璃主要应用在要求透光而不透视、隐秘而不受干扰的空间，如厕所、浴室、办公室、会议室等空间的门窗；同时还可以采用磨砂玻璃作为各种空间的隔断材料，可以起到隔断视线、柔和光环境的作用；也可用于要求分隔区域而又要求通透的地方，如玄关、屏风等。

市场上还有一种外观上类似磨砂玻璃的喷砂玻璃品种，它是压缩空气将细砂喷至平板玻璃表面上进行研磨制成的。喷砂玻璃在外观和性能上与磨砂玻璃极其相似，不同的是改磨砂为喷砂。由于两者视觉上和相似，很多业主，甚至专业人士都把它们混为一谈。

在喷砂玻璃的基础上还可以加工出市场上风靡一时的裂纹玻璃，又称做冰花玻璃。裂纹玻璃一经面世就受到市场的强烈追捧，到目前为止也是市场上最热销的一种玻璃品种。它是在喷砂玻璃上将具有很强黏附力的胶液均匀地涂在表面，因为胶液在干燥过程中会造成体积的强烈收缩，而胶体与玻璃表面又具有极其良好的黏结性，这样就使得玻璃表面发生不规则撕裂现象，这样就制成了裂纹玻璃，如图 5-39 所示。

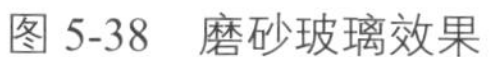

图 5-38 磨砂玻璃效果

图 5-39 裂纹玻璃效果

此外，还有一种模仿磨砂玻璃的效果制造出来的半透明玻璃纸，贴在平板玻璃的表面也能够模拟出磨砂玻璃的效果。

4. 压花玻璃

压花玻璃又称为花纹玻璃或滚花玻璃，是在平板玻璃硬化前用带有花样图案的滚筒压制而成的，表面带有各种压制而成的纹理和图案，在装饰性上要明显强于平板玻璃。因为表面有各种图案和纹理，因而压花玻璃和磨砂玻璃一样具有透光不透视的特点，不同的是磨砂玻璃表面是细小的颗粒，而压花玻璃表面大多是一些花纹和图案，如图 5-40 所示。

在应用上，压花玻璃和磨砂玻璃一样，多用于在一些要求透光而不透明、隐秘而不受干扰的空间，但由于压花玻璃的装饰性更强，在一些有较高装饰要求的墙面上，如电视背景墙等处也可采用。

5. 钢化玻璃

钢化玻璃是将玻璃加热到接近玻璃软化点的温度（600～650℃）以急剧风冷或用化学方法钢化处理所得的强化玻璃品种，又被称为强化玻璃，是一种安全玻璃品种。在相同厚度下，钢化玻璃的强度比普通平板玻璃高3～10倍；抗冲击性能也比普通玻璃高5倍以上。钢化玻璃的耐温差性能也非常好，一般可承受150～200℃左右的温差变化，耐候性更强。

最为重要的是钢化玻璃被敲击不易破裂，用力敲击时会呈网状裂纹，彻底敲击破碎后碎片呈钝角颗粒状，棱角圆滑，对人不会有严重伤害。相比普通玻璃碎后生成很多剧烈尖角的碎片，要安全得多。

钢化玻璃按形状分为平面钢化玻璃和曲面钢化玻璃。钢化玻璃的最大问题是不能切割、磨削，边角不能碰击，现场加工必须按照设计要求的尺寸预先订做。此外，钢化玻璃在使用过程中不能溅上火花，否则在风力作用下伤痕将会逐渐扩散，最终导致碎裂。

钢化玻璃的应用很广泛，除了可以用于平板玻璃的应用范围外，钢化玻璃甚至可以用于地面，运用在别墅或者复式楼房的楼梯或者楼道上，无疑会给人造成一种惊喜的感受，在一些追求新颖的公共空间也会采用，如在架空的钢化玻璃下面的地面上铺上细沙和鹅卵石，配上灯光，营造出的效果非常不错。此外，钢化玻璃也经常被用作隔断，尤其在家居空间的浴室经常采用钢化玻璃作为隔断，如图5-41所示。

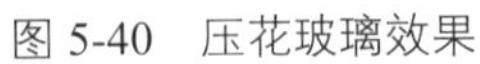
图5-40　压花玻璃效果

图5-41　钢化玻璃效果

6. 夹层玻璃、夹丝玻璃

夹层玻璃一般由两片或多片平板玻璃（主要是钢化玻璃或浮法玻璃等品种）和夹在玻璃之间的胶合层构成。夹层玻璃中间的胶合层黏结性能非常好，当玻璃受到冲击破裂时，中间夹的胶合层能够将玻璃碎片黏结住，这样就避免了玻璃破碎后产生锋利的碎片四溅伤人。

夹层玻璃适用于天窗、幕墙、商店和高层建筑窗户等对安全性要求较高的空间。防弹玻璃也是夹层玻璃的一种，防弹玻璃是采用多层钢化玻璃制作而成的，在一些需要很高安全级别的银行或者豪宅空间中有较多使用，夹层玻璃样图如图5-42所示。

图5-42　夹层玻璃样图

夹丝玻璃和夹层玻璃一样也是一种安全玻璃，不同的是夹丝玻璃是在两层玻璃中间的有机胶片或无机胶黏剂的夹层中再加入金属丝、网等物。加入了丝或网后，不仅可提高夹丝玻璃的整体抗冲击强度，而且由于中间有铁丝网的骨架，在玻璃遭受冲击或温度剧变时，使其破而不缺，裂而不散，避免玻璃的小块碎片飞迸伤人。同时还能与电加热和安全报警系统相连接起到多种功能的作用。

夹丝玻璃还有一个重要功能，即防火性能。如火灾蔓延，夹丝玻璃受热炸裂时，因为玻璃中间有胶合层及金属丝、网等物，所以仍能保持固定状态，能够隔绝火势火焰和粉尘的侵入，有效防止火焰从开口处扩散蔓延，故有时又被称为防火玻璃。防火门的玻璃制品首选应该就是夹丝玻璃。但夹丝玻璃也有自身的问题，即透光度相对于其他玻璃品种而言较差。

夹丝玻璃也可以算是防火玻璃的一种，市场上还有专门的防火玻璃，大多是在中间层采用透明塑料胶合层或者在玻璃表面喷涂防火透明树脂而制成的，同样可以起到阻止、延缓火势蔓延的目的。

夹层玻璃适用于防火门窗、天窗、幕墙、商店和高层建筑窗户等对安全性和防火性要求较高的空间。

7. 中空玻璃

中空玻璃是一种新型的节能玻璃品种，它由两层或两层以上平板玻璃或钢化玻璃所构成，玻璃与玻璃之间保持一定间隔，四周用高强度、高气密性复合黏结剂密封，中间充入干燥气体或惰性气体。相对于普通的平板玻璃而言有着更好的隔热、隔音、节能性能。

中空玻璃最大的优点在其中间的空气层能够有效降低玻璃两侧的热交换，起到很好的环保节能效果。由于中空玻璃密封的中间空气层导热系数较平板玻璃要低得多，因此，与单片玻璃相比，中空玻璃的隔热性能可提高两倍以上，用于建筑物的窗户时能够大幅度地降低空调的能耗。而且中间的空气层间隔越厚，隔热、隔音性能就越好。夏天可以隔热，冬天则保持室内暖气不易流失，节能效果显著，是目前建筑窗户用玻璃产品的首选。除了隔热性能良好外，中空玻璃的隔音性能也优于普通平板玻璃，对于一些路边的建筑物而言，采用中空玻璃能够使得室内噪声污染大幅减少。

中空玻璃多用作窗户玻璃，有双层和多层之分，玻璃多采用 3、4、5、6mm 厚的平板玻璃或钢化玻璃原片，空气层厚度多为 6、9、12mm，中空玻璃样图如图 5-43 所示。

图 5-43　中空玻璃图

8. 镭射玻璃

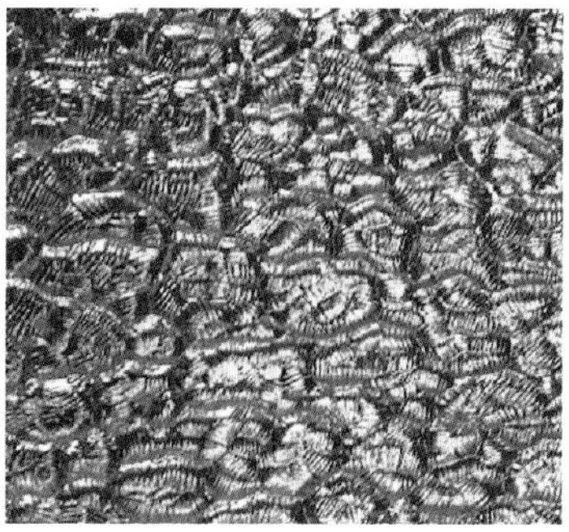

镭射玻璃又称为光栅玻璃，是国际上十分流行的一种新型建筑装饰材料。它以平板玻璃或钢化玻璃为原材，采用高稳定性的结构材料，涂敷一层感光层，利用激光在玻璃表面构成各种图案的全息光栅或几何光栅，在同一块玻璃上甚至可形成上百种图案。镭射玻璃样图如图 5-44 所示。

镭射玻璃的最大特点在于其光色、光影效果突出，当光源照在镭射玻璃上时，会产生五彩斑斓的光色、光影效果，而且随着照射角度的变化，镭射玻璃所产生的光色、光影效果也将跟着变化。这种五光十色、变化多端的效果是其他任何玻璃品种都不具备的。

图 5-44　镭射玻璃样图

镭射玻璃的特点决定它更适合于一些酒吧、酒店、影院、宾馆大堂等公共文化娱乐场所以及商业场所，在居室中的应用目前还比较少，但在一些家庭自带的小酒吧中也可以采用。

9. 玻璃砖

玻璃砖又称特厚玻璃，有空心和实心两种。实心玻璃砖是采用机械压制方法制成的，因为实心的缘故，所以很重，在市场上的应用相对较少一些；空心玻璃砖是采用箱式模具压制，将玻璃加热熔接成整体，中间空心部分充以干燥空气，经退火后制成，是目前市场上玻璃砖的主流产品。

玻璃砖相对于其他玻璃品种而言显得特别厚重，而且由于表面大多压制了各种纹理，在装饰上有其自身独有的效果。因为表面有各种纹理，和压花玻璃一样，玻璃砖也具有透光不透视的特点，在室内多用于隔断墙制作中，在透光良好的前提下，还具有隔音、隔热、防水的优点，比起采用石膏板或者砖制成的隔断墙有其独具的优点，

图 5-45　玻璃砖实景效果

如图 5-45 所示。

玻璃砖的尺寸一般有 145、195、250、300mm 等规格，不管哪种尺寸规格都看上去很厚实，但不管是实心还是空心玻璃砖都只能起到一个隔断和装饰的作用，绝不能承重。

10. 热反射玻璃

热反射玻璃是一种特种玻璃，其最大优点就在于对可见光有适当的透射率，对红外线有较高的反射率，对紫外线有较高吸收率，因此也称为阳光控制玻璃。热反射玻璃在制作时会在玻璃表面镀一层或多层诸如铬、钛等金属或金属化合物组成的薄膜，使产品具有多种颜色，目前多用于高层建筑窗户和玻璃幕墙，如图 5-46 所示。

图 5-46　热反射玻璃

11. 微晶玻璃装饰板

图 5-47　微晶玻璃装饰板效果

微晶玻璃装饰板是一种新型墙面、地面装饰材料，是结合了玻璃和陶瓷技术发展起来的一种新型材料。它是采用玻璃颗粒经烧结与晶化制成的微晶体和玻璃的混合体，在原料中加入不同的无机着色剂，可以生产出多种色彩。微晶玻璃装饰板属于玻璃的一种，但在外观上和任何玻璃品种都不一样，而更倾向于瓷砖和石材的质感，所以也被称为玻璃陶瓷或微晶玉石，如图 5-47 所示。

微晶玻璃装饰板兼具玻璃和陶瓷的优点，比陶瓷的亮度高，比玻璃的强度好，是那些不可再生的高档天然石材的优良替代品。相比于天然石材容易和空气中的水和二氧化碳发生化学反应，表面易风化变色的问题而言，微晶玻璃装饰板几乎不与空气发生任何化学反应，可以长期使用而不变色。同时微晶玻璃装饰板还具有坚硬耐用、绿色环保的优点，其外表相比于瓷砖或天然石材更光泽亮丽。微晶玻璃装饰板一经面世就受到了极大的关注，在一些如大型建筑项目如北京的奥运建筑和上海的世博会建筑都有采用，相信随着推广的深入，这种新型材料的应用会越来越广泛。

12. 热熔玻璃

热熔玻璃是一种新型装饰玻璃品种，在市场兴起也是近几年的事情。热熔玻璃是采用特制热熔炉，以平板玻璃和无机色料等作为主要原料，在加热到玻璃软化点以上，经特制成型模模压成型后退火而成。

热熔玻璃的最大特点是图案复杂精美、色彩多样，艺术性较强，同时外观上晶莹夺目，也称为水晶立体艺术玻璃。热熔玻璃以其独特的造型和艺术性也日渐受到市场的欢迎，如图 5-48 所示。

图 5-48　热熔玻璃效果

五、石膏板吊顶

石膏板吊顶是目前一种主流吊顶做法，在石膏板吊顶风行之前，更多的是将胶合板用于吊顶的制作。但随着石膏板的推广，因其在防火性能上的优越性，逐渐取代了传统的胶合板吊顶，成为目前吊顶制作的主流材料。

石膏板种类很多，除了广泛地应用于吊顶的制作外，还是隔墙施工的主要材料。石膏板的主要品种有纸面石膏板、装饰石膏板、吸音石膏板等，我们常说的石膏板通常都是指纸面石膏板。

图 5-49 石膏板样图

1. 纸面石膏板

纸面石膏板中间是以石膏料浆作为夹芯层，两面用牛皮纸做护面，也因此被称为纸面石膏板。纸面石膏板具有表面平整、稳定性优良、防火、易加工、安装简单的优点，在纸面石膏板中添加耐水外加剂的耐水纸面石膏板耐水防潮性能优越，可以用于湿度较大的卫生间和厨房等空间墙面。纸面石膏板是石膏板中最为常用的品种，在隔墙制作和吊顶制作中得到了广泛的应用。纸面石膏板的厚度有 9、9.5、12、15、18、25mm 等规格，长度有 2400、2500、2750、3300mm 等规格，宽度有 900、1200mm 等规格，可以根据面积选购合适大小的纸面石膏板。纸面石膏板样图如图 5-49 所示。

2. 装饰石膏板

装饰石膏板也是石膏板中的一个常见品种，和普通纸面石膏板的区别在于其表面利用各种工艺和材料制成了各种图案、花饰和纹理，有更强的装饰性，因此被称为装饰石膏板，主要品种有石膏印花板、石膏浮雕板、纸面石膏装饰板等。装饰石膏板和纸面石膏板在性能上一样，但由于装饰石膏板在装饰上的优越性，除了应用于吊顶制作外，还可以用于装饰墙面及装饰墙裙等。装饰石膏板样图如图 5-50 所示。

3. 吸音石膏板

吸音石膏板是一种具有较强吸音功能的特种石膏板，它是在纸面石膏板或者装饰石膏板的基础上，打上贯通石膏板的孔洞，再贴上一些能够吸收声能的吸音材料制成的。利用石膏板上的孔洞和添加的吸音材料能够很好地达到吸音效果，在一些诸如影院、会议室、KTV、家庭影院等空间中使用非常合适。吸音石膏板如图 5-51 所示。

图 5-50 装饰石膏板样图

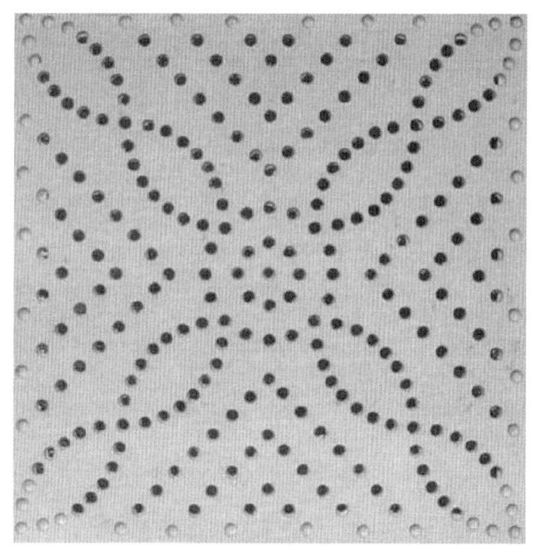

图 5-51 吸音石膏板样图

六、铝扣板天花

铝扣板是用轻质铝板一次冲压成型，外层再用特种工艺喷涂漆料制成的，因为是一种铝制品，同时在安装时通常都是扣在龙骨上，所以称为铝扣板。铝扣板一般厚 0.4 ~ 0.8mm，有条形、方形、菱形等形状。铝扣板防火、防潮、易擦洗，同时价格便宜，施工简单，再加上其本身所独具的金属质感，兼具美观性和实用性，是现在室内吊顶制作的一种主流产品。在公共空间如会议厅、办公室被大量应用，特别是在家居中的厨房、卫生间更是被普遍采用，处于一种统治性的地位。

从外表分，铝扣板主要有表面冲孔和平面两种。表面冲孔即是在铝扣板的表面打上很多个孔，有圆孔、方孔、

图 5-52 铝扣板样图

长圆孔、长方孔、三角孔等，这些孔洞可以通气吸音，尤其在一些如浴室等水汽较多的空间，表面的冲孔可以水蒸气没有阻碍地向上蒸发到天花板上面，甚至可以在扣板内部铺一层薄膜软垫，潮气可透过冲孔被薄膜吸收，所以它最适合水分较多的空间如卫生间等使用。但对于厨房这样油烟特别多的空间则最好采用平面型的铝扣板，因为油烟难免会沾染在铝扣板天花上，如果是冲孔的铝扣板，油烟会直接从孔隙中渗入，而平面铝扣板则没有这个问题，在清洁上要方便很多。铝扣板样图如图 5-52 所示。

按照表面处理工艺主要可以分为喷涂铝扣板、滚涂铝扣板和覆膜铝扣板。覆膜铝扣板质量最好，使用寿命最长；滚涂铝扣板次之，喷涂铝扣板最差。

它们之间的区别就在于表面处理工艺不同，喷涂铝扣板和滚涂铝扣板是在铝扣板表面采用特种工艺喷涂或滚涂漆料制成的，而覆膜铝扣板是在铝扣板上再覆上一层膜。相比而言，覆膜铝扣板在外观上花色更多也更美观。

因为铝扣板基材为金属材料，再加上铝扣板本身比较薄，所以吸音、绝热功能相对较差，在一些办公室、会议室等空间采用铝扣板作为吊顶材料时，可以在铝扣板内加玻璃棉、岩棉等保温吸音材料来增强其隔热和吸音功能。

七、其他常见吊顶

吊顶类型非常多，尤其是目前室内设计推陈出新，各种材料都被广泛应用于吊顶装饰中，其中石膏板吊顶和铝扣板吊顶在公共空间和家居空间应用最为广泛，此外还有夹板吊顶、矿棉板吊顶、硅钙板吊顶、PVC 板吊顶等，甚至玻璃、金属等材料也被大量应用于吊顶的制作中。

1. 夹板吊顶

在石膏板吊顶盛行前，夹板吊顶是吊顶制作的主流品种。制作天花的夹板多为 5 厘夹板，相比石膏板而言，夹板最大优点在于其能轻易地创造出各种各样的造型天花，甚至包括弯曲的造型。但是夹板自身的问题也很突出，夹板材料易变形，尤其是夹板为木制品，防火性能极差，导致夹板吊顶日趋为石膏板吊顶所取代。目前，夹板天花在一些家居装饰中还有采用，但在公共空间中，因为其消防性能差，不能验收，目前采用较少。在施工上夹板吊顶和石膏板吊顶比较类似，而且在面层做完刮灰和乳胶漆的施工后外观上也没有区别，这里就不再详细介绍了。夹板天花实景效果如图 5-53 所示。

图 5-53 夹板造型天花实景效果

2. PVC 吊顶

PVC 吊顶是采用 PVC 塑料扣板制作的吊顶，PVC 塑料扣板是以 PVC 为原料制作而成的，具有价格低廉、施工方便、防水、好清洗等优点，在家居装饰的厨卫空间中曾得到了广泛应用，在一些较低档的公共空间也有一些采用。但随着铝扣板的推广，其应用日趋减少，几乎处于淘汰的边缘。PVC 吊顶的问题是容易变形而且防火性能也不好，同时其外观上也不及铝扣板，显得比较低档，PVC 天花样图如图 5-54 所示。

图 5-54　PVC 天花样图

PVC 塑料扣板后期发展出了一种塑钢板，也称 UPVC。塑钢板在强度和硬度等物理性能上要比 PVC 塑料扣板加强了很多，可以认为是 PVC 塑料扣板的升级产品。目前市场上的 PVC 吊顶多是指塑钢板制作的吊顶，其在家居的厨卫等空间也有一些应用，但地位远不如铝扣板吊顶。

3. 矿棉板吊顶及硅钙板吊顶

矿棉板吊顶及硅钙板吊顶多应用于一些公共空间，在家居装饰应用很少。因为这两种吊顶具有很多相似之处，所以将它们归入一起介绍。

矿棉板是以矿棉渣、纸浆、珍珠岩为主要原料，加入黏合剂，经加压、烘干和饰面处理而制成的。硅钙板是以硅质材料（硅藻土、膨润土、石英粉等）、钙质材料、增强纤维等作为主要原料，经过制浆、成坯、蒸养、表面砂光等工序制成的。矿棉板及硅钙板一样具有质轻、防潮、不易变形、防火、阻燃和施工方便等特点。

图 5-55　矿棉板实景图

矿棉板具有非常优异的吸音性能，矿棉板是一种多孔材料，其板材被制作了很多的孔隙，这些孔隙能够有效控制和调整室内声音回响时间，降低噪声，因而矿棉板还被称为矿棉吸音板。

矿棉板及硅钙板表面均可以制作各种色彩的图案与立体形状，多与轻钢龙骨或者铝合金龙骨搭配使用，在实用性的基础上还有不错的装饰性能，被广泛应用于会议室、办公室、影院等各个公共空间中。矿棉板实景图如图 5-55 所示。

4. 其他常见天花类型

（1）玻璃天花。将装饰玻璃直接用于天花作为装饰是目前较为常见的装饰手法，装饰玻璃的种类很多。天花用装饰玻璃常见的主要有彩色玻璃和磨砂玻璃，再利用灯光折射出漂亮的光影效果，是目前很受欢迎的一种装饰方式。也有部分天花采用明镜作为天花材料，营造一种繁复华丽的感觉，其实景效果如图 5-56 所示。

图 5-56　明镜天花效果

（2）金属栅格天花。多是采用铝（钢）网格制作多个格子拼合状的天花，具有安装简单且价格便宜的特点，多用于商业空间的过道或开放式办公室等空间，给人很现代的感觉，如图 5-57 所示。

（3）暴露式天花。在一些商业空间如衣服专卖店等空间应用较多，是后现代化的一种风格。处理方式就是用颜色漆把天花及靠近天花的墙面十几厘米的地方刷上一层颜色漆，一般是深色漆，甚至是黑色，天花上的所有电线、空调管道（消防水管除外）也刷上同样的颜色。在装饰手法上很有点类似蓬皮杜艺术中心的装饰手法。

（4）软膜天花。软膜天花又称为柔性天花、拉展天花、拉展天花与拉蓬天花等，是采用特殊的聚氯乙烯材料制成，通过一次或多次切割成形，并用高频焊接完成。软膜天花最大的特点就是材料为柔性的，并且可以设计成各种平面和立体形状，颜色也非常多样化。装饰平整度和效果均要强于一般的石膏板天花。软膜天花厚度大约为 0.18mm，其防火级别为国家 B1 级。软膜需要在实地测量天花尺寸后，在工厂里制作完成。目前在家居空间的使用并不是很多，但在工装中已经开始得到了广泛的应用。软膜天花效果如图 5-58 所示。

图 5-57　铝栅格天花

图 5-58　软膜天花效果

八、装饰骨架材料

龙骨是室内装修中用于支撑基层的结构性材料，能够起到支撑造型、固定结构的作用。龙骨使用非常普遍，被广泛用于吊顶、实木地板、隔墙以及门窗套等部位的骨架制作。龙骨的种类很多，根据使用部位可分为吊顶龙骨、竖墙龙骨、铺地龙骨以及悬挂龙骨等。根据装饰施工工艺不同，还可以分为承重龙骨和不承重龙骨，也就是俗称的上人龙骨和不上人龙骨。根据制作材料的不同，则可分为木龙骨、轻钢龙骨、铝合金龙骨等。

1. 木龙骨

木龙骨是一种较为常见的龙骨，俗称为木方，多采用松木、椴木、杉木等木质较软的木材制作称为长方形或者正方形的条状。在装修的吊顶、隔墙和实木地板等的制作过程中，通常是将木龙骨用射钉或木钉固定成纵横交错、间距相等的网格状支架，上面再铺地板、石膏板、大芯板等板材，在施工中这道工序称做打龙骨。

木龙骨更多是用于家居中，因为木龙骨采用的原料为木材，防火性能较差，在很多地方的公共空间装修中是被禁止使用的，即使用在家居装修中也必须在木龙骨上再刷上一层防火涂料。同时木龙骨还有一个问题就是容易虫蛀和腐朽，所以在使用时还需要进行防虫蛀和防腐的处理。但是木龙骨也具有施工方便，可以很容易制作出一些较复杂的造型的优点，因而在一些家庭装修中也有非常广泛的采用。

木龙骨主要有 2cm × 3cm、3cm × 4cm、3cm × 5cm、3.5cm × 5.5cm、4cm × 6cm、4cm × 7cm、5cm × 7cm 等常见规格，木龙骨样图如图 5-59 所示。

图 5-59　木龙骨样图

2. 轻钢龙骨

轻钢龙骨是以镀锌钢板经冷弯或冲压而成的骨架支承材料。木龙骨本身的防火性能和防虫性能较差，轻钢龙骨则没有这方面的问题，而且在强度和牢固性上的性能更好，不容易变形，是替代木龙骨的最佳龙骨材料。轻钢龙骨在公共空间的装修中已经得到了全面的使用，在家居装修中的应用也日渐广泛。

图 5-60　轻钢龙骨

轻钢龙骨按用途有吊顶龙骨和隔断龙骨之分，隔断龙骨主要规格有 Q50、Q75 和 Q100 等，分别适用于不同高度的隔断墙。一般来说，如果所做的隔断墙的高度在 3m 之下，使用规格为 Q50 的轻钢龙骨就可以了。吊顶龙骨主要规格有 D38、D45、D50 和 D60 等，D38 用于吊点间距 900 ~ 1200mm 不上人吊顶，D50 用于吊点间距 900 ~ 1200mm 上人吊顶，D60 用于吊点间距 1500mm 上人加重吊顶。按断面形状有 U 型、T 型、C 型、L 型等种类。

轻钢龙骨的构件很多，主件分为大、中、小龙骨，配件则有吊挂件、连接件、挂插件等。和木龙骨相比轻钢龙骨具有自重轻，刚度大，防火，防虫，制作隔墙、吊顶更加坚固，不易变形的优点，但是轻钢龙骨对于空间和施工工艺的要求较高，通常需要占用 100 ~ 150mm 以上的顶部空间，施工也相对木龙骨复杂，对施工工艺要求较高，而且不容易做出一些很复杂的造型。轻钢龙骨如图 5-60 所示。

3. 铝合金龙骨

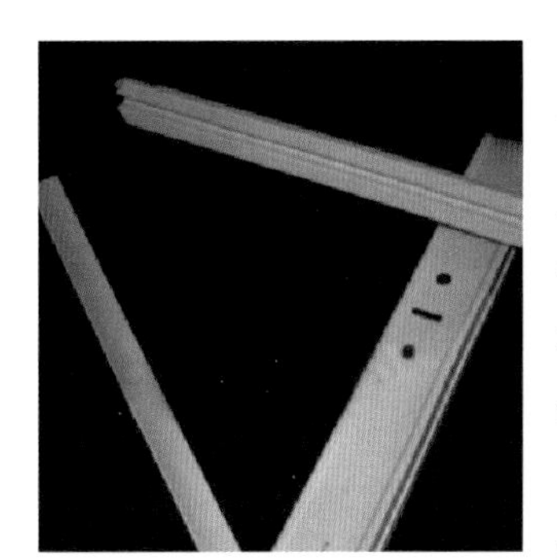

图 5-61　铝合金龙骨样图

铝合金龙骨是以铝板轧制而成，专用于拼装式吊顶的龙骨。铝合金材质美观大方，面层还可以采用喷塑或烤漆等方法进行处理，装饰效果更好。铝合金龙骨可以用作地面龙骨，但更多是与硅钙板和矿棉板搭配使用于公共空间的吊顶安装中。铝合金龙骨和轻钢龙骨性能相近，同样具有刚性强、不易产生变形的优点，同时也没有虫蛀、腐朽和防火性能差的问题。但是铝合金龙骨的成本较高，在应用上不如轻钢龙骨那么广泛，铝合金龙骨样图如图 5-61 所示。

除了常见的木龙骨、轻钢龙骨、铝合金龙骨外，市场上还有一种塑料龙骨，塑料龙骨有链条式、轨道式两种，在性能上基本与木龙骨一样，同样具有施工方便、价格便宜的优点，同时不会出现木龙骨易虫蛀、腐朽的问题。但是塑料制品的刚性差，同时也容易老化变形，因此在市场应用上并没有木龙骨和轻钢龙骨那么广泛。

九、装饰五金配件

五金件虽不起眼，却是日常生活中使用频率最高的部件。五金配件种类很多，包括锁具、铰链、滑轨、拉手、滑轮、门吸、开关插座等。特殊五金类按设置方式分为浴室五金类和厨房挂件类。

1. 锁具、门吸

锁具通常由锁头、锁体、锁舌、执手与覆板部件及有关配套件构成，其种类繁多，各种造型和材料的锁具品种都很常见。从用途上大体可以分为户门锁、室内锁、浴室锁、通道锁等几种，从外形上大致可分为球形锁、执手锁、门夹及门条等，在材料上则主要有铜、不锈钢、铝、合金材料等，相对而言，铜和不锈钢材料的锁具应用最广，也是强度最高、最为耐用的品种。各种锁具样图如图 5-62 所示。

和锁具配套的五金配件还有门吸，门吸是一种带有磁铁，具有一定磁性的小五金。门吸安装在门后面，在门打开以后，通过门吸的磁性稳定住门扇，防止风吹导致门自动关闭，同时门吸还可以防止门扇磕碰墙体。各式门吸样图如图 5-63 所示。

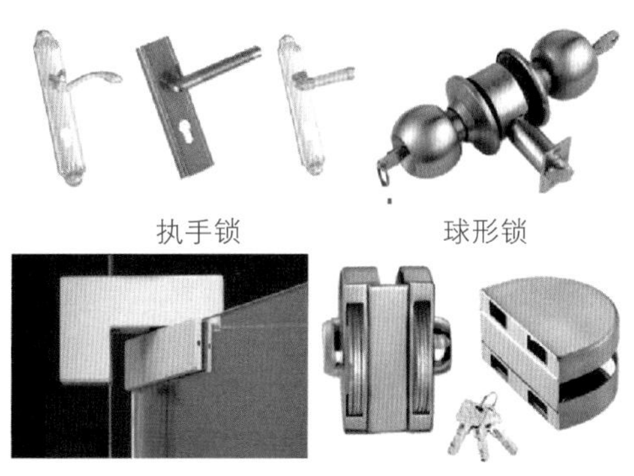

执手锁　球形锁

钢化玻璃门夹　钢化玻璃用锁

抽屉销　三保险弹子门锁

图 5-62　各种锁具样图

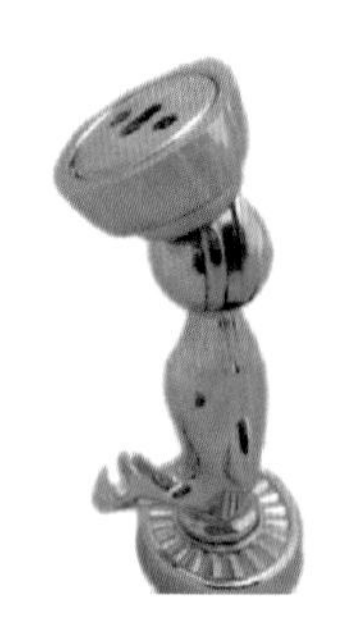

图 5-63　各式门吸样图

2. 铰链、滑轮、滑轨

铰链也称为合页，是各式门扇开启闭合的重要部件，它不但要独自承受门板的重量，并且还必须保持门外观上的平整。在日常生活门扇的频繁使用过程中，经受考验最多的就是铰链。铰链选用不好，在一段时间使用后可能会导致门板变形，错缝不平。铰链按用途分升降合页、普通合页、玻璃合页、烟斗合页、液压支撑臂等。不锈钢、铜、合金、塑料、铸铁都可应用于铰链制作中，相对来说，钢制铰链是各种材料中质量最好、应用最广的，尤其是以冷轧钢制作的铰链其韧度和耐用性能更佳。另外，应尽量选择多点制动位置定位的铰链。所谓多点定位，即随意停，就是指门扇在开启的时候可以停留在任何一个角度的位置，不会自动回弹，从而保证了使用的便利性。尤其是上掀式的橱柜吊柜门，采用多点定位的铰链更是非常必要的。各式铰链样图如图 5-64 所示。

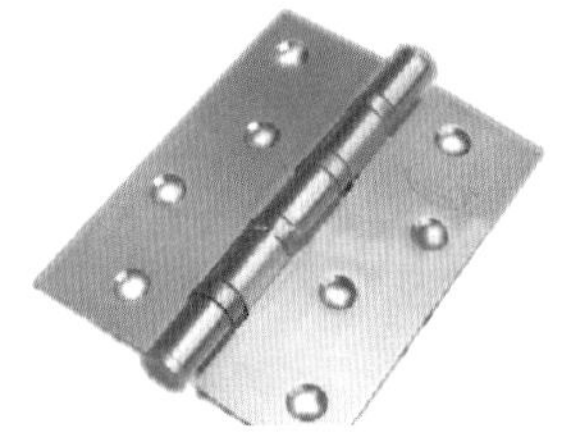

图 5-64　各式铰链样图

滑轮多用于阳台、厨房、餐厅等空间的滑动门中，滑动门的顺畅滑动基本上都靠高质量滑轮系统的设计和制造。用于制造滑轮所使用的轴承必须为多层复合结构轴承，最外层为高强度耐磨尼龙衬套，并且尼龙表面必须非常光滑，不能有棱状凸起；内层滚珠托架也是高强度尼龙结构，减少了摩擦，增强了轴承的润滑性能；承受力的构层均为钢结构，此种设计的滑轮大部分是超静音的，使用寿命为 15～20 年。

滑轨也是保证滑动门推拉顺畅的重要部件，采用质量不好的滑轨推拉门在使用一段时间后容易出现推拉困难的现象。滑轨有抽屉滑轨道、推拉门滑轨道、门窗滑轨道等种类，其最重要的部件是滑轨的轴承结构，它直接关系到滑轨的承重能力。常见的有钢珠滑轨和硅轮滑轨两种。前者通过钢珠的滚动，自动排除滑轨上的灰尘和脏物，从而保证滑轨的清洁，不会因脏物进入内部而影响其滑动功能，同时钢珠可以使作用力向四周扩散，确保了抽屉水平和垂直方向的稳定性。硅轮滑轨在长期使用、摩擦过程中产生的碎屑呈雪片状，并且通过滚动还可以将其带起来，同样不会影响抽屉的滑动。相对而言，在静音上硅轮滑轨效果更好。滑动门用的轨道一般有冷轧钢轨道和铝合金轨道两种。不应片面地认为钢轨一定好于铝合金轨道，好的轨道取决于轨道的强度设计和轨道内与滑轮接触面的光洁度和完美配合。相对来说，铝合金轨道在抗噪声方面还要强于钢轨。各式滑轨样图如图 5-65 所示。

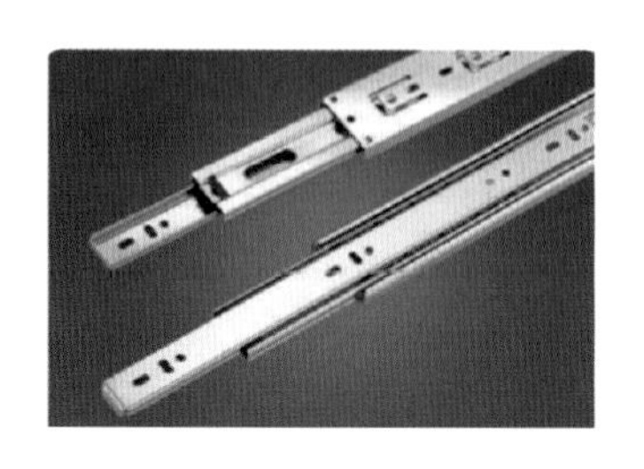
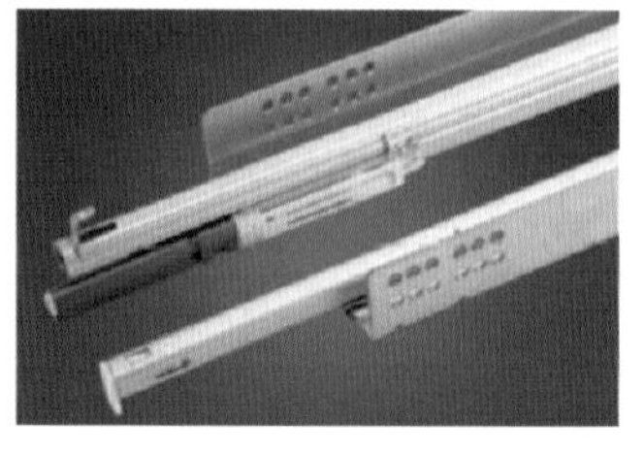
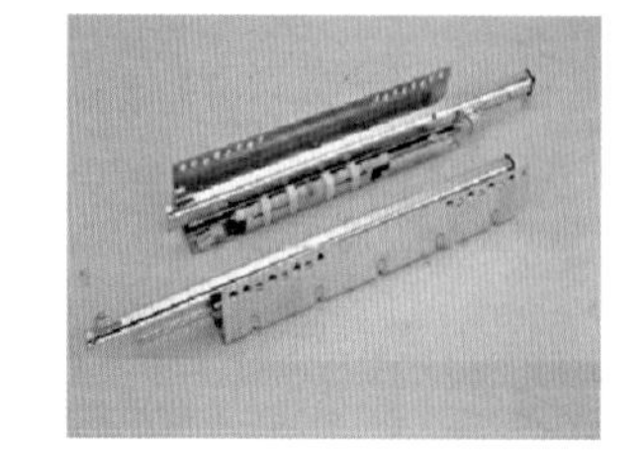

图 5-65　各式滑轨样图

3. 拉篮、拉手

拉篮多用于橱柜内部，在橱柜内加装拉篮可以最大限度地扩大橱柜使用率。拉篮有很多种，材料上有不锈钢、镀铬及烤漆等。拉篮以其便利性在橱柜的分割和储物应用上已基本取代了之前的板式分隔。根据不同的用途，拉篮可分为炉台拉篮、抽屉拉篮、转角拉篮，各种物品在拉篮中都有相应的位置，在应用上非常便利。拉篮实景图如图 5-66 所示。

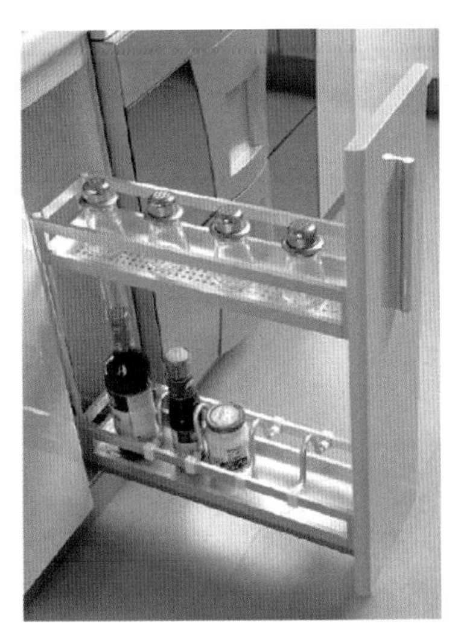

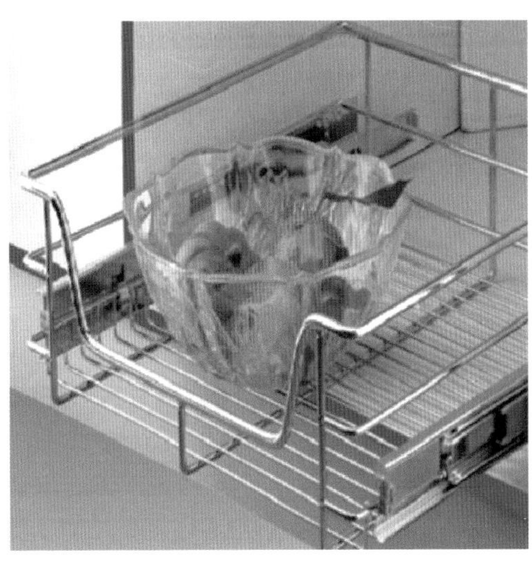

图 5-66 拉篮实景效果

拉手多用于家具的把手，品种多样，铜、不锈钢、合金、塑料、陶瓷、玻璃等均可用于拉手的制作中。相对来说，全铜、全不锈钢的质量最好。拉手的选择需要和家具的款式配合起来，选用得当的拉手对于整个家具来说可以起到“画龙点睛”的作用。各式拉手样图如图 5-67 所示。

图 5-67 各式拉手样图

4. 闭门器

铰链也是闭门器的一种，这里专门介绍的是地弹簧闭门器。地弹簧闭门器指的是能使门自动合上的一种五金件。地弹簧多用于商店、商场、办公室等公共空间的大门，在家居装饰中的浴室如果采用的全玻璃门，也会采用地弹簧。通常而言，铝合金门厚度大于 36mm，木制门的厚度大于 40mm，全玻璃门的厚度在 12mm 以上则可以采用地弹簧。地弹簧根据开合方式可以分为两种，一种是带有定位功能的，当门开到一定的程度会自动固定住，小于此角度则自动关闭，多见于一些酒店宾馆等公用场合。还有一种是没有定位作用的，无论在什么角度上，门都会自动关闭。地弹簧样图如图 5-68 所示。

图 5-68 地弹簧样图

十、装饰线条

装饰线条在装修中是一种不很起眼的材料，但是作用重大。线条类材料用于装饰工程中各种面层如相交面、分界面、层次面、对接面的衔接处，以及交接处的收口封边处。即能起到划分界面、收口封边，还能起到连接、固定的作用，同时还因为装饰线条自身的美感，还能起到相当不错的装饰效果。

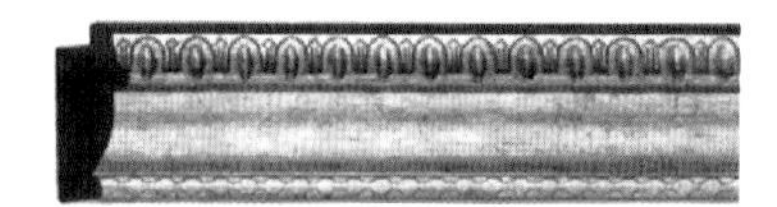

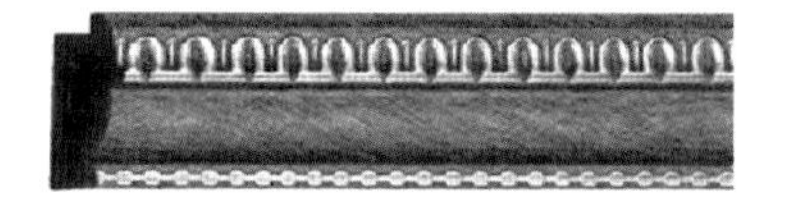
图 5-69　装饰木线条

装饰线条主要有木线条、金属线条和石膏线条等种类，这三种线条也是市场上应用最为广泛的装饰线条品种。此外还有一些塑料线条和石材线条等，但是应用不广泛。

1. 装饰木线条

木线条一般都是选用硬质木材，如杂木、水曲柳、柚木等经过干燥处理后加工而成，有些较高档的木线条由电脑雕刻机在优质木材上雕刻出各种纹样效果。木装饰线类一般会用油漆饰面，以提高花纹的立体感并保护木质表面，幻彩花边类表面已经过处理，可直接使用。装修中油漆饰面有清油和混油之分，装饰木线条同样如此。清油木线对木材要求较高，常见的清油木线条有黑胡桃、沙比利、红胡桃、红樱桃、曲柳、泰柚、榉木等。混油木线对木材要求相对较低，常见的有椴木、杨木、白木、松木等。不能简单地以清油和混油来区分木线的好坏，混油能够消除了天然木材的色差和疤结，用于现代风格装饰中效果同样不错。装饰木线条样图如图 5-69 所示。

木线条在室内装饰工程中的用途十分广泛，既可以用作各种门套及家具的收边线，也可以作为天花角线，还可以作为墙面装饰造型线。从功能上分有压边线、柱角线、压角线、墙角线、墙腰线、上槛线、覆盖线、封边线、镜框线等，从外形上分有半圆线、直角线、斜角线、指甲线等。其效果如图 5-70 所示。

图 5-70　装饰木线条实景效果

2. 金属线条

金属线条主要有铝合金和不锈钢两种，铝合金线条是用铝材加入锰、镁等合金元素后，挤压而成的条状装饰线条。铝合金线条具有轻质、耐蚀、耐磨等优点。铝合金线条装饰效果优良，其表面还可涂上一层坚固透明的电泳漆膜，涂后更加美观。铝合金线条多用于装饰面板材上的收边线，在家具上常常用于收边装饰。此外，还被广泛应用于在玻璃门的推拉槽，地毯的收口线等方面。

不锈钢线条相对于铝合金线条具有更强的现代感，其表面光洁如镜，用于现代主义风格装饰中装饰效果非常好。不锈钢装饰线条和铝合金装饰线条一样可以用于各种装饰面的收边线和装饰线。不锈钢线条装饰效果如图 5-71 所示。

3. 石膏线条

石膏线条是以石膏材料为主，加入增强石膏强度的骨胶纸筋等纤维制成的装饰线条。石膏线条也是最为常用的一种装饰线条，在早几年尤其流行，多用于天花的角线装饰。石膏线价格低廉，同时具有防火、施工方便等优点，装饰效果也非常不错。石膏线生产工艺非常简单，比较容易做出各种复杂的纹样，在装修中多用于一些欧式或者比较繁复的装饰中，可以作为天花角线，也可以作为腰线使用，还可以作为各类柱式和欧式墙壁的装饰线。石膏线条实景效果如图 5-72 所示。

图 5-71 不锈钢收边装饰柜效果

图 5-72 石膏线条实景效果

4. 石材、塑料装饰线条

市场上装饰线条的主流品种就是木线条、金属线条和石膏线条，此外，还有一些石材、塑料等装饰线条品种。

随着石材加工工艺的提高，石材也能生产出类似于木线条的造型。石材线条多是采用大理石和花岗石为原料制作而成，搭配石材的墙柱面装饰，非常协调美观。同时也可以用作石门套线和石装饰线。

塑料装饰线条是用硬聚氯乙烯塑料制成，其价格低廉，生产便利，可以制作出各种纹理和色彩的线条。但是装饰效果欠佳，显得比较低档。

5.1.3 如何选购木工类材料

一、木地板的选购

在选购木地板时，应根据业主的实际情况来定。首先应以符合设计风格的要求来确定所选木地板的款式，如颜色的深与浅、木纹的疏与密；然后是根据自己的经济能力，在价格上定位。

1. 实木地板选购

（1）质量等级。实木地板有 AA 级、A 级、B 级三个等级，AA 级质量最高，色差最少。

（2）含水率。木材除了物体固有的热胀冷缩特性外，还有湿涨干缩的特性。因此木质地板都必须在生产过程中进行干燥处理以降低板材的含水率。含水率是实木地板质量好坏的一个重要指标，国家标准为 8% ~ 13%，相对而言，南方空气湿润，含水率可以高一些，北方天气干燥，含水率应该控制在 10% 左右。

（3）外观。检验实木地板时，表面的死节、虫眼、油眼应该越少越好，无翘曲变形、无毛边，面层漆膜均匀、丰满、光洁，无漏漆、鼓泡、孔眼等问题。实木地板原材为天然树种，哪怕是一棵树上的木材，它的向阳面与背阳面也会有色差的。色差是天然木材的必然因素，虽然经过加工色差会变得不明显，但也不能完全消除，实木地板表面有活节、色差等现象均属正常。这也正是实木地板不同于复合地板的自然之处，在这方面也不必太过苛求。

（4）拼接。用几块地板在平地上拼装，检测板与板之间接合是否平整；槽口拼接后是否松紧合适，平滑自如，既无阻滞感，又无明显间隙。

（5）长宽。实木地板尺寸不易过宽、过长，从木材的稳定性来说，实木地板的尺寸越小，抗变形能力越强，越短越窄，出问题概率越小。太宽太长的地板，干缩湿涨量大，容易产生翘曲变形和开裂。

2. 强化木地板选购

（1）耐磨性。耐磨性主要看强化木地板的耐磨层质量，指标为转数。转数是强化木地板的最重要指标，直接影响地板的使用寿命。家庭用在 5000r 以上，公共场所在 9000r 以上。选购时可以用木工砂纸，在地板正面用力摩擦几下，差的强化木地板表面很容易就会被磨白，而好的强化木地板是不会有变化的。

（2）甲醛释放量。国家标准规定强化木地板甲醛释放量应小于15mg/100g，略大于欧洲的E1级标准10mg/100g。强化木地板是采用粘胶复合而制成的，甲醛肯定会有一定量的释放，所以选购时要注意查看甲醛释放量是否达到国家标准。

（3）基层。基层材料的质量好坏直接影响到强化地板的吸水率和抗冲击、抗变形性能，为了降低成本，有些强化木地板采用中、低密度板或刨花板作为强化木地板的基层。强化木地板应采用专用高密度板为基层，其吸水率和抗冲击、抗变形性能才能达到标准。区别方法很简单，因为基材越好密度越高，地板也就越沉，掂掂重量就知道了。还可以直接查看地板说明书上的吸水膨胀率指标，数值越大，地板越易膨胀，根据国家规定，优等品为2.5%，一等品为5.0%，合格品为10%。

（4）外观。在光线下观察地板表面，质量好的强化木地板表面光泽度好，纹理清晰，无斑痕、污点、鼓泡等问题。

（5）拼接。随意抽取几块地板拼装起来看接缝是否紧密，板与板之间接合是否平整。有些小厂生产的"作坊板"的切割精度达不到要求，拼装后板材留有缝隙，咬合程度很差，如果强化木地板咬合不紧密，在使用一段时间后容易出现缝隙，水和潮气会从缝隙渗入，地板容易变形起翘。

3. 实木复合地板选购

（1）表层厚度。实木复合地板只有表层才采用名贵木材，高品质的实木复合地板表层厚度可达4mm。

（2）实木复合地板在外观、拼接、长宽方面选购方法和实木地板类似，具体参照实木地板选购即可。

4. 竹木地板选购

（1）外观。首先观察竹木地板色泽，本色竹木地板色泽类似于竹子干燥后的金黄色，通体透亮，碳化竹地板多为古铜色或褐色，颜色均匀而有光泽感；其次看漆膜质量，可将地板置于光线处，看其表面有无气泡、麻点、橘皮等现象，再看其漆膜是否丰厚、饱满、平整。

（2）拼接。用几块地板在平地上拼装，检测板与板之间接合是否平整；槽口拼接后是否松紧合适，平滑自如，既无阻滞感，又无明显间隙。

（3）胶合。主要看竹木地板层与层之间胶合是否紧密，可用两手用力掰，看是否会出现分层。

二、地毯的选购

（1）鉴定材质。市场上有不少仿制纯天然动物皮毛的化学纤维产品，这之间的区别就类同于真皮沙发和人造革沙发的感觉。要识别是不是纯天然的动物皮毛，方法很简单，购买时可以在地毯上扯几根绒毛点燃，纯毛燃烧时无火焰，冒烟，有臭味，灰烬多呈有光泽的黑色固体状。

（2）密度弹性。密度越高，弹性越好，地毯的质量也就相对越好。检查地毯的密度和弹性，可以用手指用力按在地毯上，松开手指后地毯能够迅速恢复原状，表明织物的密度和弹性都较好。也可以把地毯正面折弯，越难看见底垫的地毯，表示毛绒织得越密，也就越耐用。

（3）防污能力。一般而言，素色和没有图案的地毯较易显露污渍和脚印。所以在一些公共空间最好选用经过防污处理的深色地毯，以方便清洁。

三、装饰板材选购

装饰板材是室内装修用量最大的一种材料，而且由于板材大多是采用胶黏工艺生产的，同时又经常会在表面进行油漆处理，是室内污染的最主要源头，因而在选购装饰板材时更是需要特别注意质量方面的问题。

1. 胶合板

（1）外观。要求木纹清晰，胶合板表面不应有破损、碰伤、疤节等明显疵点；正面要求光滑平整，摸上去不毛糙，无滞手感。

（2）胶合。如果胶合板的胶合强度不好，容易分层变形，所以选择胶合板时需要注意从侧面观察胶合板有无脱胶现象，应挑选不散胶的胶合板。

（3）板材。胶合板采用的木材种类有很多，其中以柳桉木的质量最好。柳桉木制作的胶合板呈红棕色，其他杂木如杨木等制作的胶合板则多呈白色，而且柳桉木制作的胶合板同规格下分量更重些。

（4）甲醛。注意胶合板的甲醛含量不能超过国家标准，国家标准要求胶合板的甲醛含量应小于 1.5mg/L 才能用于室内，可以向商家索取夹板检测报告和质量检验合格证等文件查看，应避免选择具有刺激性气味的胶合板。

2. 饰面板

（1）外观。饰面板的外观尤其重要，它的效果直接影响到室内装饰的整体效果。饰面板纹理应细致均匀、色泽明晰、木纹美观；表面应光洁平整，无明显瑕疵和污垢。

（2）表层厚度。饰面板的美观性基本上就靠表层贴面，这层贴面多是采用较名贵的硬质木材削切成薄片粘贴的，有无这层贴面也是区分饰面板和胶合板的关键。表层贴面的厚度必须在 0.2mm 以上，越厚越好。有些饰面板表层面板厚度只有 0.1mm 左右，商家为防止透出底板颜色，会先在底板上刷一层与表层面板同色的漆，再贴表层面板来掩饰。

饰面板也属于胶合板的一种，在其他方面的选购要求和胶合板一样，具体参看胶合板选购。

3. 大芯板

国家质检总局曾经对大芯板产品质量进行了国家监督抽查，共抽查了 11 个省、直辖市 91 家企业生产的 91 种产品，合格 48 种，产品抽样合格率为 52.7%，由此可见大芯板的质量状况。购买时除需要购买正规厂家产品外，还需要注意如下几条：

（1）外观。表面应平整、无翘曲、变形、起泡等问题。好的板材是双面砂光，用手摸感觉非常光滑；同时四边平直，侧面看板芯木条排列整齐，木条之间缝隙不能超过 3mm。选择时可以对着太阳看，如果中间层木条的缝隙大的话，缝隙处会透白。

（2）板芯。板芯的拼接分为机拼和人工拼接两种，机拼的芯板木条间受到的挤压力较大，缝隙极小，拼接平整，长期使用不易变形，更耐用。大多数板材是越重越好，但大芯板正好相反，越重反而越不好。因为质量越大，越表明这种板材板芯使用了杂木。用杂木拼成的大芯板，很难钉进钉子，不好施工。

（3）甲醛。甲醛含量高是大芯板最大的一个问题，在选购大芯板时尤其需要注意。国家标准要求室内大芯板的甲醛释放量一定要小于或等于 1.5mg/L 才能用于室内。这个指标越低越好，选择时可以查看产品检测报告中的甲醛释放量，还可以闻一下，如果大芯板散发出木材本身清香气味，说明甲醛释放量较少；如果气味刺鼻，说明甲醛释放量较多。另外，大芯板根据其有害物质限量分为 E1 级和 E2 级两类。家庭装修只能用 E1 级，E2 级甲醛含量可超过 E1 级 3 倍多。

（4）含水率。细木工板的含水率应不超过 12%。优质细木工板采用机器烘干，含水率可达标，劣质大芯板含水率常不达标。干燥度好的板材相对较轻，而且不会出现裂纹，外表很平整。

4. 密度板、刨花板

密度板、刨花板的选购和大芯板基本一致，不过密度板的表面最为光滑，摸上去感觉更细腻，而刨花板是板材中面层最粗糙的。同时密度板、刨花板也和大芯板一样，在甲醛含量上分为 E1 级和 E2 级两类，E1 级甲醛释放量更低，更环保。其他环节的选购参照大芯板的选购内容即可。

5. 铝塑板、防火板

铝塑板、防火板和之前介绍的板材不太一样，大芯板、胶合板、密度板、刨花板、饰面板都是以木材为原料经各种加工工艺制成的，而铝塑板和防火板则是一种复合型材料，和木材没有任何关系，也就不存在木制材料的含水率、膨胀率等问题。相对木制板材而言，复合材料的铝塑板、防火板在质量上的问题不多，选购也相对轻松得多，只需要注意以下几个问题即可：

（1）外观。板材尺寸应规范，厚薄均匀，表面平整，板型挺直，摸一下感觉不应太软。表面看上去应整洁，无色差、破损、光泽不均匀等明显的表面缺陷。

（2）厚度。室内用铝塑板厚度应为 3mm，外墙用铝塑板厚度应为 4mm。如果是双面铝塑板，厚度要增加一倍，即内墙板厚度应为 6mm，外墙板厚度应为 8mm。防火板的厚度应该在 0.6mm 以上，最好达到 0.8mm。

（3）韧性。裁下一小条板材用力折弯，好的板材不应发生明显的脆性断裂。

（4）味道。无论铝塑板还是防火板都应无刺鼻的有机溶剂气味。

四、装饰玻璃的选购

装饰玻璃的种类非常多，但其他大多数装饰玻璃品种都是在平板玻璃和钢化玻璃的基础上加工而成的，所以只需要掌握平板玻璃和钢化玻璃的选购要点即可。在选购彩色玻璃、磨砂玻璃、压花玻璃、夹层玻璃、夹丝玻璃、镭射玻璃、热熔玻璃、玻璃砖等装饰玻璃品种时，在质量上可以参看平板玻璃及钢化玻璃的选购，除此之外，这些装饰玻璃品种还要重点查看其纹理、颜色和装饰效果，同时还需要注意和室内装饰风格的协调。

1. 平板玻璃的选购

（1）玻璃的表面应平整且厚薄一致，可以将两块玻璃平叠在一起，使相互吻合，隔几分钟再揭开，若玻璃很平整且厚薄一致，那么两块玻璃的贴合一定会很紧密，再揭开时会比较费力。

（2）将玻璃竖起来看，玻璃应该是边角平整，无瑕疵，同时外观上无色透明或带有淡绿色；同时表面应该没有或少有气泡、结石、波筋等瑕疵；此外，玻璃表面应该没有一层白翳，白翳的生成通常是因为在较潮湿的环境存放时间过长导致的。

2. 钢化玻璃的选购。

（1）正宗的钢化玻璃仔细看有隐隐约约的条纹，这种条纹称做应力斑。应力斑是钢化玻璃无法消除的东西，没有肯定是假的，但也不应该有太多的应力斑，过多的应力斑会影响视觉效果，准则是必须要有但不能太多。

（2）钢化玻璃之所以是一种安全玻璃，在于其碎裂后颗粒为细小的钝角颗粒状，不会对人体造成大的伤害，这点也是检测钢化玻璃质量的一个重要指标。可选购时以查看定做厂家在切割时遗留的废料是否为钝角颗粒状；此外，质量好的钢化玻璃还应该进行了均质处理，因为钢化玻璃有一种自身固有问题，就是自爆，但经过了均质处理后这种问题可以基本解决。

五、石膏板的选购

（1）外观。表面平整，没有污痕、裂痕等明显瑕疵，如果是装饰石膏板，其表面还必须色彩均匀，图案纹理清晰；竖起来看石膏板整体应厚薄一致，没有空鼓，且多张石膏板之间尺寸基本无误差或误差极小；表面所贴的牛皮护面纸必须黏结牢实，护面纸起到承受拉力和加固作用，对于石膏板的质量有很大的影响，护面纸黏结牢实可以更好地避免开裂，而且在施工打钉时可以很人程度避免将石膏板打裂。

（2）密实。相对而言越密实的石膏板质量越好也越耐用，一般来说，越密实的石膏板就越重，选购时可以掂掂重量，通常是越重越好。

六、铝扣板的选购

（1）厚度。铝扣板厚度从0.4～0.8mm主要有0.4、0.6、0.8mm三种，相对而言是越厚越好，越厚其弹性和韧性就越好，变形的概率越小，通常应该选用0.6mm厚度的铝扣板，可以用拇指按一下板子试试其厚度和弹性。

（2）外观。铝扣板表面光洁，侧面看铝扣板的厚度一致。铝扣板的外表处理工艺有喷涂板、滚涂和覆膜三种，其中覆膜质量最好，但现在市面上也有一种珠光滚涂铝扣板是模仿覆膜铝扣板外观制作出来的，单看外表很难区分，最好的办法就是用打火机将面板熏黑，再用力擦拭，能擦去的是覆膜板，而滚涂板怎么擦都会留下痕迹。

（3）铝材。有些商家会用铁来仿制价格更高的铝扣板，可以使用磁铁来验证，铝扣板是不会吸附磁铁的。

七、装饰骨架材料的选购

1. 木龙骨的选购

选购木龙骨需要从以下几个方面进行考虑：

（1）木龙骨必须平直，木龙骨弯曲容易造成基层及面层结构变形。

（2）表面有木材的光泽，同时木龙骨上的疤节较少，木龙骨上的疤节很硬，吃钉力较差，钉子、螺钉在疤节处拧不进去或容易钉断木方。

（3）木龙骨上没有虫眼，这点需要特别注意，虫眼是蛀虫或虫卵藏身处，用了带虫眼的木龙骨会给以后的使用带来很大的麻烦。

（4）木材必须干燥，含水率太高的木龙骨变形的概率很高。

2. 轻钢龙骨及铝合金龙骨的选购

轻钢龙骨及铝合金龙骨都属于金属骨架材料，在选购上共同点较多，因而归类在一起介绍，轻钢龙骨及铝合金龙骨需要从以下几个方面进行考虑：

（1）外表平整，棱角分明，手摸无毛刺，表面无腐蚀、损伤、黑斑、麻点等明显缺陷。

（2）轻钢龙骨双面都应进行镀锌防锈处理，且镀层应完好无破损。镀锌轻钢龙骨有原板镀锌和后镀锌的区分，原板镀锌轻钢龙骨强度和防锈性能都要强于后镀锌轻钢龙骨。区分很简单，原板镀锌轻钢龙骨上面有雪花状的花纹，所以有时也称为雪花板。

（3）相对来说，铝合金和轻钢龙骨的厚度越高，其强度就越好，变形的概率就越低。通常而言，铝合金龙骨不应小于 0.8mm，轻钢龙骨壁厚不小于 0.6mm。

八、五金配件的选购

1. 锁具、门吸的选购

相对而言，纯铜和不锈钢的锁具质量更好，纯铜锁具手感较重，而不锈钢锁具明显较轻。需要注意的是要区分出纯铜和镀铜的区别，纯铜制成的锁具一般都经过抛光和磨砂处理，与镀铜相比，色泽要暗，但很自然。但是不管选用何种材料制成的锁具，最重要的是锁的灵敏度，可以反复开启试试看锁芯弹簧的可靠性和灵活性。

门吸的选购没有特别要注意的，只是门吸是一种带有磁铁、具有磁性的五金配件，在选购上需要注意的是磁性的强弱，磁性过弱会导致门扇吸附不牢。

2. 铰链、滑轮、滑轨的选购

铰链好坏主要取决于轴承的质量，一般来说，轴承直径越大越好，壁板越厚越好，此外还可以开合、拉动几次，开启轻松无噪声且灵活自如为佳。滑轮是最重要的五金部件，目前，市场上滑轮的材质有塑料滑轮、金属滑轮和玻璃纤维滑轮 3 种。塑料滑轮质地坚硬，但容易碎裂，使用时间一长会发涩、变硬，推拉感就变得很差；金属滑轮强度大、硬度高，但在与轨道接触时容易产生噪声；玻璃纤维滑轮韧性、耐磨性好，滑动顺畅，经久耐用。

滑轨道一般有铝合金和冷轧钢两种材质，铝合金轨道噪声较小，冷轧钢轨道较耐用，不管选择何种材质轨道，重要的是其轨道和滑轮的接触面必须平滑，拉动时流畅和轻松。同时还必须注意轨道的厚度，加厚型的更加结实耐用。好的滑轨和差的滑轨价格相差很大，因为滑轨是经常使用的部件，购买品牌的更有保障。大品牌的滑轨使用期限都为 15 年左右，而一些仿冒产品的滑轮 2～3 个月可能就会坏掉。

3. 拉篮、拉手

拉篮和拉手的选购需要注意表面光滑，无毛刺，摸上去感觉比较滑腻。此外，还要注意拉篮和拉手的表面处理，比如普通钢材表面镀铬后质感和不锈钢类似，不要将两者混淆。另外，拉篮一般是按橱柜尺寸量身定做，所以在选购之前还必须确定橱柜尺寸。

4. 地弹簧闭门器

地弹簧闭门器有国产和进口的区分，进口质量不错，但是价格很贵，在市场上的占有量不会很多，选择时需要特别注意的是地弹簧分为轻型、中型和重型三种，轻型适用于 700～800mm 宽的门，中型适合 800～1000mm 宽的门，重型适用于 1000～12000mm 宽的门。

九、装饰线条的选购

1. 木线条选购

（1）应表面光滑平整，手感光滑，无毛刺，质感好，不得有扭曲和斜弯，线条没有因吸潮而变形。

（2）注意色差，每根木线的色彩应均匀，漆面的光洁，上漆均匀，没有霉点、节子、开裂、腐朽、虫眼等现象。

2. 石膏线条选购

（1）看表面。优质的石膏线表面色泽洁白，光整度高，且干燥结实，表面造型棱角分明，不起气泡，不开裂，使用寿命长。而一些劣质的石膏线是用石膏粉加增白剂制成的，其表面色泽发暗，表面高低不平，极为粗糙，石膏线的硬度、强度都很差，使用后容易发生扭曲变形，甚至断裂等现象。

（2）看断面。成品石膏线内要铺数层纤维网，这样石膏线附着在纤维网上，就会增加石膏线的强度，所以纤维网的层数和质量与石膏线的质量有密切的关系。劣质石膏线内铺网的质量差，不满铺或层数少，有的甚至做工粗糙，用草、布等特代替，这样都会减弱石膏线的附着力，影响石膏线的质量。使用这样的石膏线容易出现边角破裂、甚至整体断裂现象。所以检验石膏线的内部结构，应把石膏线切开看其断面，看内部网质和层数，从而检验内部质量。

（3）看图案花纹深浅。一般石膏浮雕装饰产品图案花纹的凹凸应在 10mm 以上，且制作精细，表面造型鲜明。这样，在安装完毕后，再经表面刷漆处理，依然能保持立体感，体现装饰效果。如果石膏浮雕装饰产品的图案花纹较浅，只有 5～9mm，效果就会差得多。

（4）用手指弹击石膏线表面，优质的会发出清脆的响声，劣质的则比较闷。

5.2 图解木工施工标准工艺步骤及相关验收要点

木工施工的技术含量较高，涉及的材料种类也比较多。本章根据木工常见的施工项目将木工作业分为图解推拉门制作标准工艺步骤、图解门套、窗套制作标准工艺步骤、图解天花制作标准工艺步骤、图解木地台制作标准工艺步骤、图解柜门制作标准工艺步骤、图解房门制作标准工艺步骤、图解抽屉制作标准工艺步骤、图解防潮工艺标准施工步骤、图解所有柜子制作标准工艺步骤、图解铝扣天花制作标准工艺步骤等十部分内容。考虑到木工中柜式种类虽然繁多，但是制作方法基本上大同小异，因而总体归入图解所有柜子制作标准工艺步骤进行讲解。

5.2.1 图解推拉门制作标准工艺步骤

推拉门主要有室内推拉门以及衣柜等柜式的推拉门制作。两种推拉门的制作方法基本相同，下面就其制作标准工艺步骤进行详细讲解。

第 1 步：用 18mm 厚的大芯板板开好 80mm 的板条，如图 5-73 所示。

图 5-73 开好 80mm 的板条

第 2 步：在板条的中间开好防变形槽，防变形槽的作用是防止热胀冷缩导致木板整体变形，如图 5-74 所示。

第 3 步：做好框架，用两层 18mm 板拼贴，并在正反两面贴上饰面板，最终效果如图 5-75 所示。

木工制作完成后，还需要对面层进行油漆施工，具体的施工步骤详见第 7 章。

图 5-74　在板条的中间开槽

图 5-75　门框的最终效果

5.2.2　图解门套、窗套制作标准工艺步骤

门套、窗套的制作主要是起到保护和美化门框、窗框的作用，这里的门套和窗套指的都是木门窗套的制作。其具体施工工艺步骤如下：

第 1 步：门洞留有门套高度、宽度余量，如图 5-76 所示。

第 2 步：批荡，如图 5-77 所示。

第 3 步：用冲击钻钻眼后打入木塞，木塞可以起到稳固门套的作用，如图 5-78 所示。

图 5-76　门洞留有门套高度、宽度余量

图 5-77　批荡

图 5-78　打木塞

第 4 步：打水平，如图 5-79 所示。

图 5-79　打水平

第 5 步：刷光油，贴防潮棉，起到防潮的作用，如图 5-80 所示。

第 6 步：根据图纸尺寸开料，如图 5-81 所示。

第 7 步：钉底板及侧底板，如图 5-82 所示。

第 8 步：钉饰面板，如图 5-83 所示。

图 5-80　刷光油，贴防潮棉

图 5-81　开料

图 5-82　钉底板及侧底板

第 9 步：多层板材叠加或者侧板外露都需要收口处理，一是为了美观，二是可以起到一定的保护作用。门套收口多采用木线，如果有特殊的设计要求，也可以考虑采用其他材料的线条收口。需要收口处如图 5-84 所示。

图 5-83　钉饰面板

图 5-84　需要收口处

第 10 步：刷底油及面油，如图 5-85 所示。

第 11 步：安装完毕后，检测平整度及牢固度，如图 5-86 所示。

图 5-85　刷底油及面油

图 5-86　检测

5.2.3　图解天花制作标准工艺步骤

早期天花的制作材料多为夹板。夹板施工方便，还可以方便地制作出各种天花造型，但是由于夹板防火性能不好，而公共空间对于消防的要求较高，所以目前公共空间大多采用石膏板制作天花。但是家装中，还是经常采用夹板作为天花材料。

一般情况下，夹板天花采用木龙骨做承重骨架，而石膏板天花则是采用轻钢龙骨作为承重骨架。但这也不是绝对的，石膏板天花很多情况下也会采用木龙骨作为承重骨架。铝扣板天花骨架即为轻钢龙骨和吊杆，其骨架施工在施工方法上和石膏板的轻钢龙骨施工大同小异，所以在本节的天花制作中，重点讲解木龙骨搭配夹板天花的施工工艺。

第 1 步：打好水平线，量好弹好施工线，如图 5-87 所示。

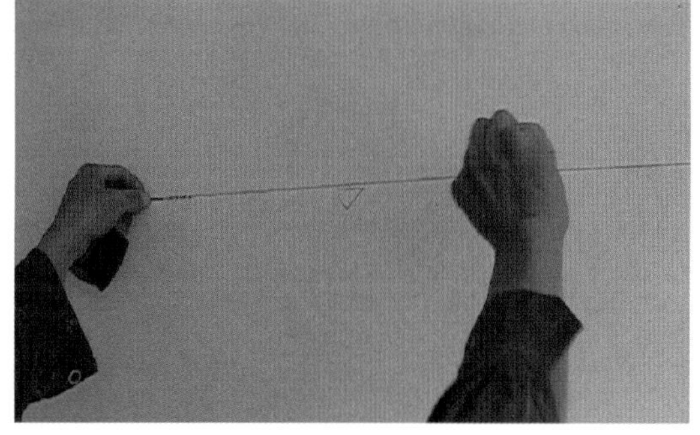

图 5-87　量好弹好施工线

第 2 步：钻眼，打木栓作为墙面的紧固件，如图 5-88 所示。

第 3 步：做龙骨架，如图 5-89 所示，有木的四周用膨胀螺栓固定，如图 5-90 所示。

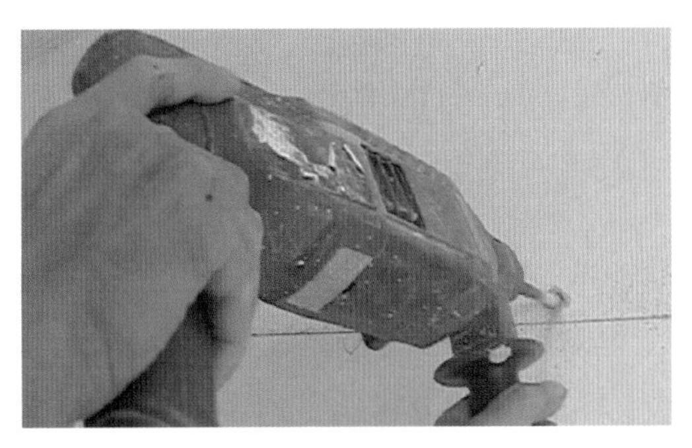
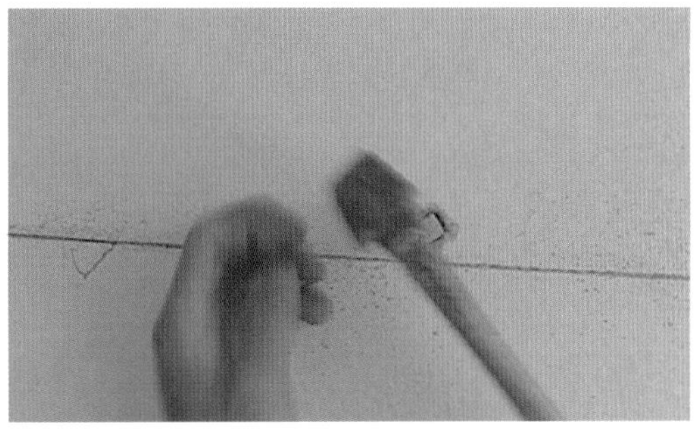

图 5-88　钻眼、打木栓

图 5-89　做龙骨架

图 5-90　膨胀螺栓固定

第 4 步：确定龙骨的水平，如图 5-91 所示。龙骨的固定要用木拉筋拉在主龙骨上，上方要用膨胀螺栓，拉筋打做人字形，如图 5-92 所示。

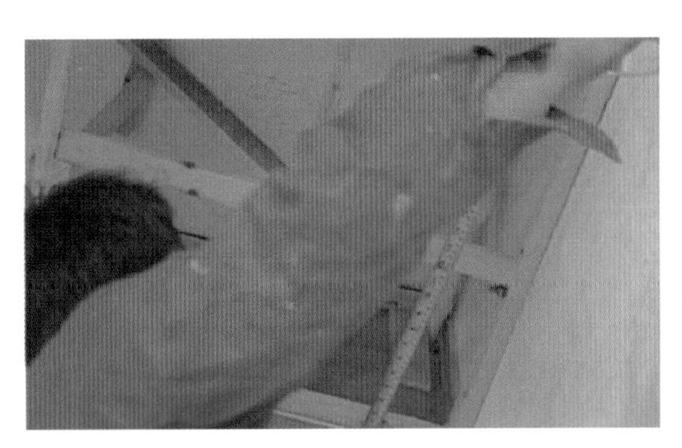

图 5-91　确定龙骨的水平

图 5-92　拉筋打做人字形

第 5 步：封板。木板用胶水和射钉枪固定，如图 5-93 所示。石膏板用专用石膏板螺栓固定，如图 5-94 所示。

第 6 步：转角处用七字型板封制，如图 5-95 所示。

第 7 步：有灯槽的槽内一定要封底板，不能见到龙骨，如图 5-96 所示。

第 8 步：铝塑板天花必须用夹板做底。

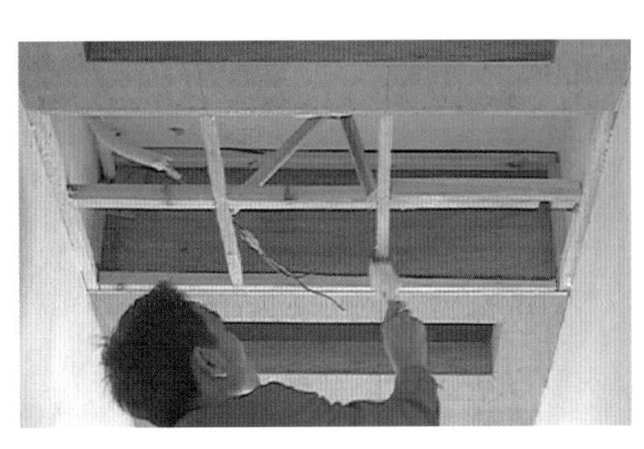

图 5-93　刷胶及钉板

图 5-94 石膏板螺栓

图 5-95 七字型板封制

图 5-96 灯槽槽内封底板

5.2.4 图解木地台制作标准工艺步骤

第 1 步：根据图纸定位，如图 5-97 所示。

第 2 步：根据需要开料，如图 5-98 所示。龙骨架须采用 18mm 板。

图 5-97 根据图纸定位

图 5-98 开料

第 3 步：地面垫防潮棉，并沿墙壁刷好防潮层，如图 5-99 所示。

第 4 步：打钉固定龙骨架，如图 5-100 所示。

图 5-99 防潮处理

图 5-100 固定龙骨架

第 5 步：封台面板，如图 5-101 所示。

图 5-101　封台面板

图 5-102　开条

5.2.5　图解柜门制作标准工艺步骤

这里所讲的柜门指的是平开门的制作，具体施工工艺步骤如下：

第 1 步：根据设计图纸中柜门的大小，采用 9mm 厚的夹板开条做柜门的架子，如图 5-102 所示。

第 2 步：两面贴夹板，如图 5-103 所示。再在夹板上贴装饰面板，如图 5-104 所示。

图 5-103　两面贴夹板

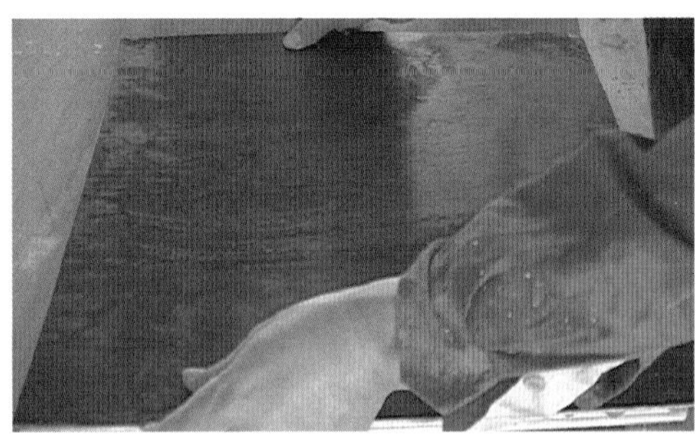
图 5-104　夹板上贴装饰面板

第 3 步：使用刨子清边，如图 5-105 所示，最好在柜门的侧边采用射钉枪打上木线作为收口，如图 5-106 所示。

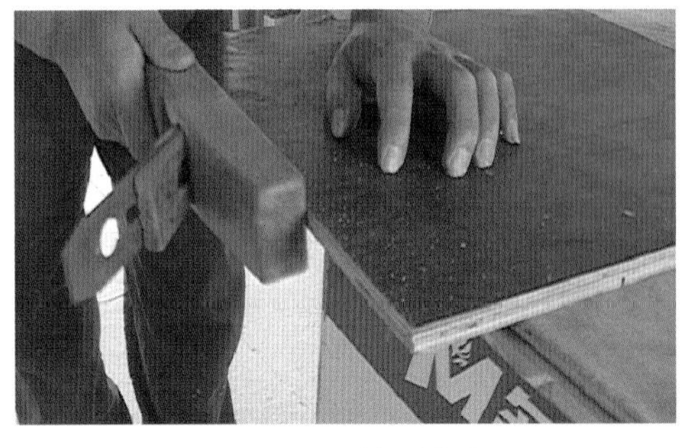
图 5-105　刨子清边

图 5-106　木线收口

5.2.6　图解房门制作标准工艺步骤

现场制作的房门多为饰面板装饰的平板门或者简单的造型门，对于复杂造型的实木门，最好还是由商家定做并安装。

第 1 步：根据设计要求，采用 18mm 大芯板开料，如图 5-107 所示。

第 2 步：框架内错开连接，如图 5-108 所示。门锁内用板条填实，如图 5-109 所示。

图 5-107　开料

图 5-108　框架内错开连接

图 5-109　门锁内用板条填实

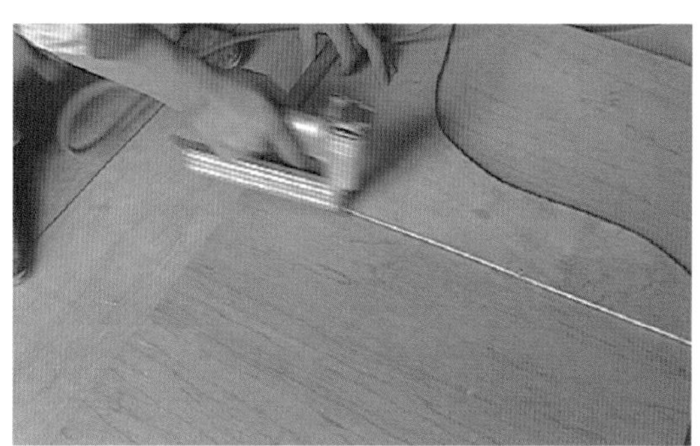

图 5-110　两面封夹板

第 3 步：用射钉枪两面封夹板，如图 5-110 所示。再贴上面板，如图 5-111 所示。门边线注意收口。

第 4 步：安装合页，安装时合页一定要两边开槽，如图 5-112 所示.

图 5-111　贴上面板

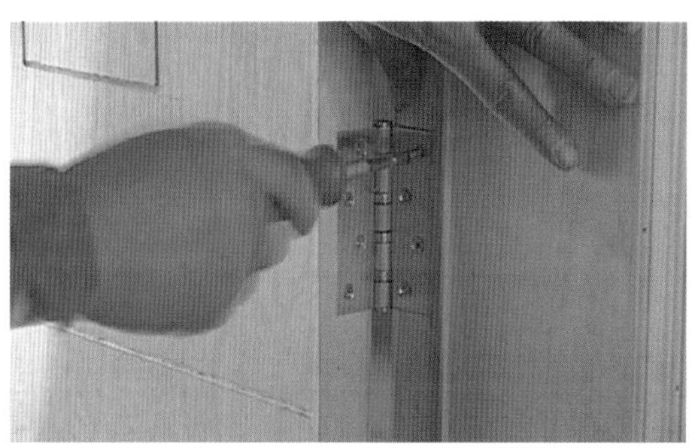

图 5-112　安装合页

5.2.7　图解抽屉制作标准工艺步骤

抽屉有很多种，如衣柜抽屉、书桌抽屉、鞋柜抽屉等，其实每种抽屉在制作方法上都是一样的，具体如下：

第 1 步：按照图纸要求开好料，采用 9mm 夹板，如图 5-113 所示。

第 2 步：在夹板上两面贴饰面板，如图 5-114 所示。

图 5-113　开料

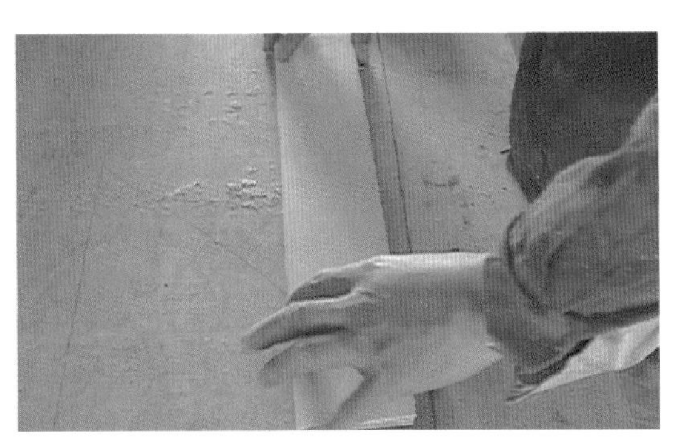

图 5-114　两面贴面板

第 3 步：钉好框架，如图 5-115 所示。用 5mm 夹板加面板做底板，如图 5-116 所示。

第 4 步：封挡板，如图 5-117 所示。

第 5 步：实木线条收口，如图 5-118 所示。

图 5-115　钉框架

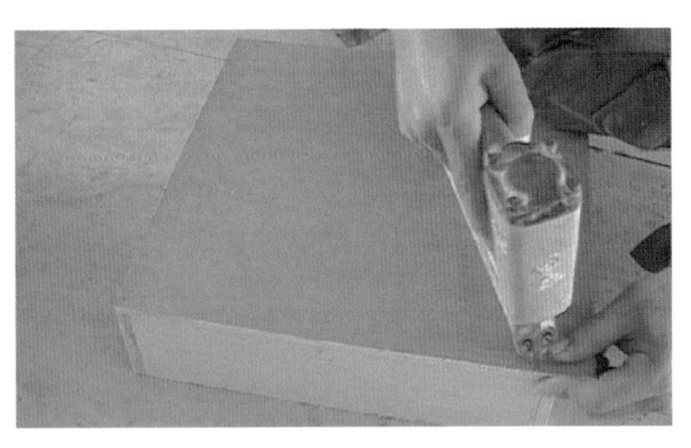

图 5-116　做底板

图 5-117　封挡板

图 5-118　实木线条收口

5.2.8　图解防潮标准工艺步骤

防潮施工也是一项非常重要的隐蔽工程，对于一些贴墙的柜子，尤其是一些固定的柜子，做好防潮处理是非常必要的。特别是在南方地区的低层建筑中，一到梅雨季节，空气非常潮湿，柜子的内壁很容易发霉。

第 1 步：清理基层，保证涂刷防潮层的位置平整干净，如图 5-119 所示。

图 5-119　清理基层

第 2 步：防潮油涂刷墙面和地面要超出木制品的长、宽度至少 10mm，如图 5-120 所示。

第 3 步：防潮油涂刷木制品背板上，如图 5-121 所示。

第 4 步：在涂好防潮油的木制品背板上贴上防潮棉，如图 5-122 所示。

图 5-120　涂刷墙面和地面

图 5-121　涂刷木制品背板

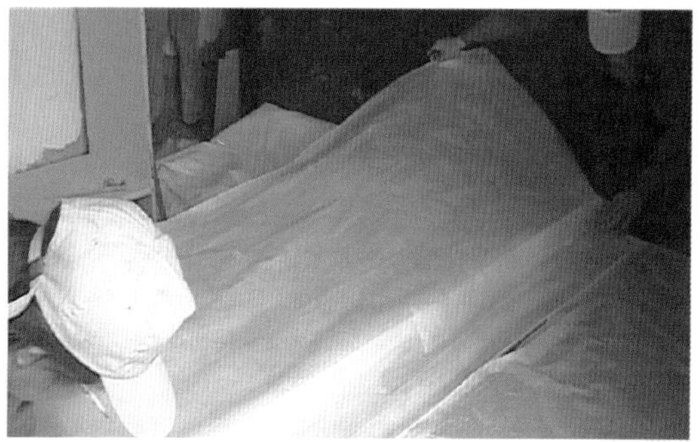

图 5-122　贴上防潮棉

5.2.9　图解所有柜子制作标准工艺步骤

柜子的种类非常多，常见的有书柜、衣柜、鞋柜、装饰柜等，其中又有很多种样式。但是各种柜子在制作上基本上都是大同小异，所以在本节中以衣柜为例，讲解所有柜子的制作工艺。

第 1 步：按照设计图纸的尺寸开好板料，如图 5-123 所示。接着按照图纸样式用射钉枪钉好柜子，如图 5-124 所示。

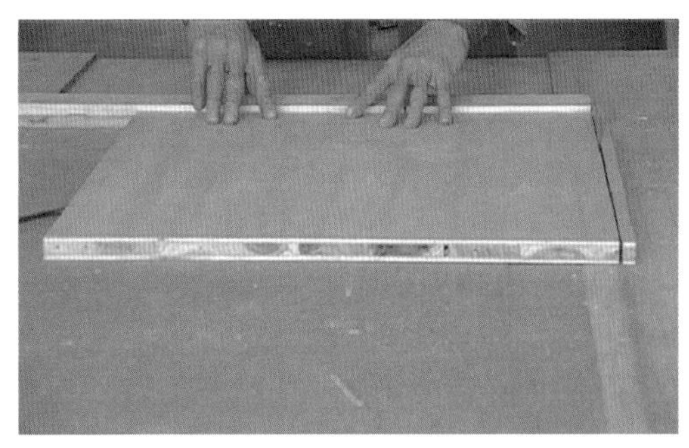
图 5-123　开好板料

图 5-124　钉好柜子

第 2 步：钉饰面板，如图 5-125 所示。

第 3 步：做防潮，防潮做法参照 5.2.8，如图 5-126 所示。

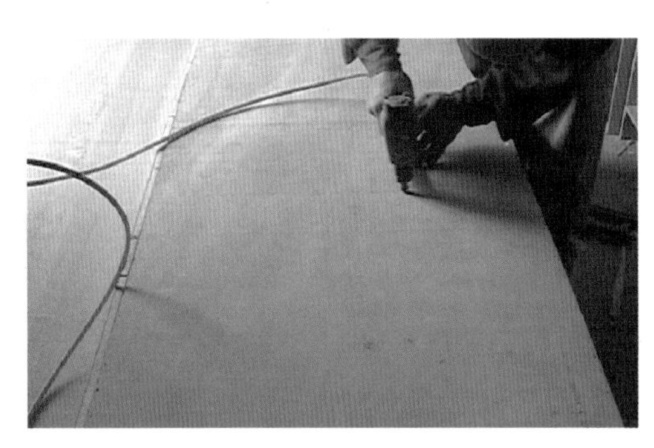
图 5-125　钉饰面板

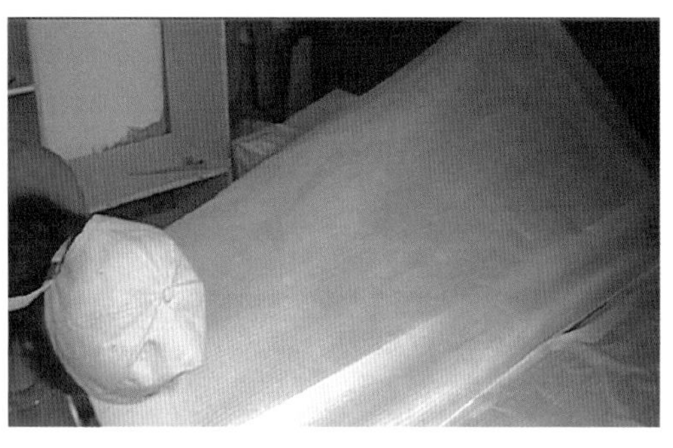
图 5-126　做防潮

第 4 步：粘钉收口线，如图 5-127 所示。

第 5 步：安装五金件，如图 5-128 所示。

图 5-127　粘钉收口线

图 5-128　安装五金件

第 6 步：刮底灰，刷底油及面油，如图 5-129 所示。

第 7 步：检查，如图 5-130 所示。

图 5-129　刷底油及面油

图 5-130　检查

5.2.10　图解铝扣天花制作标准工艺步骤

铝扣板天花是最为常见的天花品种，多用于公共空间，如会议室等，在家庭装修中则广泛地应用于厨卫空间中，已经完全取代了之前的 PVC 吊顶。

第 1 步：按照图纸尺寸定位，弹出水平线，如图 5-131 所示。

图 5-131　定位

第 2 步：四周墙上用玻璃胶粘紧铝角线，如图 5-132 所示。

图 5-132　粘紧铝角线

第 3 步：在楼板上用冲击钻打眼，装吊杆，如图 5-133 所示。

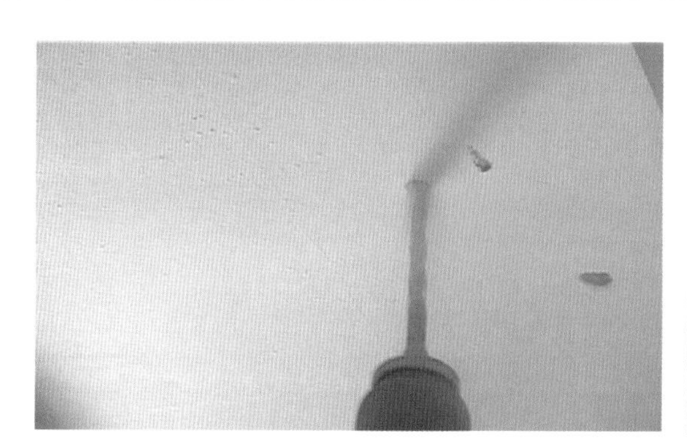

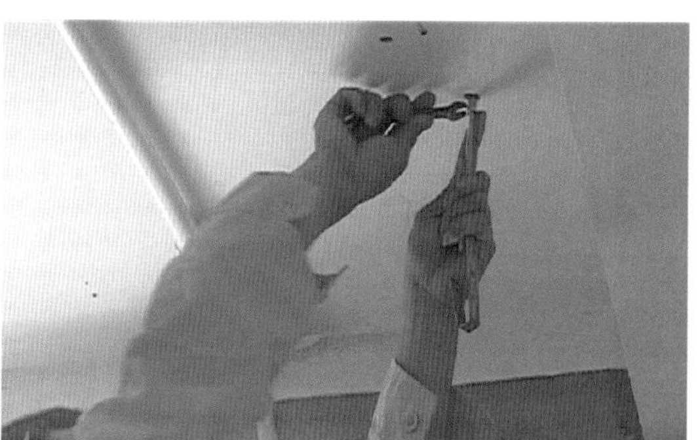

图 5-133　装吊杆

第 4 步：接龙骨，如图 5-134 所示。

第 5 步：把铝扣板扣上即可，如图 5-135 所示。

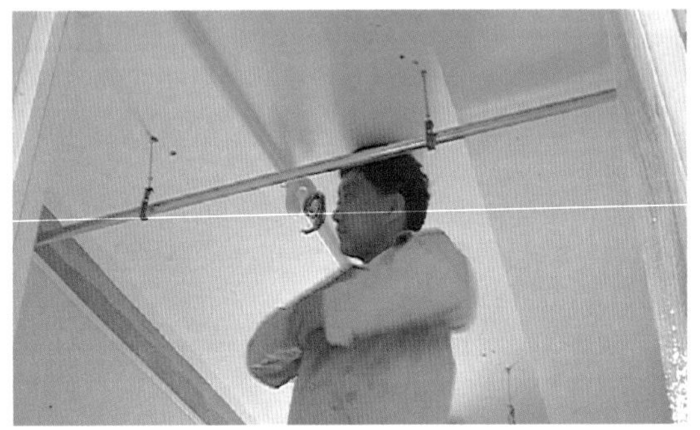

图 5-134　接龙骨

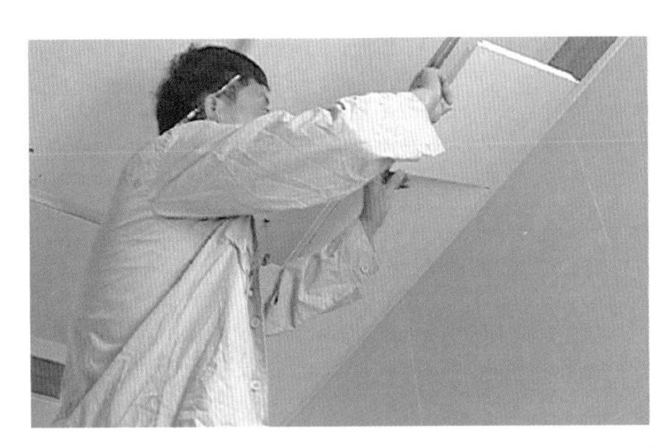
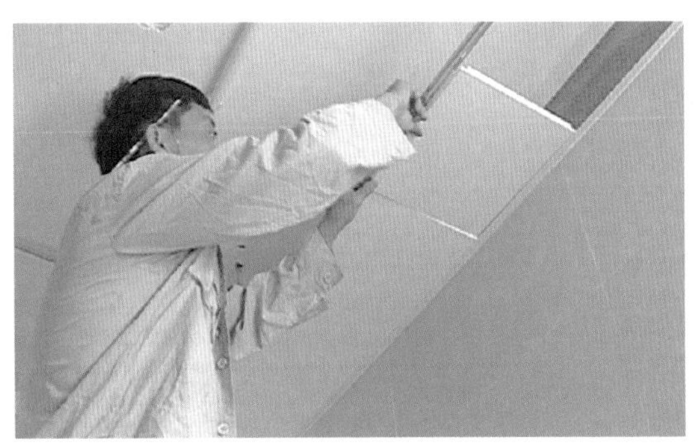

图 5-135　把铝扣板扣上

5.2.11　图解石膏板天花制作标准工艺步骤

天花制作的种类有很多，按照施工做法分主要有平天花和造型天花，平天花指整个都是平面的天花，造型天花则是具有各种变化艺术性的天花。不管何种天花，采用的材料多为木龙骨 + 石膏板、木龙骨 + 夹板、轻钢龙骨 + 石膏板等三种方式。限于篇幅，没办法一一列举，下面以木龙骨 + 石膏板为例进行说明。

第 1 步：弹水平线，如图 5-136 所示。

第 2 步：上拉爆螺栓固定龙骨，如图 5-137 所示。

图 5-136　弹水平线

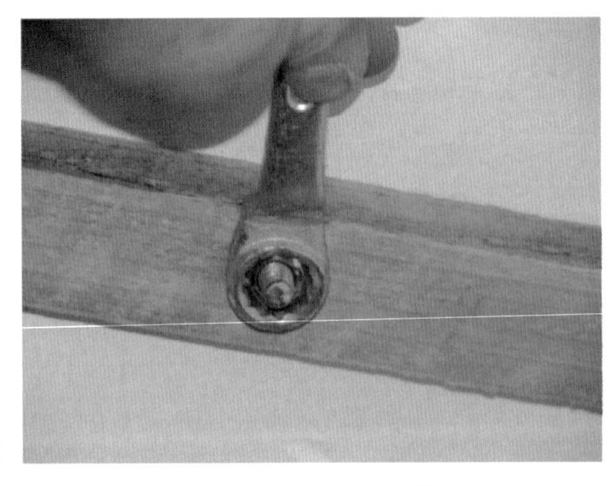

图 5-137　上拉爆螺栓

第 3 步：制作完成 300mm × 300mm 的方格子龙骨，如图 5-138 所示。

第 4 步：安装木龙骨，如图 5-139 所示。

图 5-138 制作 300mm × 300mm 的方格子龙骨

图 5-139 安装木龙骨

第 5 步：上防火涂料，如图 5-140 所示。

第 6 步：封底板，如图 5-141 所示。

图 5-140 上防火涂料

图 5-141 封底板

第 7 步：上石膏板，如图 5-142 所示。上完石膏板后效果如图 5-143 所示。

第 8 步：将石膏板上的钉眼点上防锈油，如图 5-144 所示。

第 9 步：最终刷完乳胶漆效果如图 5-145 所示。

图 5-142 上石膏板

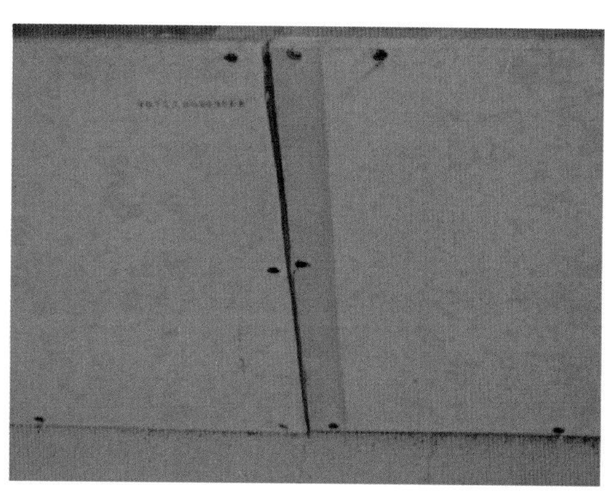

图 5-143 上完石膏板后效果

图 5-144　钉眼点防锈油

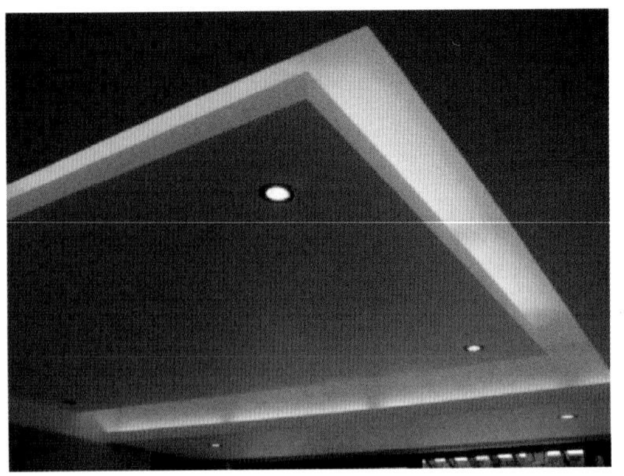

图 5-145　刷完乳胶漆后效果

5.2.12　木工施工验收要点

随着成品家具市场的发展，木工在家装中占的比重逐渐下降。不过不少业主家还是有很多的木工活，为保证制作质量，在木工施工过程和施工完成后，需要仔细检查和验收。下面就介绍一下家装中常见的家具、门窗和木龙骨吊顶三个木工项目的验收。

1. 家具制作验收要点

不少业主选择请木工到工地现场打造家具，这样做虽然花费较多，但是能够看到整个制作过程，比较容易控制家具的造型和风格，打造的家具能够与整体的家居风格更匹配。不过要注意的是，木工现场制作的家具需要经过严格的验收，如果发现问题，要及时整改。下面看看木工制作家具的验收要点。

（1）看是否符合设计要求。请木工现场制作家具，需要先做好家具的设计图纸。验收的时候首先看是否按照图纸制作，其次看材料是否选用的是规定的材料，有无以次充好的情况。

（2）看缝隙尺寸大小。验收时要看木封口线、角线、腰线饰面板碰口缝不超过 0.2mm，线与线夹口角缝不超出 0.3mm，饰面板与板碰口不超过 0.2mm。

（3）看结构和造型。无论水平方向还是垂直方向，正确的木工做法都是应是直平的；检查弧度与圆度是否顺畅、圆滑，除了单个外，多个同样造型的还要确保造型的一致。应保证木工项目表面的平整，没有起鼓或破缺，对称性木工项目应做到对称。

（4）看转角和拼花。木工活正常的转角都是 90° 的，特殊设计因素的除外；正确的木质拼花，要做到相互间无缝隙或者保持统一的间隔距离。

（5）看柜门开关是否正常。验收柜体柜门时，要试试其开关是否正常，柜门开启时，应操作轻便、没有异声。

（6）看钉眼有没有补好。吊顶结构所用的钉子，都需要在钉眼上涂上防锈漆，并在木工项目完成后检查装饰面板钉眼有没有补好。

2. 木门窗验收合格

木门窗在家装中常作为室内门、室内窗，虽然不需面对风雨，但是其制作安装效果对于整个家居装修效果影响很大，且如果质量存在问题，对后期使用和修复都造成很大的麻烦。因此木工验收时，需要重点检查好木门窗。

（1）检查门窗外观。要求木门窗的表面漆膜要平滑、光亮，无流坠、气泡、皱纹等质量缺陷，没有腐蚀点、死节、破残；包门窗套使用木材应与门窗扇的木质、颜色协调，饰面板与木线条色差不能大，树种应相同。

（2）检查方正度。门窗扇要方正，不能翘曲变形，门窗扇刚刚能塞进门窗框，并与门窗框相吻合。如果门窗扇与框缝隙大，主要是因为安装时刨修不准或者是门窗框与地面不垂直，可将门窗扇卸下重新刨修；如门窗框不垂直，应在框板内垫片找直。

（3）检查门窗套基层。门窗套用细木工板或密度板制作时，应先将基层板固定在窗框基层龙骨上，再钉线条。用手敲击门窗套侧面板，如果发出空鼓声，就说明底层没有垫细木工板等基层板材，应拆除重做。

（4）检查门窗合页。合页安装位置要准确，安装需牢固。如果合页没上正，就会导致门窗扇与框套不吻合，门窗开关不顺畅。如果合页螺栓短，或者上螺栓时一下钉进去，没有拧螺栓，或者螺栓拧斜了，都会导致门窗扇打逛。

（5）检查门窗锁。门窗锁的开、锁要顺利，锁在门扇和门框上的两部分要吻合。锁装得不合适，会造成门扇开关不自如。另外，门的开启方向也要符合要求。

3. 木龙骨吊顶验收

木龙骨吊顶施工属于隐蔽工程施工，不能完工后再验收，因此需要在施工中期验收，验收要点如下：

（1）检查木龙骨质量。使用的木龙骨应无节疤，节眼不能大于截面的1/3。水平木龙骨截面尺寸应该达到要求，小面积吊顶25mm×30mm，大面积吊顶25mm×35mm。

（2）看龙骨是否做了防火处理。吊顶的木龙骨必须进行防火阻燃处理。应该在安装前涂刷防火涂料，涂料必须满涂覆盖木质，眼观无木质外露。涂料厚度、涂刷方法应符合相应涂料使用说明的要求。

（3）检查龙骨间距。主龙骨间距不大于300mm，次龙骨间距不大于400mm，悬臂式龙骨的挑出长度不宜大于150mm，有特殊设计要求的应依据设计要求处理，但须进行加固。

（4）检查安装是否牢固。木龙骨安装需牢固，骨架排列应整齐顺直，搭接处无明显错台、错位。木龙骨吊杆间距不应大于600mm，且在横向龙骨的两侧对称配置，水平木龙骨与罩面板接触的一面必须刨平，次龙骨在接处对接错位偏差不应大于2mm。

4. 木器坚固稳定性检查

木工施工最容易出现的问题就是稳固性问题，这也是最致命的问题，门套与墙体连接不稳固、柜子安装不牢固等，都会影响房子的使用。

5. 木工细节检查

款式再好，外观再华丽，如果做工精细度不足，成品出来的效果也是差强人意的。因此，检查木工制作的关键是看好做工，细致的手艺、边缘、表面的处理都是不容小觑的。

6. 木制品外观验收

木制品的外观流畅度是影响整体感官的重要指标，横平竖直、弯曲表面流畅必须做好，这些细节都是让木制品更加精美的关键因素。

5.3　木工施工注意事项

5.3.1　木工施工总体要求

1. 木工施工口诀

熟悉图纸　因地制宜　布置合理　恰到好处
安排得当　施工到位　大小适宜　防潮严密
因材施用　精细选材　合理用材　节约材料
框架牢固　结构合理　横平竖直　间隔合适
饰面平整　着胶均匀　钉眼细少　色调相衬
线条平直　木纹一致　留缝均匀　色泽分明
收口紧密　光滑平整　遮盖合理　弧度畅顺
外形美观　灵活安全　即无碰伤　又无缺棱

2. 施工注意事项

（1）木工工具必须保持良好的工作状态，经常验收，凡是陈旧、老化、损坏了的工具应及时更换。

（2）事先尽可能精确计算用料，对材料应因材施用，合理选材、节约用材、不浪费材料，尽量提高材料利用率。

（3）对施工现场中所有本工程所用材料进行检查，发现不合格品，搁置一边停止使用。

（4）对施工图不能理解或发现与现场不相符的，不要盲目下料制作，应约同监理及设计师到现场解决。

（5）对柜门、墙面、墙裙及木制作家具饰面板应进行挑选，尽量保持颜色一致。

（6）如果面贴防火板，基材表面要清理干净，尺寸规格必须准确，用白乳胶加木胶粉压贴，涂胶必须在防火板及作业面满刮均匀，压贴力度要足够、均匀，压贴时间不低于4天。

（7）实木线条与饰面板要求为同一材质。不超过2000mm长度收口线不许有接口，弧形收口线不许横面切口，采用多层加厚法做。

（8）面板镶嵌铝条项目，木工先开好槽，待油漆完成后再镶进去。

（9）施工现场保持清洁卫生，材料堆放整齐。

3. 木工施工前期准备

在木工进场之前，必须保证有些施工已经完成，否则，会给施工带来困难。

（1）泥工砌墙、抹灰已完工，检验合格。

（2）水、电前期施工已完成，检验合格。

（3）厨房、卫生间防水已做好，检验合格。

（4）泥工铺贴客厅、餐厅、走廊地面抛光砖或大理石已完工，检验合格，并已作好地面保护。

木工进场后，还有些前期准备工作，如：

（1）首先需要核对施工图与现场实际情况尺度是否相符，发现问题及时提出，有利更正。

（2）搭好工作台。

（3）打水平线与泥工保持一致，一般确定在1～1.5m高处弹线。

（4）与业主解释施工图，使业主在开工前对每一个木制品有一个清晰的概念。

（5）测定楼面及梁的标高以利确定天花标高。

5.3.2 防潮施工

考虑到木制产品容易受潮吸水，导致发霉腐烂等问题，所以在施工中对于木制品进行相应的防潮处理是非常必要的。木工防潮施工主要在板材与墙面或地面接触，易受潮的部位做防潮层，防止板材或面板受潮后发霉变色，影响木制品的寿命和美观。

防潮使用的材料有防潮涂料和光油两种，一般在墙面刷防潮涂料，在靠墙的木制品板面刷光油，木地台在地面做防潮层。防潮涂料要求使用环保型材料，避免有害物质，污染室内静空，有害人体。

防潮施工具体操作要点如下：

（1）防潮涂料。做防潮的部位要平整，不平整的墙面、地面必须要求泥工整平后再进施工，并在刷防潮涂料前先将基层表面清理干净。要求刷二遍防潮涂料，且必须做到严密无缝隙、无洞眼、无漏刷，这样才能彻底阻止墙内水汽外冒。

（2）光油。靠墙的木材板面刷光油。一般要求刷二遍，应均匀、严密、无漏缝、无漏刷、无洞眼，使其形成一种油性皮层，堵塞板材毛孔，防止水气渗入板内。

（3）刷防潮涂料的面积，要求超出木制品的外沿，长宽各100mm为宜。

（4）木制品与墙面、地面接触的有门窗套内、柜灯背面、墙背面、墙面造型背面、地脚线内、床头内、对景台背面、写字台、电脑台、电视柜、梳妆台背面、酒吧、屏风侧面、地台下等部位。厨房、卫生间的木制品，应注意墙、地面防水，厨房、卫生间的门套更要注意地面的潮湿，其底部离地面应隔 200mm 以上为宜，以防止水气上渗，腐蚀门套。

5.3.3　门及门套制作安装

1. 检查门洞

（1）检查门洞是否符合要求，用直尺、角尺、吊线锤检查门洞是否方正、平整，位置是否合理。

（2）检查门洞尺寸是否符合图纸要求、标准。一般来说，标准门洞预留尺寸是宽 850～860mm、高 2080～2100mm 为宜，如门洞过大应通知监理请泥工填补，门洞过小要打大到符合要求，并修补好，待其干透后再进行下一步施工。

2. 门套制作

（1）用冲气钻在门洞墙内打眼，一般用 10～12mm 钻头，眼洞位置最好呈梅花形，不得一排眼到底，避免不牢固。

（2）用合适大小的木条做木塞打入眼内，预留在外部只能 8～10mm 长。

（3）在墙上刷好防潮涂料。

（4）用 15～18mm 大芯板开好与墙体同样宽度的板条，做成框架或直接钉板，如与墙体有空隙时一定要填实（用细板），在靠墙的一面应刷上光油。定位，吊线，垂直度、水平度应符合规范要求，用钉固定门框底板，再用 9mm 夹板钉内框，并预留门扇子口，计算好子口的宽度，预留适合门扇厚度，不得出现露缝或出边现象。同时，应计算好预留门槛的高度或室内铺木地板、大理石地砖的厚度，使安装门扇成活后门扇与地面的缝隙 8～10mm 为宜，门套线，即卫生间、厨房应吊 1cm 脚，以防发霉；门套的框架就已基本构成。

（5）门套线要确定宽度及造型，颜色一致。门套扁线或碰角有包边的底板用 9mm 夹板打底，最好嵌入墙内，靠墙一面刷上光油，同样钉牢在木塞上。

（6）门套饰面板，用白乳胶粘贴，用小许纹钉钉牢，碰角 45° 要密缝，不得出现翘曲、锤印、钉冒、钉眼过多等现象。

（7）门套扁线及收口线条粘贴严密，45° 碰角密缝，不得出现翘曲、锤印、钉冒、钉眼过多等现象。

（8）在同一墙面或同一走廊，门上边一定要在同一水平线上，不得出现高低不平，影响整体美观。

（9）门套线外侧的空位用同类的实木线条收口，不允许用饰面板。

实木线条收口的程序如下：

（1）检查线条是否顺滑，不平整时刨平为止。

（2）8mm 以上的实木线条在其背面开 1～2 条其厚度一半深的平衡缝。

（3）将胶水打在实木线条外侧 3mm 的位置，即实木线条的两外侧。比较宽且薄的线条中间需加涂胶水。

（4）线条尽量采用蚊钉固定，有难度时用射钉固定。打钉时间距为 6cm，钉的位置尽量靠线条的外侧，并朝内斜钉。

（5）粘钉完成后用板条垫住敲压一遍。

（6）将外溢的胶水用湿布擦干净。

3. 门扇制作安装

（1）依据施工图及门套洞口尺寸净宽开料压门。

压普通门扇一般采用如下方法：15+15+3+3+3+3=42mm 厚；18+9+9+3+3=42mm 厚；18+9+5+5+3+3=43mm 厚；28 开条 +4+4+3+3=42mm 厚；

具体为用 15mm 大芯板二层、18mm 大芯板一层两面加 9mm 夹板、18mm 大芯板一层加 9mm 夹板一层，或开 28mm 板条侧立，构成门扇框构，中间填实。正反两面再用 5mm 夹板或 4mm 夹板或 3mm 夹板用胶压实，或同时压面板，或待底板压实后再压面板，一般普通门扇厚 42～45mm 为宜，压 8～12 天，待定型后再起用。空心门装锁处要用板压实，以防空心不方便装锁。

（2）凸造型大门一般采用 15+9+9+3+3+3+3=43mm 厚。具体为采用 15mm 大芯板一层加 9mm 夹板二层，打锯路钉框，预留凹口尺寸，其余填实，正反两面压 3mm 夹板，等压实定型后，挖去 3mm 夹板，刚好露出 12mm 凹口，再贴面板钉 12mm 阴角线，门厚一般 45mm 为宜。

（3）门扇收边：先将压实的门扇四周清边平直，然后再用 50mm 宽、8mm 厚扁线四边收口，收口扁线应与门扇面板一致光滑平整，一般用络锯及小刨清理平整光滑，不得出现露缝、毛刺、锤印、翘角或不平等现象。

（4）门扇有拼块时，应镶拼严密平整，拼花平整，金属拼块、金属条等应平整光滑。

（5）门扇安装：

1）合页安装要求两边开槽，用不锈钢螺栓固定。

2）普通门扇安装一般用 2～3 个铰链，房门超过 2.1m 必须安装三个合页。凹凸大门采用 3 个以上铰链。

3）注意门扇与门套面板，在开料前必须选料，应保持颜色一致。

4）门的拉手距地面宜在 0.9～1.05m 的位置。

5）所有玻璃门采用从上向下插入式，且正反面周边打玻璃胶。

（6）木门安装应符合下列规定：安装必须牢固，高低一致，门扇与门框之间的空隙在 2～3mm 之内，裁口平直，刨面平整、光滑，门扇开启灵活，无阻滞及回弹，无锤印、碰伤、缺楞等现象，不翘角、掉角、露缝、拼块严密、厚度均匀、外观洁净，络缝平直，弧线顺畅。

5.3.4 推拉门、折叠门制作及安装

推拉门常用于书房、阳台门、厨房门、卫生间门或其他休闲区，一般都用清玻璃或者磨砂玻璃配木格装饰，增加其透光度，即美观又有扩大空间视野的感觉。折叠门的使用功能与推拉门相似，但打开时可全数折叠到一边，使进入更加宽敞自如。

推拉门、折叠门套制作大体与房门套相似，但注意门套轨道槽的预留宽度。一般分单道轨和双道轨槽，在下料时应计算好槽内宽度。单道轨槽内宽度为 50～60mm，双道轨槽内宽度 100～120mm。槽内高度应根据吊轮大小而定，一般以 55～60mm 为宜，吊轮藏于轨道槽内。轨道固定每米不低于 4 颗自攻丝，推拉门轨道安装必须能拆卸。暗藏推拉门轨道分成两段安装。推拉门套的上方尽量制作成加高边 4cm，以便盖住其门套上口与墙体的接口缝。暗藏推拉门暗藏部位空间必须刷白或贴防火板。

推拉门、折叠门套有平口和留子口两种制作方法，一般以预留子口为宜，因为将门推拢后，门扇嵌入子口内不易露缝，平口推拢后如门扇稍有不平或变形就很难密合，必然露缝，制作时应加以注意。

其施工注意要点如下：

（1）推拉门、折叠门扇的制作，依据施工图及门套预留的净宽开料、压门。

（2）推拉门应计算好门扇与门扇的搭接宽度，用子母缝搭接时门扇应保证绝对平直，不变形，否则，拉拢时难入槽，容易露缝。

（3）折叠门最好成单，以便安装吊轮折叠。折叠门不宜过宽，应在 300mm 为宜。

（4）推拉门、折叠门扇一般用二层 18mm 大芯板或二层 15mm 大芯板，80～100mm 宽板条打锯路钉框，错位叠放用胶压实，不得用大芯板挖空制作，浪费材料，加贴两边面板门扇厚度以 42mm 为宜。

（5）推拉门、折叠门制作木格花、铁花，安装时应平整紧贴玻璃，不得起拱、翘曲。推拉门如果是木格玻璃门，面板需整板开挖。

（6）门边收口扁线与房门相同，框内靠玻璃收口线条应平直，与门扇面板一致，光滑平整，缝隙严密。

（7）推拉门、折叠门面板颜色与门套保持一致。

（8）推拉门、折叠门安装道轨一定要绝对平直，否则，长期使用后会推拉滞呆或推拉不动。

（9）推拉门、折叠门安装后，轨道应采用面板或者线条做收口处理。

（10）推拉门、折叠门安装应符合下列要求：安装必须牢固，推拉灵活流畅，门页高低一致，横平竖直，大小一样，拉拢后不得出现倒顺V字形；门页与门页之间在横向留缝5mm左右，以免推拉时碰撞；轨道应封面板或线条收口，底部装轮带、铜条、铝合金槽等应牢固；木方格为双面，铁花为单面，紧贴玻璃，不得出现起拱或翘曲和推拉时有响声；折叠门应折叠灵活方便，其余与推拉门相似。

5.3.5 柜类制作安装

柜的种类一般有衣柜、书柜、工艺柜、酒水柜、电视柜、金鱼缸柜、壁柜、储物柜、鞋柜、角柜、矮柜、吊柜、地柜等。虽然各种不同功能的柜子种类非常多，且又各具不同的样式，但是各种柜子的施工制作工艺却是大同小异的。下面将重点讲解衣柜和书柜的制作安装，其他柜式的制作安装参照进行即可。

1. 柜类制作安装的总体要求

（1）造型、结构制作和安装应符合设计图纸要求，并应因地制宜，与施工现场尺寸要吻合、协调。

（2）框架应垂直水平，表面应砂磨光滑，不应有毛刺、锤印、刺痕、碰伤等现象，面板与收口线条应粘贴平整牢固，不脱胶、不翘角。

（3）柜门安装牢固、开关灵活，上下横竖缝一致，横平竖直；拼板、拼块平整严密，镶贴金属块、金属条应平整、严密、牢固，安装玻璃层板应磨边，不得有裂痕、裂纹、破损等；玻璃胶细小平直；柜内板面粘贴牢固不起拱、无钉帽、破损等现象；柜内抽屉、层板等都应用线条收口。

（4）其他柜式总体要求。

1）电脑桌的键盘抽屉必须超过桌面的2/3深度，三节轨为暗藏式样，安装在其两侧。

2）鞋柜往里倾斜的层板，靠背板的内侧必须留有漏尘缝，鞋柜内部用防火板饰面。

2. 衣柜制作安装

（1）搭框架。

1）审阅施工图是否与实地尺寸相符，如误差过大必须和设计师及监理现场更改，并签字为据，彻底解决问题后再下料制作。

2）测量衣柜与墙面接触的面积，一般按长宽延长100mm的部位线，沿线刷好墙面防潮涂料，衣柜背板刷光油。

3）开料应计划好，剩余的边角料不得浪费，留下来做地台或其他用途。

4）搭架一般采用18mm和15mm大芯板做框架，18mm大芯板为边框，15mm大芯板为间板，高于2400mm或宽于2400mm的衣柜，中间驳接各用9mm夹板为双面合拼。

5）衣柜背板必须用5mm夹板，如墙不平整或衣柜内空格较大，应钉横向9mm夹板条加固，避免背板变形与松动。

6）衣柜在搭架时应检查下料尺寸是否正确，拼拢后应拉对角线，用角尺量直角，保证垂直水平。

7）衣柜在定位时必须吊垂直线，用角尺量水平直角，到符合规范要求为止。

8）衣柜内间隔与抽屉尺寸位置必须预留准确。

9）衣柜做推拉门或安装由厂家定做的推拉门，搭架时前方预留80～100mm空位，以便安装道轨及挂柜门。

（2）压柜门。

1）依据预留柜门洞尺寸的大小开料。

2）压衣柜门一般采用：9+3+3+3+3=21mm；9+4+4+3+3=23mm；9+5+3+3=20mm。

具体采用9mm夹板开条，打锯路，开始压门先在下面搁一块已开好的3mm或4mm夹板，着胶，再将9mm夹板条排外框，然后依次填实，着胶，再在上面加3mm或4mm夹板，或同时压面板，或待底板压实后再压面板，一般与房门同时压在一起（将各门编号避免搞错），8～10天待其定型后再起用。

（3）贴面板、收口。

1）衣柜侧面不靠墙的应贴面板，应着胶均匀，黏结牢固，面板平整。

2）衣柜架外侧用2～2.5mm扁线收口，收口线条应平直、严密牢固，用络锯或小刨清边刨平，再打砂纸，做到光滑平整。

（4）柜门清边、收口、拼块。

1）压柜门时一般下料尺寸都留有足够的余地，所以起用时必须重画线清边。

2）柜门清完边后按编号试一下大小，检查面板颜色是否一致（在开料之前就应选料）。

3）门边收口线条应细致、耐心，由专人操作，先以一方开始，断收口线条，锯斜口碰角，着胶，沿四周一圈加小许1.2纹钉钉牢，再用络锯清线条边，然后用小刨刨平与面板严密无缝，用砂纸打几遍到平整光滑为止。

4）有些柜门有木拼块、拼花金属拼块、金条嵌玻璃等，应按设计要求做到拼块严密、平整光滑，金属条恰到好处，玻璃应预留有嵌玻璃的凹位。

（5）柜门安装。

1）柜门安装时先试大小是否合适。

2）1.2mm以上的柜门应安装3个以上烟斗铰。

3）安装烟斗铰之前应划线定位，不得弄错，一旦开孔搞错了，再补会影响柜内美观。

4）柜门安装后应进行调试，缝隙均匀，横平竖直，大小一致。

5）柜内安装后及时加中缝挡风板条和上门吸。

6）保证柜门安装的平整度，控制在相差不大于3mm。

7）最后检查柜门内是否有毛刺、碰伤、裂痕等，发现及时改正处理好。

注：以上也可适用于矮柜、储物柜、壁柜、鞋柜、地柜、吊柜等的验收检查评定。

3. 书柜制作安装

（1）搭框架。

1）认真检查施工图是否与现场实际尺寸相符。

2）测量书柜与墙面接触的面积，一般按长宽各延长100mm的部位线，在墙面刷好墙面防潮涂料、书柜背面板刷光油。

3）开料计划好板料用度，尽量节约剩余的边角料，不得随意浪费，留下来作其他用途。

4）搭架一般采用18mm和15mm大芯板做框架，18mm大芯板为边框，15mm大芯板做间板。

5）书柜背板必须采用5mm夹板。

6）书柜在搭框架时，应检查下料尺寸是否准确，发现有误及时改正，拼拢后应拉对角线，用角尺量直角，保证垂直度水平度。

7）书柜在定位时必须吊垂直线，用角尺量直角，到垂直水平为止。

8）书柜间隔尺寸位置应符合设计要求和切合实际。

（2）贴面板收口。

书柜一般分为敞开式和玻璃式两种。

1）书柜敞开式柜内必须贴面板，贴面板时选择颜色一致的面板，着胶均匀，面板平整牢固，碰角严密，内外光滑一致，不得有起拱、毛边、碰伤、缺楞、钉帽、钉眼过多等现象。

2）收口。用扁线进行收口，选颜色一致的线条，从上至下进行，操作应细致、认真，着胶均匀，用1.2纹钉牢平直，顺畅、严密光滑，不得出现翘曲、毛边、缺边、钉眼过多过大等问题；2.2m内接头一般采用通长直线，中间接头影响美观。

3）玻璃门的制作安装。书柜玻璃门又分为木框镶玻璃门和纯玻璃门两种。木框制作安装与衣柜相似不再重复讲解。玻璃门安装，首先确定玻璃尺寸大小要准确，四周磨边，用玻璃夹铰链、弹子等安装固定玻璃门。玻璃门安装应平整，留缝合适，开启灵活。

5.3.6 台类制作安装

台的种类一般有写字台、梳妆台、电脑台、办公台、吧台、对景台等。台类制作安装大体相同，工艺基本相似，在此节内只按写字台的分析表述，其余参照即可。

1. 台类的制作安装总体要求

（1）制作造型、结构和安装位置尺寸应符合设计要求，面板、线条等粘贴平整牢固，不脱胶、不起鼓、边角不起翘，表面应磨砂光滑，不得有毛刺和锤印，大面无伤痕、缺楞等现象，抽屉内侧板用线条收口，外挡板为双层，弧形线条（手工制作）应订做，抽屉道轨间隙应严密，推拉灵活，无阻滞、胶轨等现象。

（2）台类面板收口，抽屉安装等技术要求较强，在制作安装施工过程中，木工师傅应认真、细致、精心地操作，做到精益求精。

2. 写字台制作安装

（1）搭框架。

1）认真阅读施工图看是否与现场实际尺寸相符，如果有误差请监理约设计师到现场更改或与业主商量妥当，并签字为据，确定后，再下料制作。

2）应计划开料，特别带弧形的尽量做到弧线流畅，边角料不浪费，作其他用途。

3）搭架一般采用 18mm 大芯板，抽屉用 9mm 夹板加压 3mm 夹板为 12mm 厚，或直接用 12mm 夹板。

4）固定在墙上的必须在墙上打冲气钻，用长板条加膨胀螺栓呈梅花形间隔 200mm 一点，作为基层固定，并做好防潮处理。

5）搭好架在固定时应打水平，用水平尺测量台面水平度应为零。

6）台面板下的抽屉高度应保持在 160 ~ 180mm 为宜。

7）写字台的整个高度一般应保持在 780 ~ 800mm 为宜。

8）写字台搭架四周与间板要钉牢固。

9）写字台抽屉挡板为双层。

10）写字台弧形处的侧板打据路，便于流畅。

（2）贴面板、收口。

1）写字台贴面板应着胶均匀，粘贴牢固，不得有起鼓、翘角、脱胶、伤痕、锤印、毛刺等现象，表面应磨砂保持光滑。

2）写字台凡外露的部分应贴面板。

3）写字台正面侧面板都应用扁线收口。

4）写字台台面收口有用双层扁线刨圆边或半圆线收口，都应以大方美观牢固为基准点。

5）抽屉侧板向上拉出外露的部分也应用扁线收口。

6）写字台弧形或长于 2400mm 的接口面板应缝隙严密。

7）写字台弧形台下有小柜门的，门内也应贴人造面板，柜门安装要严密，不得有毛刺损伤等现象。

8）抽屉道轨安装，间隙严密，推拉灵活、牢固、无阻滞、脱轨等现象。

5.3.7 天花制作

天花的种类有夹板平天花、夹板造型天花、面板天花、桑拿天花、假梁天花、扣板天花、石膏板天花、玻璃天花、玻璃弧形天花、格子天花等。其中应用最为广泛的是夹板天花、石膏板天花、铝扣天花。

1. 天花制作的总体要求

（1）造型、结构和安装的位置应符合设计要求，安装应牢固，表面平整，无污染、拆裂、缺棱、掉角、锤伤、缺陷。粘贴面板天花不应有脱层、起鼓、翘角。钉夹板的不应有漏缝、透支、钉桑拿板的应严密平直，假梁面板应碰角整齐，超过2400mm面板颜色应保持一致。

（2）主龙骨无明显弯曲，次龙骨连接无明显错位，在嵌装灯具、排气扇等物的位置应做加固处理。

（3）天花的表面平整度应小于2mm误差，天花水平度应小于5mm误差。

（4）天花制作安装操作大体相同，工艺相似，仅分别按夹板天花、夹板造型天花、铝扣板天花的制作安装分析表述，其余参照采用相同方法进行检查验收即可。

（5）天花的制作安装技术要求也较强，特别是平整度、水平度、牢固性应认真对待。

2. 夹板平天花

夹板平天花制作方法与要点如下：

（1）打水平线：依据施工图，在需要吊天花的部位，沿房间四周，在天花标高处弹好水平线。

（2）天花标高：一般以施工图为依据定标高，如有特殊情况，房间主梁较高，空间较矮，天花梁会影响电路管线的通过时，应特殊情况特殊处理，或请设计师现场处理或与业主商量妥当处理（以最低点为准或分级处理）。

（3）吊木龙骨：沿水平线打冲气钻眼，钉木条，一般用2.5寸铁钉将龙骨钉在木条上，但天花较重或跨度面积较大的情况应用膨胀螺栓固定。

（4）天花木龙骨间距为300mm×300mm，天花龙骨就位后应拉水平线，在原天棚上打膨胀螺栓，要求1m以内有一个，拉吊筋，参照水平线将天花龙骨调平整后固定（用8～10mm膨胀螺栓）。

（5）天花木龙骨有光方和凹方，凹口应向上，而且龙骨应将大面朝下，不得将斜面朝下，不得钉夹板。

（6）如设计对天花有防火、防腐或防白蚁要求的，应将天花龙骨涂刷2～3遍防火漆、防腐剂，或防白蚁剂后再使用。

（7）天花木龙骨沿墙四周必须平整、严密，不得出现露缝。

（8）封板。天花龙骨固定水平后，即可封板，一般采用单层5mm夹板，设计有要求时也可采用双层3mm夹板。

（9）封板时缝位要倒斜边，如遇到在龙骨空当中应加固，不允许夹板头落空，应封实。

（10）封板的枪钉用F416～419码钉，必须钉牢，严密、平整。

3. 夹板造型天花

夹板造型天花制作方法和要点如下：

（1）夹板造型天花指的是具有各种形状变化艺术性的天花，其制作方法、龙骨、吊筋拉杆、封板等基本上与夹板平天花相同。

（2）制作造型天花应注意天花与梁柱、天花与墙体、天花与空间的关系，造型要恰到好处。

（3）造型天花叠级与灯槽要注意高宽比例，高宽过大显得厚重，过小显得轻飘，要看上去顺眼，自然为妙，而且级数要恰当。

（4）造型天花弧线要流畅，形体要美观，圆就是圆，弧就是弧，棱角清楚，外线清晰。

（5）造型天花放样准确，而且要注意到与现场比例的协调，能起到掩盖梁位的视觉效果。

（6）造型天花侧板封盖应注意接口处的隐蔽和牢固，例："∠"型要用立板掩盖下层底板毛边不外露。

（7）造型天花与平天花一样接头处不得落在龙骨上档中，上下接口叠级要错位，不得同缝。

（8）夹板天花灯具的位置，要注意在木龙骨架上预留灯位，开筒灯、射灯等嵌入式灯具孔大小合适，并防止开孔时切断龙骨，影响牢固性。

（9）夹板天花上安装较重的灯具时要加固木龙骨，以防天花变形。

（10）吊天花应注意与电工的配合，封板前应待线路检测合格后再封板，开孔时应将电线拉到孔内或孔边以便电工装灯具。

4. 铝扣板天花

（1）轻钢龙骨施工。轻钢龙骨是以薄壁镀钢带、薄壁冷轧退火卷带为原料，经冷弯或冲压而成，具有自重轻，刚度大，防火、抗震性能好，节约木材，安装简便，施工快等特点，而且可制作安装大面积大型空间的天花吊顶。

轻钢龙骨主要有U型和T型两种，以T型轻钢龙骨为例，由大龙骨、中龙骨和小龙骨等主件及吊挂件，接插件，挂插件等各种零配件装配而成。T型轻钢吊顶龙骨施工包括弹线定位、安装吊杆、安装龙骨及零配件等。

1）根据设计标高，沿墙四周弹水平线，作为天花吊顶的定位线。

2）安装吊杆，通常用 ϕ6-10 的钢筋与预埋件或膨胀螺栓焊牢，下端套丝，配好螺帽。

3）大型吊顶天花，大龙骨用吊挂件与吊杆相连，通过拧动吊杆上的螺柱调整其高度。

4）中龙骨用中吊挂件挂在大龙骨下面，中龙骨之间的间距由铝扣板尺寸定，小龙骨做横撑与中龙骨底面平齐，形成井格。

5）小面积只用中小龙骨搭成井格便可。

（2）铝扣板安装。

1）按照龙骨间距将扣从一个方向开始嵌入龙骨槽口翼缘上。

2）灯具。一般较轻的灯具可固定在中龙骨或横撑龙骨上，较重的灯具应加固处理。

3）扣板安装应严密、平整、平直，修边到位。

5.3.8 木地台、木地板安装

1. 木地台制作与铺设

木地台制作方法如下：

（1）按照施工图放样，划定木地台的位置及标高。

（2）清理地面基层，做地面防潮层。

（3）制作木地台龙骨用18mm大芯板开条，先用18mm大芯板条搭外框，内部300mm×300mm的井格可用短板条钉牢固，板条侧向形成井格，板条的宽度也就是地台的高度。

（4）固定地台，沿地台打冲气钻孔木尖，再用钉斜钉地龙骨固定，四周沿墙固定，或地面用木尖拴紧。

（5）木地台龙骨18mm大芯板也应刷光油防潮。

木地台铺设方法如下：

（1）木地台面用12mm夹板铺设，预留6～8mm伸缩缝。

（2）铺设木地台应牢固，不得松动，涡陷起翘，行走时有响声。

2. 木地板铺设

木地板种类分为实木地板、复合木地板、竹木地板、塑料地板等，一般以前两类为主。

木地板铺设方法通常有架铺和实铺两种。架铺是在楼地面上，先做木框架，然后在木框架上钉基层板，再在其上镶铺木地板。实铺是在楼面上（铨楼层）铺基层板后，拼铺木地板。

实木木地板施工方法如下：

（1）材料准备。

1）架铺木方通常用松木、杉木等制作，截尺寸为500mm×500mm或300mm×300mm，木方要求干燥，含水率小于20%。

2）架铺基层板，一般9mm夹板，含水率小于12%。

3）实木地板要求选用坚硬、耐磨、纹理美观、有光泽、耐污、不易变形开裂的木材，一般有进口红檀、紫檀、黄檀、象牙木、柚木、国产枫木、云杉、柞木等，含水率小于12%。

（2）开始施工。

1）在墙面上弹出地板的标高线与客厅地面一致。

2）在地面弹出木方的木格定位线300mm×300mm或400mm×400mm。

3）清理地面基层，打冲气钻、钉木尖。

4）做地面防潮层，用防潮涂料刷两遍。

5）铺设木框架，用自动螺栓钉牢，在小井格内，四边用水泥砂浆批斜形，护住木方。

6）在木方框架上，铺钉9mm夹板基层，满铺底面刷光油两遍。

7）在木基层上镶铺实木地板，应平整牢固。

8）沿墙四周预留8~10mm伸缩缝。

9）沿墙四周钉木地脚线。

实铺实木地板只要在楼面铺钉9mm夹板基层后，直接铺设木地板。拼花木地板直接在楼面上粘贴短木地板，现采用不多。复合木地板一般由厂家负责铺设。复合木地板只垫一层防潮胶纸，直接在楼面上铺设。

实木地板厚度一般18mm、长度600mm、宽度75~85mm。复合木地板厚度一般10mm、长度2000mm、宽度200mm。

5.3.9 墙面造型施工

墙面造型是近年代新兴起的对室内空间装饰的一种新工艺。局部墙立面经过艺术处理配合灯光，起到渲染室内空间，增添自然景观艺术的效果。

墙面造型有电视柜背景造型、床头背景造型，局部墙立面造型包括夹板墙络缝扫白、面板拼块、木线条间贴、金属板、金属拼块、金属条间贴、聚晶石、沙岩石、大理石、文化石、卵石、快图美、墙面拉毛、墙纸、壁垄、壁坑、壁炉、玻璃镜面墙、玻璃砖墙、局部磨砂玻璃、裂纹玻璃、水纹玻璃、雕花玻璃、刻花玻璃、清玻璃底色、铁花、床头真皮软包、床头布艺等。

墙面造型随着立面位置不同，使用材质不同，施工工艺和施工方法也就不同，这里只分析与木工制作有关的墙面造型，其余按工种不同参照采用相应的验收标准进行检查验收。

1. 墙面造型总体要求

（1）造型结构和位置尺寸应符合设计要求。

（2）制作应牢固，表面平整、垂直、无污染、折裂、缺棱、掉角、锤印、损伤、钉眼过多等缺陷。

（3）底龙骨无明显弯曲，夹板钉贴牢固，不翘曲、起拱。

（4）安装拼贴面板、木线条、金属板、金属块、金属条，接缝紧密、平整、不起拱，翘角、纹理一致，图案清晰。

（5）间贴面板、木线条、金属板、金属块、金属条缝隙宽度均匀，络缝平直，纹理一致，图案清晰。

（6）镶贴安装聚晶石、玻璃块等牢固、平整、无污染、裂痕、缺棱、掉角、损伤等缺陷，纹理颜色一致，图案清晰。

（7）镶接表面铁花平整、平直，与木相交处紧密无缝。

（8）木夹板与墙面之间，墙面用防潮涂料，夹板刷光油做防潮层。

2. 墙面造型施工方法

（1）清理墙面，依据施工图确定造型位置尺寸。

（2）沿墙面刷防潮涂料，各边大于造型实际尺寸100mm。

（3）做木龙架，300mm×300mm井格，吊垂直线，保证基层垂直。

（4）木龙架先在墙上打冲击钻，用膨胀螺栓固定或在冲击钻孔中钉木条，再用长铁钉固定木龙架。

（5）一般用9~12mm夹板背面刷光油，在木龙架上钉贴牢固，作为造型基层。

（6）结合现场实际情况，依据施工图制作基层形状，有弧形、凹凸形等形状尺寸比例应符合设计要求。

（7）木基层有双层、单层龙骨或直接钉夹板，按造型厚度结合现场实际情况而定。

（8）依据施工图设计要求，镶贴、粘拼表面、饰面层，面板拼块用白乳胶粘贴，用小木条枪钉牢定，待干透后取下小木条，金属块用万能胶或表面加不锈钢或铜帽固定增强装饰立体感。

（9）拼贴木线条有扁线间贴、鸡嘴线间贴拼贴、半圆线间贴拼贴、宝塔线间贴拼贴、电脑花线饰边框等，一般从下至上，保持边线平直，间缝均匀，用白乳胶或小许纹钉粘贴牢固，线条颜色一致，纹理清晰。

（10）聚晶石、底色清波、其他玻璃块镶贴，一般先在基层上钉小木条井格，安装时从下至上，先上一根沙钢条垫底，用双面胶黏住玻璃嵌入分格内，四周镶好沙钢条，一块一块往上接，注意聚晶石、玻璃块的纹理、颜色一致。

（11）夹板络缝扫白，络缝要平直、顺畅，不得有毛刺，否则油漆工很难做平。

（12）镶铁花。一般铁花底有玻璃之类的饰块，应玻璃、铁花同时安装，先嵌入玻璃、铁花四周预留洞眼，用螺栓四周固定在木框上，保证平整度，边缝平直、紧密。

（13）床头真皮软包，技术性较高，施工难度较大。首先下料要准确，形状按设计要求，大小合适，海绵粘在3mm板上，四周卷边，皮色上去要绷紧，不得有皱纹，一块一块做好，然后再到墙面基层上拼装，缝要紧密，大小一致，纹理一致，表面平整，凸感舒适（布艺制作方法相似）。

5.3.10 玄关屏风施工

一般玄关置于入户门口处，人为地为室内设立一道屏障，经过艺术加工后，成为一件工艺品，摆设于户门口，给门内人一种隐私感，玄关的造型特别引人注目，能显示主人的清高与雅俗，一见玄关，便知主人，故玄关的设计与施工都非常重要。

玄关的种类有半截鞋柜上加屏风或花纹玻璃、半截装饰柜上加花纹玻璃、木柱中间夹花纹玻璃、半截柜背嵌大理石上加屏风、木柱中间嵌大理石、木柱中间夹木花格等，随着年代变化，玄关也在一直变化，一般随主人的喜好而定。

1. 玄关制作的总体要求

（1）玄关造型结构和相关尺寸应符合设计要求。

（2）制作应牢固，表面平整，立面、侧面垂直、无污染、折裂、缺楞、损伤等缺陷。

（3）贴面板平整，碰角对缝应严密，不得有锤印、缺边等现象。

（4）下半截鞋柜、工艺柜应符合柜类验收标准。

（5）柜门有镶贴、拼块的，接缝严密、平整、不起拱、不翘角、纹理一致，图案清晰。

（6）中间嵌花纹玻璃的，图案清晰明了，玻璃大小合适。

（7）上半截嵌花纹玻璃的应磨圆边，安装牢固。

（8）侧面与墙体接触的，墙面防潮涂料、夹板刷光油。

2. 玄关施工方法

（1）依据施工图尺寸开料，现场定位。

（2）搭架一般采用18mm大芯板，下半截柜料按柜灯制作。

（3）在墙面做好防潮，板面靠墙部分刷光油。

（4）木柱式在地面与天棚上固定，先裁好一块与内径合适的小木方块厚夹板，打冲击钻孔。

（5）用膨胀螺栓固定小木方块，然后将木柱套入，用钉栓牢上下固定。

（6）依据设计要做好上下截基座，镶贴、粘拼饰面板，或拼贴木线条等，表面平整，碰角严密，不起拱、不缺边、纹理颜色一致。

（7）安装花纹玻璃或其他配件应牢固，大小合适，不得有缺损、破裂等现象。

（8）玄关制作工艺要求精细美观，一定要认真操作。

3. 屏风施工方法

屏风与玄关大体相似，只是在功能上区分不同，屏风作为区间的间隔，一般设置在客厅与餐厅之间，或电视柜侧边，作为使用功能的间隔区分。屏风的制作方法大体上也与玄关差不多，只是屏风一般没有下半截柜，大部分为柱式或纯玻璃屏风等。

5.3.11 细木工程施工

细木制品一般包括木踢脚线、木角线、层弧、窗帘盒、窗套等。

1. 细木制品所用木材要求：

（1）木材含水率小于12%（胶拼件木材含水率8%～10%）。

（2）不得使用腐朽的木材和板材。

（3）外表用板材不得有巴节、虫眼和裂缝。

（4）外表用板材统一，纹理相近、对称。

2. 细木工程总体要求

（1）表面光滑，线条顺直，楞有方正，不露钉帽，无锤印、毛刺、无弯曲变形等缺陷。

（2）安装位置正确，碰角整齐，接缝严密，装饰线刻清晰、直顺，棱有凹凸层次分明，与墙面紧贴，不起拱、不脱胶，表面平整。

（3）木角线上下沿口平直5m之内，相差只允许小于3mm，层板两端高低小于2mm。

3. 细木工程施工方法

（1）木踢脚线制作安装。

1）在踢脚的墙面部位进行清理，做好防潮层。

2）在墙面弹出踢脚的标高线，开好基层板。

3）在墙打冲气钻、钉木尖，将基层板用钉固定，一般基层板为9mm夹板条。

4）贴面板，着胶均匀，拼缝严密，转角处碰45°角。

5）用12mm阴角线收口，接缝严密，粘钉牢固。

（2）木角线安装。

1）在墙面弹好木角线标高线，清理基层。

2）在墙打冲气钻，钉木尖，将角线背面刷好光油，直接钉牢在木尖上，注意平直，纹路层次分明顺畅。

3）接口应用斜接碰角呈45°，接缝均匀、严密。

（3）层板制作安装。

1）根据施工图定好层板位置。

2）用切割机在墙上开一条宽50～70mm、深25mm的槽。

3）打冲气钻，钉木尖于槽内，做好防潮层，将开好的层板料钉成T形，将T形组合板向伸入墙内固定钉牢。

4）贴面板，应着胶均匀，接缝紧密，表面光滑，无锤印、毛刺、翘曲、划痕，损伤等缺陷。

（4）窗帘盒制作。

1）根据施工图及现场实际情况确定窗帘盒的长度。

2）清理墙面做好防潮层。

3）下料。尽量将剩余的、合适的板条用于基层，打冲气钻钉木尖，将基层板固定在木尖上，方法与层板相似。

4）注意帘盒内空的宽度一般在100mm左右。

5）贴面板，用扁线或半圆线收口，接缝严密，粘贴牢固。

（5）窗套制作安装。

1）窗套制作大体与门套相似，但窗只用9 ～ 12mm夹板直接钉在窗内，并做好防潮层。

2）窗套贴面板线条收口，应注意不得在半中腰接头，影响美观。

3）面板、线条粘贴应符合验收要求。

5.4 木工施工常见问题及解决办法

在整个装修过程中，木工的工作是非常重要的，因为任何一个家庭在装修的时候都有可能涉及制作门窗套、护墙板、顶角线、吊顶隔断、厨具、衣橱、书架、电视柜、鞋柜、铺设地板、踢脚线等工作，可以说，木工们是在营造整所房子的五官，所以必须格外注意，稍有不慎就有可能影响到整个装修的品质。同时，木工在施工中所遇到的问题也很多，主要有天花吊顶、板材使用、家具打造、后期保护过程中所遇到的问题。

5.4.1 木地板在上面行走时有响声

木地板行走有响声主要原因是木龙骨或垫层毛地板安装不牢固或者是木地板安装牢固造成的。有时打蜡时蜡渗入地板接缝处也会产生地板的响声。解决办法是施工时木地板和木龙骨及毛地板必须按规定钉粘牢固，一旦安装完毕再想整修那将非常麻烦，需要把所有木地板翘出再重新安装；而打蜡时则必须注意擦除渗入地板接缝处的蜡。

5.4.2 实木地板变形的原因

实木地板变形的原因有很多，主要原因大致可以归纳如下几条：

（1）木龙骨、垫层毛地板太湿或质量不好导致实木地板变形。

（2）在安装时过量使用水性胶水。

（3）被水浸泡或者防潮没有做好。

（4）木地板的施工不规范。

5.4.3 石膏板变形、开裂的原因

石膏接缝变形、开裂的原因有很多，主要原因列举如下：

（1）石膏板本身吸水受潮。石膏板虽然较强的抗湿性，但并不能完全阻止吸水，如果施工中使用了受潮浸湿的石膏板就很可能会导致起鼓、变形。

（2）骨架设计和施工不合理。石膏板与龙骨之间的固定不牢或者龙骨不够平直、刚度不够、间距不当都有可能引起变形和裂缝。

（3）嵌缝处理不好。石膏板间应适当留缝，如果施工中采用的接缝带和嵌缝腻子的黏结力和强度不够，就极有可能会产生裂缝。

5.4.4 人造饰面板与天然饰面板的区别

饰面板分为人造和天然的两种，人造饰面板的纹理基本为通直纹理，纹理图案有规则；而天然饰面板纹理为天然木质花纹，纹理图案自然变异性比较大，无规则。饰面板不能单纯地按照人工和天然的来定义好坏，实际上人造饰面板的纹理也非常漂亮，而且整齐划一，用于一些现代风格的室内装饰中效果要优于天然饰面板。

5.4.5 三聚氰胺板

三聚氰胺板，又称双贴面板或家具板，是一种双面都有贴面的新型板材。三聚氰胺板是将带有不同颜色或纹理的纸放入三聚氰胺树脂胶黏剂中浸泡，然后干燥到一定固化程度，再热压在刨花板、密度纤维板或刨花板表面制成的。因为贴面的原因，三聚氰胺板表面极其平整，而且在美观性和防潮性能上也表现优异，在目前的家具尤其是办公家具的生产中被大量地采用。

5.4.6 柜门、房门变形

木工做好家具后发现柜门、房门变形，其原因有板材质量不过关或太薄、木工做门时没有在板身开槽、柜门压板的时间不够等。解决方法是柜门的板材质量要好，可用大芯板做柜门，但必须板身开槽留伸缩位；所有的柜门应压在平整的位置上，施压重物要均匀，压的时间要足，同时也要注意避免受潮。

5.4.7 防火板贴完起泡、鼓包

木工在贴防火板时一不留意就会出现鼓包、起泡的现象，所以在贴的时候要留意，双面刮万能胶的时候要刮均匀，等两面胶水干后才能贴，贴好后用小木方在上面施压，施压过程中从中间往四周施压，这样可以避免出现起泡、鼓包现象。一旦出现起泡可用边加热边施压的方法来解决。

5.4.8 饰面板刮花、碰伤

在施工过程中经常会出现饰面板刮花、碰伤的情况，造成这种情况一般都是在搬运的过程中刮花或在施工中保护不到位导致刮花。所以，木工在使用前要仔细检查看有没有刮花或损伤的地方，特别是用在房门、柜门、台面等显眼的地方，如有刮花、碰伤就坚决不用。在施工中也要注意保护饰面板，必要时要进行相关的保护措施，如用珍珠棉或纸皮做保护。

5.4.9 装锁时把面板刮花或锁位安装不对

木工装锁时要注意保护门面板，一不小心就有可能把面板刮花，特别是在开锁孔的时候。木工现场做的房门装锁位一定要加满木方，以免钻孔时钻烂面板。钻门锁孔的大小和高度要符合要求，太小时锁舌伸出太长卡住不易锁门；太大时锁舌伸出不够锁不住门，一般以锁舌斜位刚好伸出为标准。

5.4.10 铝扣板天花吊顶不平整

造成铝扣板天花不平整的原因有：

（1）水平线控制不好，这是由于放线时控制不好，或是龙骨未调平，装置施工时又控制不好。

（2）装置铝合金板的方法不妥，也是造成吊顶不平的原因，严重时会发生波浪形状。如龙骨未调平先安装板条，后进行调平，就会使板条受力不均而发生波浪形状。轻质板条吊顶，会因接受不住重力而发生局部变形。这种现象多发生在龙骨兼卡具这种吊顶形式。

（3）若吊杆不牢，会引起局部下沉。板条自身变形，未加矫正而安装，也会发生吊顶不平。此种现象多发生在长板条类型上。

其解决方法是：

（1）对于集成吊顶四周的标高线，应准确地弹到墙上，其误差在 ±5mm 范围内，如果跨度较大，还应在中间适当位置加设控制点。一个断面内成拉线控制，线要拉直，不能下沉。

（2）待龙骨调直调平后方能安装板条，这是施工中既合理又重要的一道工序；反之，平整度难于控制。特别是当板较薄时，刚度差，受到不均匀的外力，哪怕是很小的力，也极易产生变形。一旦变形又较难于在吊顶面上调整，只能取下调整。

（3）应同设备配合考虑。不能直接悬吊的设备，应另设吊杆，直接与结构顶板固定。

（4）如果采用膨胀螺栓固定吊杆，应做好隐检记录，如膨胀螺栓埋入深度、间距等。关键部位还要做膨胀螺栓的抗拔试验。

第6章 扇灰施工

扇灰的作用是保护墙体和改善室内卫生条件，增强光线反射，美化环境。随着新材料、新工艺的不断涌现，装修工程层次越来越高，扇灰工程的种类也不断发展，技术要求也不断提高。扇灰施工不仅应掌握扇灰及饰面在房屋装修中的作用，还应掌握扇灰的组成与结构、所有工具、机械的操作，此外还应掌握各种材料的配制方法、性能特点、环境影响因素和养护等技术，努力做到在保护质量的前提下改进操作工艺，提高技术水平和劳动生产，降低成本、节约原材料。

6.1 扇灰施工常用工具及相关材料

6.1.1 扇灰施工常用工具

扇灰是一项面子工程，对于工人的技术要求较高，光滑度、平整度要好，所以是一项考验工人技术的工序。扇灰的施工工序较少，所以所用到的工具也相对较少，下面介绍扇灰施工常用的工具。

1. *扇灰刀*

扇灰刀由两项组成，一项是用于墙面抹灰的刮刀，另一项是将粉浆从灰桶里面挑出及修干净刮刀上面多余粉浆的铲刀，材质有铁质和不锈钢制两种，如图 6-1 所示。

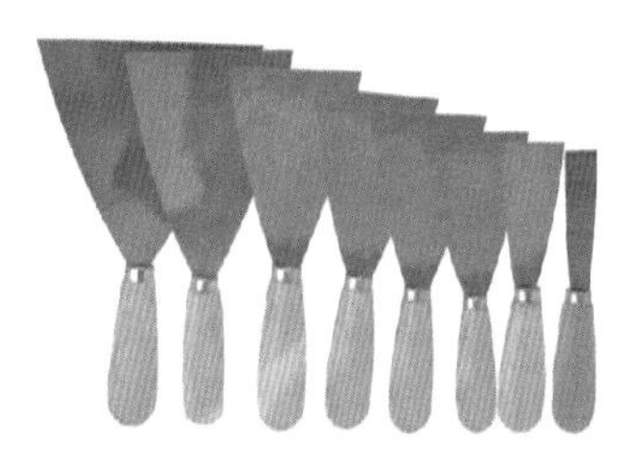

图 6-1 扇灰刀

在扇灰施工中，用于将双飞粉、腻子粉等粉浆刮抹于墙面上，用于找平墙面，减少墙面的粗糙感，为后期的壁纸、涂料等施工创造条件。

2. *滚筒*

滚筒由圆柱形滚轴和加长手柄组成，用于墙面和顶面滚涂乳胶漆、彩色涂料的施工，普通滚筒只能刷出平面效果，花式滚筒还可以在墙面上滚出漂亮的花纹，如图 6-2 所示。

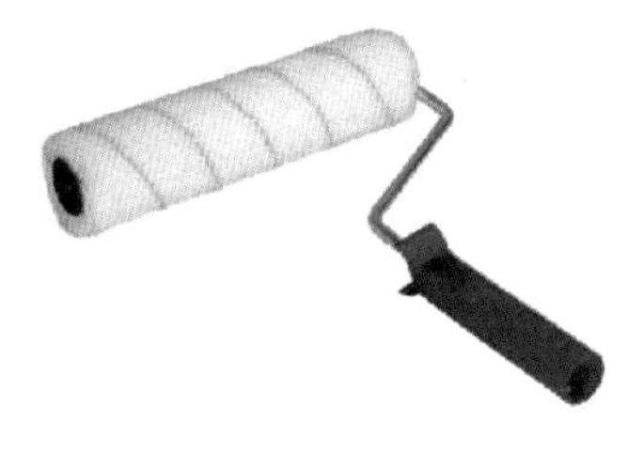

图 6-2 滚筒

3. *砂纸夹板*

每完成一遍扇灰工序的时候都要打磨一遍，将不平整的地方打磨平整，再进行下一道扇灰工序，而砂纸夹板就是一个省力的简便工具，它是将砂纸裁切成相应的大小，然后夹在砂纸板上进行打磨的工具，如图 6-3 所示。

图 6-3 砂纸夹板

4. *羊毛刷*

羊毛刷是扇灰施工最常用的工具，涂料可以通过羊毛刷进行刷涂，而且在一些狭窄的空间能进行操作。刷涂虽然不会造成原料的浪费，但是羊毛刷容易掉毛，经常会在墙面上留下许多痕迹。所以旧的羊毛刷反而更好用一点，前提是毛刷还是软的，如图 6-4 所示。

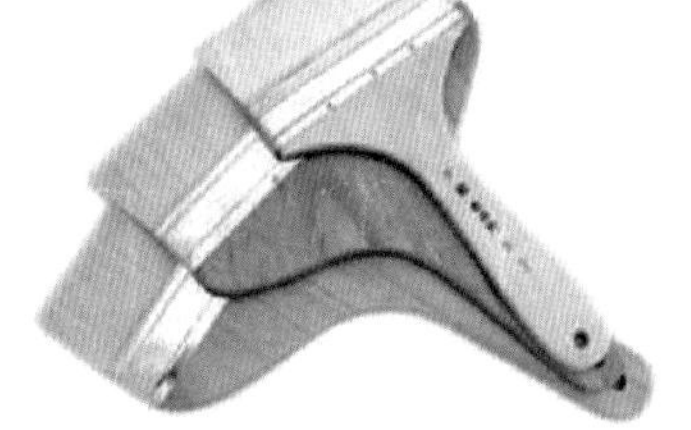

图 6-4 羊毛刷

5. 其他常用工具及公共工具

扇灰除以上一些工具之外，还有一些公共的工具，如飞机钻、铅锤、铝合金靠尺等，现在就不一一阐述了。

6.1.2 扇灰施工常用材料

扇灰施工是一项面子工程，因此扇灰所要用的材料绝不能马虎，要严格把关。扇灰施工相对于其他工种而言，涉及的材料种类较少，较为常用的主要是腻子、墙衬和乳胶漆，其中腻子可以由施工工人自行按照材料要求调配，也可以购买厂家已经调配好的腻子，还可以直接购买墙衬。考虑到有部分扇灰工也偶尔会承接一些壁纸粘贴的施工，因此在这里将壁纸也归入扇灰施工常用材料范畴。实际上，目前销售壁纸的商家大多都会提供壁纸的施工服务。

1. 腻子和墙衬

腻子和墙衬都是在墙面刷乳胶漆或者其他涂料之前，对墙面底层处理的基层材料，有时腻子的施工会被称为扇灰或者批灰。腻子根据使用的部位分为很多种，比如墙面用腻子、板材专用钉眼腻子等，准确地说，墙衬是更为高级的墙面腻子，是普通墙面腻子的替代品。腻子虽然只是一种基层处理的材料，但它在装修中的用量却非常大，是必须引起重视的一种材料。

传统的墙面腻子一般是由胶水、双飞粉、熟胶粉（或纤维素）、滑石粉等材料调制而成，常用的调制腻子的胶水种类主要有 107、108、606、801、901 等，之前用得最多的 107 胶因为甲醛含量过高已经被国家明令禁止使用了，108 胶则是在 107 胶的基础上改良而成的，有毒、有害物质相对少了很多，达到了国家要求的标准。但不管是哪种胶，有毒物质的含量区别只在于多和少而已，假设在施工中大量使用，同样会对人体造成危害。这和大芯板等板材一样，即使买来的都是环保达标的板材，但是在室内装修中应用过多还是一样会造成室内环境的污染，这是为什么即使装修都采用环保材料而室内空气质量依然无法达标的原因所在。

市场上还有一些厂家生产的成品腻子，包括腻子粉，腻子膏等。这些成品腻子最大优点就是不需要再进行现场调配，增加了施工的便利性。但是腻子粉在施工中同样需要加入适量的胶水以增强它的胶黏性能，同样会造成一定的环境污染。腻子膏则可以认为是腻子粉的升级产品，腻子粉需要加入水和胶进行调配，但腻子膏则可以直接使用。但是腻子膏也没有办法回避胶水的问题。

墙衬也算是墙面腻子的一种，可以认为是更高级的腻子。相对于普通腻子而言，墙衬的附着力、耐水性能更好，墙面装修后不容易出现的开裂、起皮、脱落等问题，同时也更环保。而且腻子层在重新刷乳胶漆时一般是要铲除重做的，但是墙衬则不需要，使用上更为便利。但是需要注意的是市场上很多的所谓“墙衬”其实还是之前的 821 腻子或者耐水腻子，只是换了个叫法而已。

2. 乳胶漆

乳胶漆是乳涂料的俗称，诞生于 20 世纪 70 年代中下期，是以合成树脂乳液为基料，配上经过研磨分散的填料和各种助剂精制而成的涂料，这些原材料不含毒性，因而乳胶漆可以说是装饰材料中最为环保的品种之一。乳胶漆的成膜物是不溶于水的，涂膜的耐水性和耐候性较好，并有平光、高光等不同装饰类型，此外还有多种颜色可以随意调配，通常乳胶漆品牌会提供很多小色样供客户选择，如图 6-5 所示。

风铃彩	K3101	苹果彩	K3102	胡姬彩	K3103	云轩	XP0105	天颜	XP0141	罗纱	XP0202
玫瑰彩	K3104	大麦彩	K3105	百合彩	K3106	妖娆	XP0205	娥娜	XP0502	桃颜	XP0505
天骄	XP2708	幻影	K3109	象牙白	K3110	朗月	XP0607	玉面	XP0707	香荷	XP1405
小杏树	K3113	浅灰	K3114	杏元饼干	K3115	瑰丽	XP1501	风亭	XP1502	玫园	XP1541
红雪	K3116	粉黛	XP2043	秋石	XP2504	朝晖	XP1904	恋日	XP2008	思旭	XP2011
银妆素裹	K3119	霜绿	K3120	春雪	K3121	玫瑰红	K3117	紫绢	K3118	红珊瑚	K3107

图 6-5　乳胶漆小色样

乳胶漆的分类方法有很多：按光泽度可以分为亮光，半亮光和平光（或哑光），表面光泽度依次减弱；按照按墙面不同分有内墙乳胶漆、外墙乳胶漆，常说的乳胶漆通常都是指内墙乳胶漆；按照按涂层顺序有底漆和面漆之分，底漆主要作用是填充墙面的毛细孔，防止墙体碱性物质渗出侵害面漆；面漆起主要的装饰和防护作用。

乳胶漆价格便宜且耐擦洗，可多次擦洗不变色，是目前室内墙面装饰的主要装饰材料，乳胶漆装饰实景如图 6-6 所示。

图 6-6　彩色乳胶漆实景效果

乳胶漆市场目前基本上是国外品牌的天下，市场上常见外国品牌有立邦、多乐士、大师、马斯特等，国内品牌有嘉宝莉、都米诺、千色花、都芳等。实际上，根据国家化学建筑材料测试中心日前公布“涂料面对面・中外品牌对比实验”结果，国内品牌的耐洗刷性、干燥时间、遮盖力、有害物质含量等 11 项检测指标都达到国家颁布的《合成树脂乳液内墙涂料》《室内装饰装修材料内墙涂料中有害物质限量》标准要求，并与国外名牌处于同一水平。

乳胶漆是装修中一个特殊品种，它的价格及施工均较低廉，可能只占整个装修总费用的 5% 左右，但是在装饰面积上却可以占整个装修面积的 70% 以上，在墙面、天花都会大量使用，由此可见乳胶漆在室内装饰中的广泛性和重要性。不仅在室内，不少建筑的表面也会刷上乳胶漆，只是这种乳胶漆不是我们常说的内墙乳胶漆，而是专用于室外的外墙乳胶漆。相比内墙用乳胶漆而言，外墙用乳胶漆在抗紫外线照射和抗水性能上要强很多，可以达到长时间阳光照射和雨淋不变色。

乳胶漆属于涂料的一个品种，除了上述的内墙乳胶漆和外墙乳胶漆外，常见的墙面涂料还有低档水溶性涂料、多彩涂料和仿瓷涂料等。低档水溶性涂料是聚乙烯醇溶解在水中，再在其中加入颜料等其他助剂而成，市场上有很多这样的内墙涂料品种，如 107、108、803 内墙涂料等，这种涂料的缺点是不耐水、不耐碱，涂层受潮后容易剥落，而且由于其成膜物是水溶性的，不能用湿布插洗，同时耐久性也不好，时间长会泛黄变色，但是因为该类涂料具有价格便宜、无毒、无臭、施工方便等优点，在一些较低档的室内墙面装修中还是有广泛应用。多彩涂料的成膜物质是硝基纤维素，以水包油形式分散于水中，一经喷涂可以形成多种颜色和花纹，花纹典雅大方，有立体感，且该涂料耐油性、耐碱性好，可水洗，多用于一些装饰性要求较高的墙面。仿瓷涂料装饰效果不错，表层细腻、光洁，有些仿瓷器质感的感觉，所以被称为仿瓷涂料，仿瓷涂料价格便宜，但是性能相对乳胶漆要差，尤其是耐湿擦性差，同时施工较麻烦，在应用上远不如乳胶漆广泛。

3. 壁纸

壁纸作为室内装饰材料有着很悠久的历史，早在 16 世纪就在英国、法国等欧洲国家作为价格昂贵的挂毯的廉价代替品在墙面使用。到了 20 世纪，随着塑料壁纸的耐久性强、易于打理等优点，壁纸成为室内墙面装饰仅次于乳胶漆的主要装饰材料。在西方国家，尤其是欧美等国，壁纸甚至超过了乳胶漆成为墙面装饰的最主要材料，人均用量可以达到 10m^2 以上。在国内，壁纸也日渐因其独具的温馨浪漫的感觉受到了越来越广泛的应用。市场上常见的壁纸品牌有摩曼、雅帝、圣象、极东、恒美、樱之花、欧雅、皇冠、宏耐、丰和、玉兰、柔然等。

随着新技术在壁纸制造中的运用，壁纸不但变得色彩丰富、纹理多样，还在耐久性、透气性、环保性、阻燃性和清洁性上有了极大提高，成为室内尤其是家居装饰的一种潮流选择。壁纸的种类很多，但在壁纸的多个品种中，塑料墙纸又是其中用量最多、发展最快的。

壁纸和乳胶漆一样具有相当不错的耐磨性，同样可以经得起多次擦洗而不褪色。而且相对而言壁纸拥有更加丰富多样的纹理和颜色，壁纸独具的柔性感觉可以掩盖墙体的冷漠和坚硬感，给人以温馨、亲切的感觉，在装饰性上要明显的强于乳胶漆。同时，壁纸的施工也相对简单，工期很短，需要替换也非常方便。各种壁纸装饰样板及实景效果如图 6-7 所示。

图 6-7　壁纸装饰样板及实景效果

除此之外，壁纸根据材料的不同还拥有多个品种可以选择，壁纸常见的主要品种如下：

（1）塑料壁纸。塑料墙纸是 20 世纪 50 年代发展起来的装饰材料，它是以原纸为基层，以聚氯乙烯（PVC）薄膜为面层，经复合、印花、压花等工序制成，是目前生产最多，应用最广的一种壁纸。塑料墙纸可分为普通壁纸（印花壁纸、压花壁纸）、发泡壁纸、特种壁纸、塑料壁纸等五大类，每一类有几个品种，每一品种又有几十及至几百种花色。塑料壁纸各种性能优良，具有耐擦洗、耐磨、耐酸碱、难燃、隔热、吸音、防霉和价格便宜的优点，表面通过印花、压花及发泡处理可以仿制出各种纹理效果，图案逼真，装饰效果好。

（2）纯纸壁纸。由麻、草树皮及新型天然加强木浆加工而成，是一种较高档墙面装饰材料。其最大优点就是绿色环保，无有毒有害物质，同时质感好、透气，墙面的湿气、潮气都可透过壁纸，长期使用，不会有憋气的感觉，甚至被称为"会呼吸的壁纸"，是健康家居的首选，在西方国家是卧室尤其是儿童房的首选壁纸种类。纯纸壁纸在结构一般分为三层，其中最底层是纸基，纸基上是纸、纤维（织纺物）层，最上面还有一层涂有无机制材料的装饰层。这层装饰层具有良好的易擦洗性能，脏了可以用湿布轻轻擦拭，日常的清洁打理十分方便。

（3）金属壁纸。是一种在基层将金、银、铜、锡、铝等金属经特殊处理后，制成薄片贴饰于壁纸表面的新型壁纸，金属壁纸有其独有的金属现代感，用于室内能够营造出一种金碧辉煌、繁富典雅的感觉。适合用于需要营造豪华氛围的公共场所，如酒店、大堂、夜总会等，豪华家居空间如客厅等墙面也可采用。

（4）纺织物壁纸。市场上常称为墙布，是壁纸中较高级的品种，主要是用丝、羊毛、棉、麻等天然纤维织成，所以在透气性和外在质感上都非常不错。纺织物壁纸中又以无纺壁纸最受欢迎，无纺壁纸是采用棉、麻等天然纤维或涤纶、腈纶、丙纶等化纤布，经过无纺成型、上树脂等处理后印花而成。无纺壁纸无毒、无味，对皮肤无刺激性，具有一定的透气性和防潮性，能擦洗而不褪色。同时通过印花技术可以制作出各种图案和颜色，同时还具有耐磨、质感好、弹性好、挺直、不易老化、褪色等优点，适用于各个空间的内墙装饰，用它装饰居室，给人以高雅、柔和、舒适的感觉。

（5）玻璃纤维印花壁布。也属于墙布的一种，它是以中碱玻璃纤维布为基材，表面涂以耐磨树脂，印上彩色图案花纹而制成的。特点是美观大方，色彩鲜艳，不易褪色、不易老化变形、防火性能好，耐潮性强，可擦洗。缺点是容易当涂层磨损后，散出的玻璃纤维对人体皮肤有刺激性，因此不能用在儿童房。

6.1.3　如何选购扇灰类材料

1. 乳胶漆选购

乳胶漆在室内通常都会大面积地使用，对于室内装饰的整体效果影响极大，尤其是目前趋势都喜欢在室内采用各类颜色的乳胶漆，甚至一个空间采用多个色系的乳胶漆，这就更需要整体地考虑空间的功能要求和整体的协调性，比如在医院或者老人房不适合采用一些视觉刺激很强的红、黄等颜色；而且不同色系的颜色最好不要太多，多则容易给人以很“花”的感觉。这里需要特别注意一点，购买乳胶漆时通常都是根据商家提供的乳胶漆小色样进行选择，但一般大面积涂刷后颜色会显得比小色样深，所以买墙面漆时可以买比小色样浅一号的颜色。除了从装饰性上考虑外，选购乳胶漆通常还需要从以下几个环节考虑：

（1）包装。看外包装上是否有明确的厂址、生产日期、防伪标志。最好选购品牌产品，除了质量有保证外，一般还有良好的售后服务体系。

（2）环保。真正环保的乳胶漆应该是无毒无味的，所以开盖后如果可以闻到刺激性气味或工业香精味，都不是合格产品。好的乳胶漆没有刺激性气味，而假冒乳胶漆的低档水溶性涂料可能会含有甲醛，因此有很强的刺激性味道。市场上现在还是有不少商家将 107、803 等水溶性涂料托名乳胶漆进行销售，尤其是 107 涂料因为还有过量的游离甲醛已经被国家明令禁止使用。

（3）稠度。用木棍将乳胶漆拌匀，再用木棍挑起来，优质乳胶漆往下流时会成扇面形，而稠度较稀的乳胶漆下流时呈滴溅状。

（4）外观。开盖后乳胶漆外观细腻丰满，不起粒，用手指摸，质量好的乳胶漆手感滑腻、黏度高；乳胶漆在储存一段时间后，会出现分层现象，乳胶漆颗粒下沉，在上层 1/4 以上形成一层胶水保护溶液，如果这层溶液呈无色或微黄色，较清晰干净，没有或很少漂浮物，则说明质量很好，若胶水溶液较混浊状，呈现出乳胶漆颜色或漂浮物数量很多，说明乳胶漆质量不佳，很可能已经过期。

（5）指标。主要看两个指标，一是耐刷洗次数，二是 VOC 和甲醛含量。前者是乳胶漆耐受性能的综合指标，它不仅代表着涂料的易清洁性，更代表着涂料的耐水、耐碱和漆膜的坚韧状况。优质的乳胶漆用湿布擦拭后，涂膜颜色光亮如新，劣质乳胶漆耐洗刷性只有几次，擦洗过多涂层便发生褪色甚至破损。后者是乳胶漆的环保健康指标。乳胶漆最低应有 200 次以上的耐刷洗次数，VOC 不超过 200g/L。耐刷洗次数越高，VOC 越低，越好。

2. 乳胶漆用量计算

首先得清楚一桶乳胶漆能够刷多少面积。乳胶漆出售通常都是以桶为单位计算的，市场上常见的有 5L 装和 20L 装两种，其中又以 5L 装最为常见。理论上一桶最常见的 5L 装乳胶漆的涂刷面积是 $30m^2$/ 两遍，施工过程中乳胶漆要加入适量清水，所以实际涂刷面积要大于理论面积，比较现实的算法是 $40m^2$/ 两遍。20L 装的依此类推。

其次就是涂刷总面积的计算。有两种方法，粗略计算可以用室内面积乘以 2.5 ~ 3，采用 2.5 还是 3，要看室内的具体情况，如果室内的门、窗户比较多，就取 2.5，少的话就取 3，这个算法只是适用于一般情况，比如多面墙采用大面积落地玻璃的别墅空间就不适用；还有一种方法是实量，就是把需要刷乳胶漆的地方的长宽都实量出来，算出总面积，这个方法很麻烦，但却非常精确。

最后要清楚涂刷工序，通常施工刷乳胶漆都是采用一底两面的施工，即刷一遍底漆，刷两遍面漆。

知道上述三条就可以进行乳胶漆用量的计算了，以常用的 5L 容量桶装乳胶漆为例，假定 5L 的实际涂刷面积为 $40m^2$ / 两遍。

一个长 6m、宽 4m、高 2.8m 的空间乳胶漆用量计算如下：

墙面面积：（6m+4m）×2.8m×2m=$56m^2$

顶面面积：6m×4m=$24m^2$

总面积：$56m^2$+$24m^2$=$80m^2$

面漆：需刷两遍，一桶可刷 $40m^2$ / 两遍，则面漆共需两桶。

底漆：需刷一遍，一桶可刷 $40m^2$ / 两遍，则底漆共需一桶。

那么这个空间需要的乳胶漆总量为 5L 装面漆两桶，底漆一桶。

3. 装饰壁纸选购

壁纸就如家居的外衣一样，决定着整个家带给人的感觉。琳琅满目的壁纸选择让人们随心所欲地打造属于自己的家居世界成为可能。壁纸的选购首先要注意整体风格的协调搭配，壁纸拥有丰富多彩的纹样，很适合营造出各种风格的室内空间，选购时需要按照不同风格色系进行挑选，还需要注意和家具的搭配。除此之外在质量上还需要注意以下几点：

（1）外观。看壁纸的表面是否存在色差、皱褶和气泡，壁纸的图案纹理是否清晰，色彩是否均匀。同时还要注意表面不要有抽丝、跳丝等现象，展开壁纸看看壁纸的厚薄是否一致，应选择厚薄一致且光洁度较好的壁纸。

（2）擦洗性。最好裁下一小块壁纸小样，用湿布用力擦拭，看看壁纸是否有脱色现象。

（3）批号。选购壁纸时，要注意查看壁纸的编号与批号是否一致，因为有的壁纸尽管是同一品牌甚至同一编号，但由于生产日期不同，颜色上便可能产生细微差异，常常在购买时难于察觉，直到大面积铺贴后才发现。而每卷墙纸上的批号即是代表同一颜色，所以，选购时尽量保持编号和批号的一致，以避免墙纸颜色不一致，影响装饰效果。

（4）环保。闻一闻壁纸本身应无刺鼻气味。相对而言壁纸本身的环保问题不大，但是在施工中因为还是要采用胶黏的办法铺贴，因而在环保上不光要注意壁纸本身的环保性，还应该重点关注施工时的环保问题。

6.2 图解扇灰施工标准工艺步骤及验收要点

6.2.1 扇灰施工标准工艺步骤

为了保证扇灰表面平整，避免裂缝，扇灰一般要分层操作，扇灰一般由底层、中层和面层三部分组成。其中底层的作用主要是使扇灰与基层黏结牢固，如果底层黏得不好，中层和面层搞得再好，也会使扇灰出现分离剥落。中层、面层的作用是找平，在施工中有时根据质量要求中层扇灰可以面层的扇灰一起进行，所用的材料与面层相同。面层主要用来涂装饰涂料，对面层的要求是平整、无裂痕、光滑细腻。

扇灰每层的厚度不宜过厚。扇灰工程一般分遍进行，以便粘贴牢固，并能起到平整和保证质量的作用，如果其中一层扇得太厚，因内外层收水快慢不同，易产生开裂，甚至起鼓、脱落，因此宜控制每层灰的厚度均匀。

第 1 步：按比例调配腻子，浇水加双飞粉，如图 6-8 所示。

图 6-8　调配腻子，浇水加双飞粉

第 2 步：用搅拌机搅拌均匀，如图 6-9 所示。也可以采用厂家调配好的专用腻子。

第 3 步：阴阳角施工，阴角用激光水平仪定好点，如图 6-10 和图 6-11 所示。

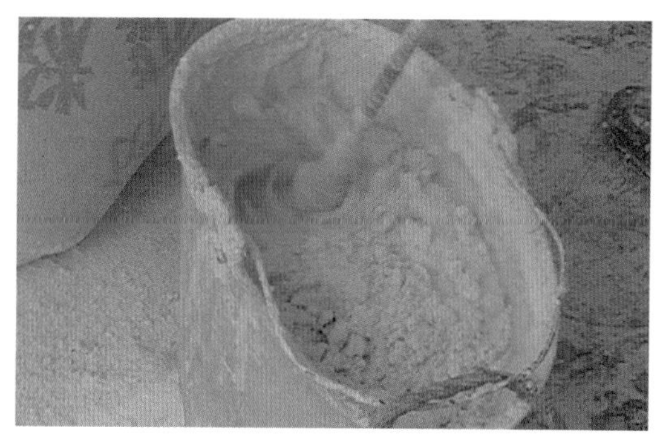

图 6-9　用搅拌机搅拌均匀

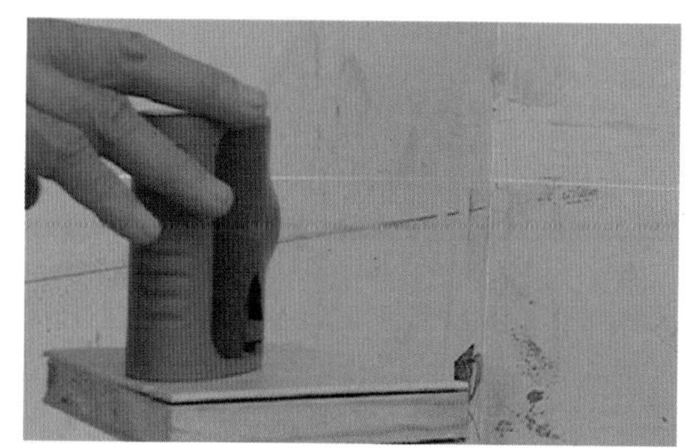

图 6-10　激光水平仪打线

第 4 步：用墨线弹线定位，如图 6-12 和图 6-13 所示。

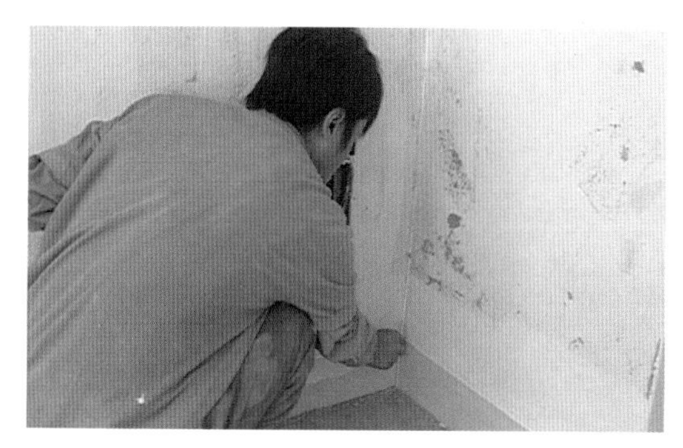

图 6-11　激光水平仪打线

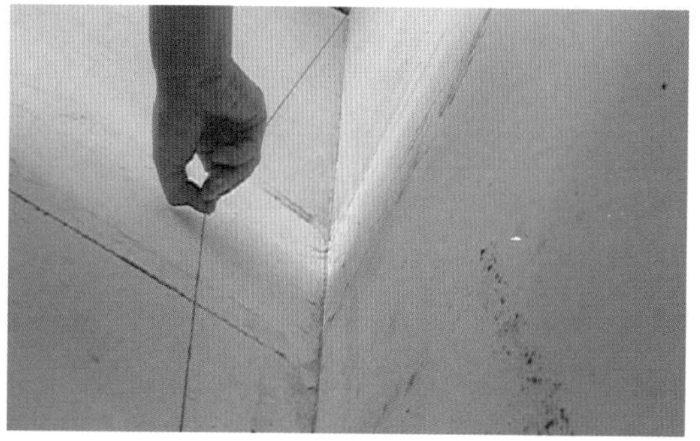

图 6-12　用墨斗弹线

图 6-13　墨线弹线效果

第 5 步：阳角用铝合金靠尺，同时用线坠掉直，如图 6-14 所示。

图 6-14　阳角用铝合金靠尺，同时用线坠掉直

第 6 步：一人用手压牢，一人批灰，如图 6-15 所示。

第 7 步：石膏板天花螺栓，每个都用毛刷涂刷防锈漆，如图 6-16 所示。

第 8 步：线槽和石膏板接缝处用石膏粉和胶水搅拌均匀，用灰刀将线槽和石膏板接缝处刮平，如图 6-17 所示。

图 6-15　一人用手压牢，一人批灰

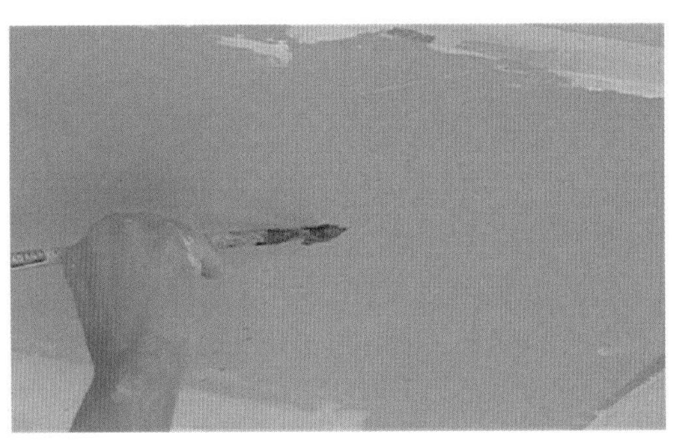

图 6-16　刷防锈漆

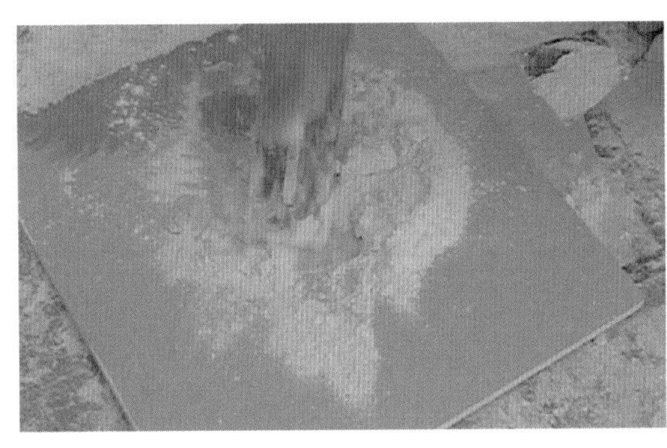

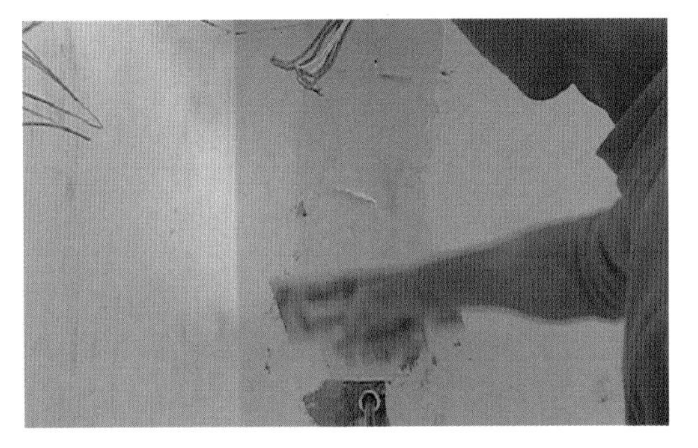

图 6-17　将线槽和石膏板接缝处刮平

第 9 步：夹板缝修补用环氧树脂或木胶粉加上木锯末搅拌均匀，如图 6-18 所示。然后填满夹板缝，用刮刀刮平，如图 6-19 和图 6-20 所示。

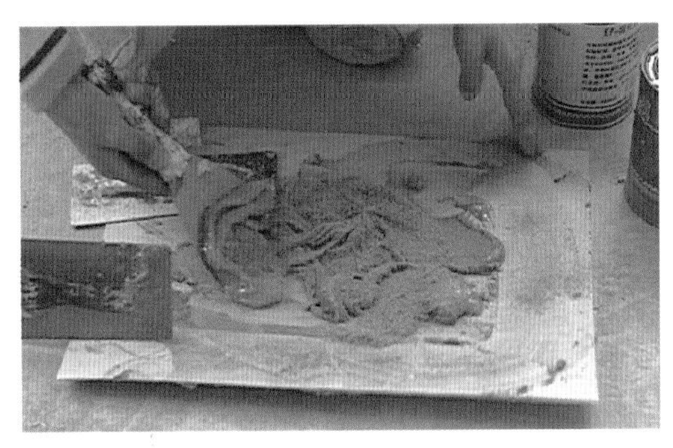

图 6-18　用环氧树脂或木胶粉加上木锯末搅拌均匀

图 6-19　填满夹板缝

图 6-20　用刮刀刮平

第 10 步：贴白布或牛皮纸，把胶水刷在白布或牛皮纸上，如图 6-21 所示。然后再贴白布或牛皮纸，用刮刀刮平，里面不能有气泡，如图 6-22 所示。

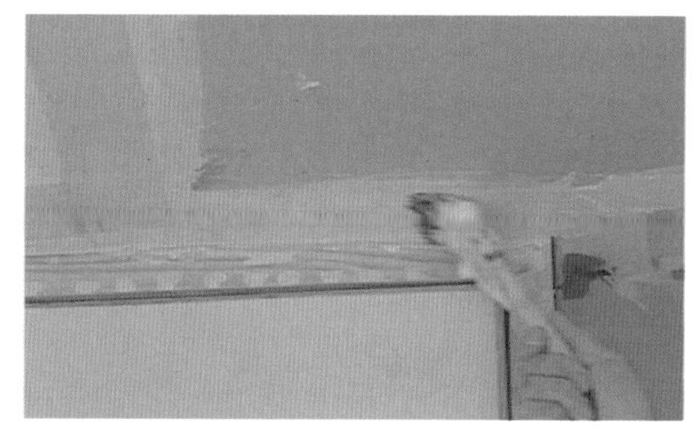

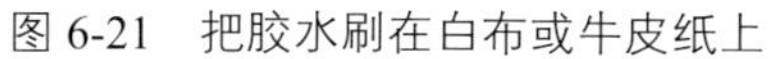

图 6-21　把胶水刷在白布或牛皮纸上

图 6-22　再贴白布或牛皮纸并用刮刀刮平

第 11 步：原天花墙面修补，用胶水、石膏粉和少量双飞粉调配，如图 6-23 所示。把明显不平的地方修补，如图 6-24 所示。

图 6-23　胶水、石膏粉和少量双飞粉调配

图 6-24　把明显不平的地方修补

第 12 步：扇灰由三层组成。扇底层灰要完全刮，刮底灰要用 2m 长或 1.2m 长铝合金刮尺进行施工，采用十字形或米字型操作施工，如图 6-25 所示。扇中层灰主要是用来找平底层刮灰的粗痕及微小不平，扇面层灰主要是用来掩盖中层的针孔、气泡和粗砂纸痕等，如图 6-26 所示。

图 6-25　铝合金刮尺施工

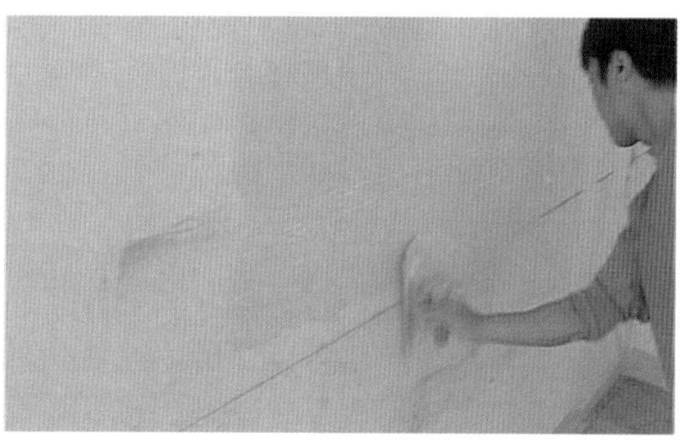

图 6-26　扇中、面层灰

第 13 步：扇灰层全部干透后进行打磨，用砂纸夹在专业打磨板上，手压在模板上方，手臂和手腕同时用力均匀打磨，如图 6-27 所示。最后用工作灯照射检查，如图 6-28 所示。

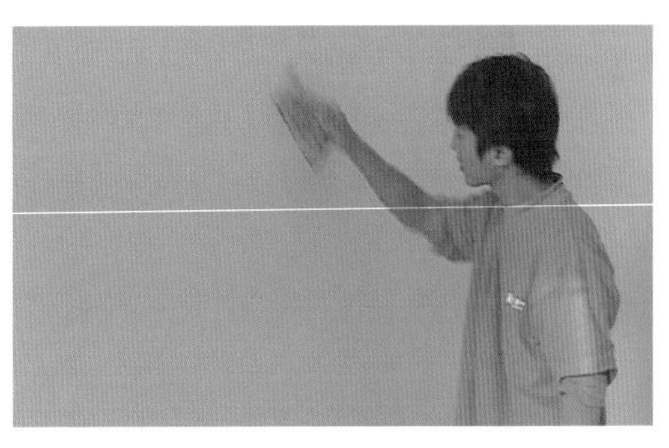
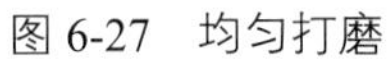

图 6-27　均匀打磨

图 6-28　用工作灯照射检查

第 14 步：检查平整度，用 2～3m 的靠尺进行测量，如图 6-29 所示。如有不平及时补灰打磨，如图 6-30 所示。然后用灯光反射进行测量，如图 6-31 所示。如有高低不平现象，再进一步打磨，直至表面平整光滑细腻为止，如图 6-32 所示。

图 6-29　靠尺进行测量

图 6-30　如有不平及时补灰打磨

图 6-31　用灯光反射进行测量

图 6-32　进一步打磨直至表面平整光滑细腻

第 15 步：涂刷乳胶漆底漆，可以用羊毛排刷或板刷。用排刷蘸浆时，大拇指放松，排刷毛朝下，蘸浆后排刷要在容器上敲两下，使浆料集中于排刷的端部，然后迅速横提到涂刷面上，如图 6-33 所示。为了刷均匀，不要用移动整个手臂的动作带动排刷，要用手腕的上下左右转动带动排刷，用排刷的正反平面刷墙面，如图 6-34 所示。

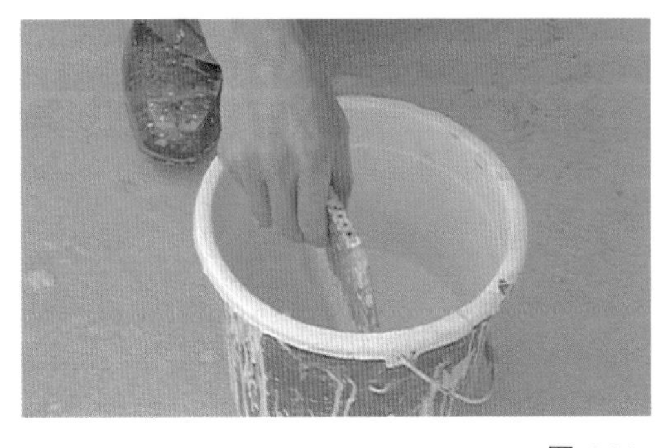

图 6-33　排刷蘸浆

图 6-34　涂刷

第 16 步：底漆干透后，用砂纸打磨，将砂纸对折或三折，如图 6-35 所示。然后包在垫块上，如图 6-36 所示。用手抓住垫块，手心压在垫块上方，手臂和手腕同时均匀用力打磨，不能只用一个手指压着砂纸磨，避免影响打磨的平整度，如图 6-37 所示。

图 6-35　将砂纸对折或三折

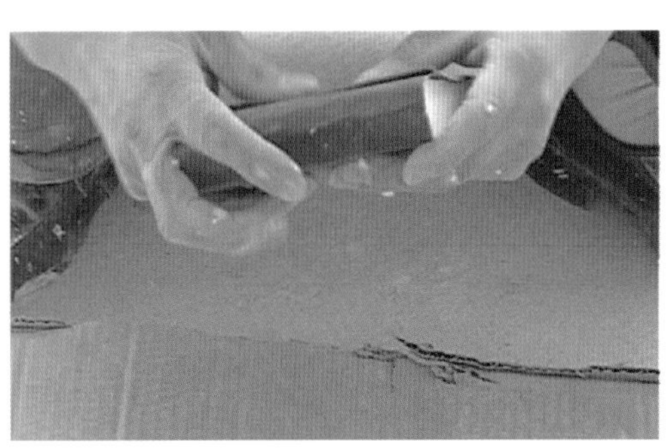

图 6-36　包在垫块上

图 6-37　手臂和手腕同时均匀用力打磨

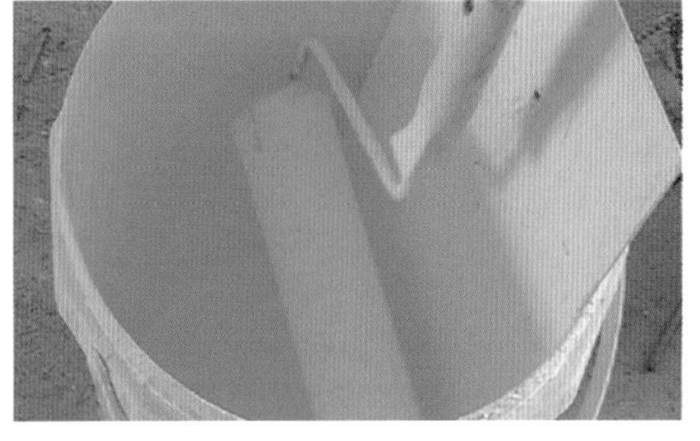

图 6-38　滚筒蘸取面漆

第 17 步：滚漆面漆，用滚筒蘸取面漆时，只需将滚筒浸入 1/3 处，然后在拖板上滚动几下，使滚筒被面漆均匀浸透，如图 6-38 所示。如果面漆浸透不够，可再蘸一次。在墙面上最初滚漆时，为使厚薄一致，要阻止浆料滴落。滚筒要从下向上，再从上向下，呈 M 形滚动，然后沿水平线垂直滚下去，如图 6-39 所示。

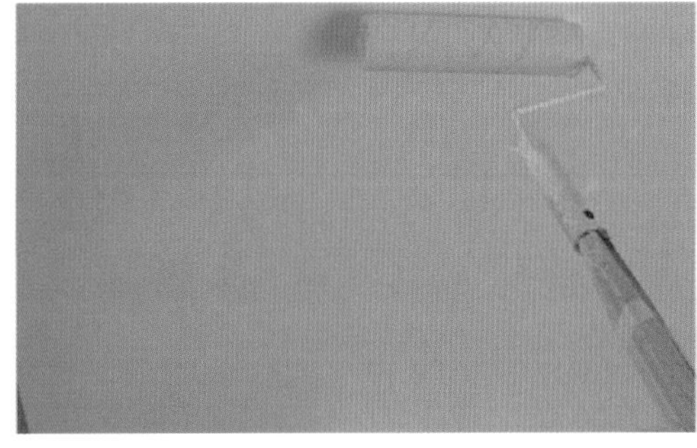

图 6-39　滚漆施工

6.2.2 刮灰施工验收要点

刮灰施工是一项面子工程，因此要引起重视。在验收时注意不仅要看表面的工艺质量，还要留意所使用的材料有没有达到标准要求。在验收时要细心仔细，尽量不要放过每一个角落。

（1）刮灰工程验收时，应检查所用材料的品种，面层的颜色等是否符合设计要求。

（2）刮灰工程的面层不得有裂缝，各刮灰层之间及刮灰层与基体间应黏结牢固，不得有脱层、空鼓等缺陷。

（3）刮灰表面平整、光滑、细腻、无砂眼，不得有缺棱掉角，灰线平直方正清晰美观。刮灰的质量标准见表 5-1。

表 5–1 刮灰的质量标准

项次	项目	允许偏差（mm）			检验方法
		合格	良好	优秀	
1	表面平整	5	4	2	用 2m 直尺和楔形塞尺检查
2	阴阳角垂直	5	4	2	用 200m 托线板和尺检查
3	立面垂直	5	4	3	用 200mm 方尺检查
4	阴阳有方正	5	4	2	用 201mm 方尺检查

（4）乳胶漆不能出现脱皮、漏刷、透底，必须保证表面无流坠、皱皮，而且表面颜色一致，无明显漏刷和透底，刷纹通顺，喷点均匀。

6.3 刮灰的注意事项

6.3.1 刮灰施工的总体要求

1. 施工注意事项

（1）处理墙面基层。不同基层处理方法稍异，但是总的要求是刷漆前，基层需要平整干净。对于毛坯房墙面，需要进行找平清洁、抗碱防霉处理。对于刷漆墙面，需要磨花原来的漆，清理浮尘，使用 5 年以上的底灰较松散的还需铲除腻子；而对于原先贴了壁纸的墙面，撕掉壁纸再进行处理。

（2）涂刷界面剂。不同墙面基层的基本清洁处理做完后，接下来就可以选择刷界面剂。界面剂能够增强对基层的黏结力，避免抹灰层空鼓、起壳的现象。在刷界面剂时，一定都要刷到刷匀。考虑到成本和造价因素，很多人采用 108 胶水封底，这不是最好的处理方法，最佳方法要做抗碱防霉封固处理。

（3）防裂处理。墙面如果有裂缝，那么在刷漆前就需要对裂缝进行一定的处理。一般情况下，需要在墙体有裂纹的地方、轻体墙和承重墙接合处、石膏板接缝处等部位贴上牛皮纸、的确良布、网格纤维布、绷带等材料；如果有螺帽的，要用原子粉封住或涂刷防锈漆，防止受潮生锈返色。如果有较深的裂缝，要凿开挂网再批荡找平；如果较浅，则要用粘粉填充。

（4）批刮腻子，加角线。墙面在做好基本的清洁、刷界面剂、找平、防裂处理后，接下来就是刷腻子处理了。常见的腻子粉需要现场调配，调配的时候按照产品说明严格控制腻子粉和水的配比。同时尽量将之搅拌均匀，然后静置 10～20min 再次搅拌均匀即可使用。

在大面积刮腻子前，先要对全屋所有阴阳角加装角线，保证所有角棱角分明，线条流畅，且耐撞陪碰。

腻子批刮时用刮板或抹刀按常规批刮，在刮的时候尽量用力均匀让其充分和墙面黏结，一步到位，不要反复批刮。批刮腻子的厚度一般为 0.8～1.5mm，刮涂次数不可过多，新房一般批两遍就可以了，二手房批三遍比较好。每次涂刷后，由于腻子强度高，应在腻子处于半干状态下，用手轻压不变形时用刮板收光找平。

（5）砂纸打磨。待腻子干后，用砂纸进行打磨，打磨边角时要格外小心，能直尽量直。注意打磨砂纸不要漏磨或将腻子磨穿，刮板印经砂纸打磨后，将浮尘清理干净，就可以直接刷底漆了。

（6）刷底漆。现在墙面一般都需要刷底漆，底漆的作用是封闭基层、增加附着力以及提升丰满度等。底漆一定要刷匀，确保墙面每个地方都刷到，如果墙面吃漆量较大，底漆最好适量多加一点水，以确保能够涂刷均匀。

（7）涂刷面漆。待底漆干透后，需再用砂纸打磨一遍，之后就是涂刷面漆。面漆调配时不要加过量的水，否则会影响漆膜厚度、手感和漆膜的硬度等。面漆一般刷涂两遍，刷面漆因滚筒不同，完工后细腻度和颗粒感也不同，所以刷涂前一定要选择好合适的滚筒和刷子。

2. 扇灰施工前期准备

（1）材料和工具的准备。扇灰工程所用的材料应符合材料标准的规定和环保指标要求，其数量应以不影响工程进度为宜。常用的扇灰材料有双飞粉、腻子粉、108 胶水、白布、绷带、牛皮纸、各品牌乳胶漆、ICI 系列涂料，施工所用材料应有集中加工和调配的场地。

扇灰的常用器具机械有空气压缩机、喷枪、电动搅拌器、打磨机等，扇灰常用的手工工具有抹子、做角抹子、捋角器，其作用具体如下：

1）抹子：扇灰工常用的抹子有铁抹子、塑料抹子、木抹子、压子。

2）做角抹子：常用的做角抹子有阴角抹子、阳角抹子、圆阴角抹子、圆阳角抹子。

3）捋角器：靠尺、角尺、托灰板、排刷等。

（2）施工现场的准备。

1）脚手架及其搭设。根据工程的特点及现场具体情况，选择合适的脚手架并提前搭设，一般情况下室内层高不超过 3m 的用人字梯即可，如超过 4m 以上的层高就必须搭设脚手架。

2）基体处理。清理表面混凝土，基层表面凹凸太过的部位应事先要剔平或用粘粉配 108 胶或白胶补平。墙缝、木制天花、隔板墙、夹板拼缝处都必须填满粘粉或木胶粉，然后用白布、绷带或牛皮纸封平。

6.3.2 刮灰施工

1. 墙面施工方法

底层与中层抹灰的操作要领是：用铁抹子将灰浆横向或竖白，抹于墙面上，先抹底层，后抹中层，底层应大致平整，抹时用目测控制平整度，用较长的靠尺进行测量，如有高低不平现象，然后再用灰浆补一遍，使表面平整填实。

阴角施工方法：先用灰浆抹于阴角处，再用刮尺横竖刮平，用刮尺上下检查方正，然后用刮角器抽平找直，使室内阴角方正，然后再用阴角抹子抹直。

阳角施工方法：墙面阳角先将靠尺在墙的一面用线坠找直，然后在墙角的另一面顺靠尺抹上灰浆，然后再用阳角抹灰抹直，使室内阳角方正线直。

2. 顶棚扇灰

（1）基层处理。由于装饰工程普遍用夹板、石膏板等材料制作，有很多接缝处，要求用粘粉或木胶粉、108 胶或白胶调和将接缝处填满，然后再用白布、绷带或牛皮纸封平，以防开裂。

（2）施工方法。用铁抹子将灰浆横向或竖向抹于天棚上，先抹底层再抹中层。底层要大致平整，抹时用目测，再用长靠尺进行测量，如有高低不平，及时修补一遍，使表面平整、填实。

6.3.3 墙体打磨施工

1. 手工打磨

将砂纸或砂布对折或三折，包在挂块上，用右手抓住垫块，手心压住木块上方，手臂和手腕同时均匀用力打磨。如不用垫块，可用大拇指、小拇指和其他三个手指夹住，不能只用一个手指压着砂纸打磨，以免影响打磨的平整度。

2. 机械打磨

使用机械打磨时，首先检查砂纸是否被夹子夹牢，并检查打磨器各部位是否灵活，运行是否平稳。操作时，双手向前推动打磨器，不得重压，打磨后，应除净表面的灰尘，以利下道工序进行。

3. 检查平整度

一般先用3m以上长度的靠尺进行测量，如有不平现象及时补灰再打磨，然后灯光反射进行测量，如有高低不平现象再进一步打磨，直至表面光滑细腻，阴阳角方正线直。

6.3.4 墙体刷乳胶漆施工

1. 手工工具刷涂法

首先选好刷具，一般应选用羊毛排刷或者板刷，用排刷蘸浆时，大拇指放松，使排刷毛朝下，蘸浆后，排刷要在容器上边上敲两下，使浆料集中在排刷毛的端部，然后迅速横提到涂刷面上涂刷。为了涂刷均匀，不要用移动整个手臂的动作带动排刷，要用手腕的上下左右转动带动排刷，用排刷的正反平面刷在墙面。

2. 滚涂法

用滚筒蘸取涂料时，只需浸入筒径的1/3，然后在托板间滚动几下，使套筒被涂料均匀浸透，如果涂料吸附不够，可再蘸一次。滚涂料应有顺序地朝一个方向滚涂，在墙面上最初滚涂时，为使涂层厚薄一致，阻止涂料滴落，滚筒要从下向上再从上向下呈M形滚动，然后就可水平线垂地一直滚下去。

3. 机械喷涂法

将涂料搅拌均匀，用纱布过滤后，倒入喷枪，注意喷枪与墙面的距离，如距离太近，涂料层增厚，易被涂料雾冲回，产生流淌；距离太远，涂料易散落，使涂层造成凹凸状，得不到平整光滑的效果，一般喷距为200～300mm为宜。

具体操作方法如下：

（1）纵行喷涂法。纵行喷涂法的喷枪嘴两侧小孔与出漆孔成垂直线，从被涂物左上方往下成直角移动，随即往上喷，并压住（覆盖）前一次宽度1/3，如此依次喷过去和压过去，这样施工，涂膜光感度好。

（2）横行喷涂法。喷嘴两侧小孔下与出漆孔成水平直线，从被涂物右上角向左移动，喷涂到左端后随即往回喷，往回喷的喷雾流压住第一次的1/3宽度，依次往返地一层压一层，每次喷雾交接两侧均被压上一层薄膜就使整个喷涂层厚薄均匀一致，此法适用于较大面积的喷涂。

6.4 扇灰施工常见问题及解决办法

扇灰施工常见的问题主要是内墙刮灰、涂刷乳胶漆等，这些问题会直接影响到整套施工的工程质量。因为扇灰是面子工程，只要一出现问题就会很显眼，直接影响到整体的美观性，马虎不得。

6.4.1 乳胶漆漆膜起皮的原因

起皮主要原因是基层未处理好、基层太光滑或有油污以及腻子层未干透即涂刷乳胶漆等。如果基层太光滑可用钢刷将基层刷毛并处理干净，油污用溶剂做去污处理，尤其需要注意必须等腻子层干透再涂刷乳胶漆，未等腻子干透刷涂乳胶漆，不仅会导致起皮，还会导致墙面乳胶漆后期发生裂缝、发霉、起毛等现象。

6.4.2 外墙乳胶漆与内墙乳胶漆是否可以混用

不能混用。外墙乳胶漆在防水性能和防紫外线照射性能上要优于内墙乳胶漆，能够保证长时间日晒雨淋而不变色。所以内墙乳胶漆用于外墙不适合，但如果要把外墙乳胶漆用于内墙则没问题。

6.4.3 壁纸与乳胶漆是否可以混用

可以。通常做法是在墙面先贴上较便宜的带有纹路的塑料壁纸，再在壁纸上刷乳胶漆，这样即外表看起来像是乳胶漆，但又带有壁纸细密的纹路，效果确实与众不同。这种做法不少样板房都有采用。

6.4.4 壁纸中有气泡如何解决

壁纸中有凸起或气泡通常是因为裱糊壁纸时赶压不当造成的，一是赶压力气小，多余胶液未被赶出，形成胶液；二是未能将壁纸内空气赶净，形成气泡；同时涂刷胶液厚薄不匀和基层不平或不干净都有可能导致这种问题。所以在裱糊施工中必须做到基层平整、干净，涂刷胶液要均匀，赶压墙纸须细致。

6.4.5 壁纸是否不容易打理

早年常见的纸基壁纸确实不易打理，但随着生产技术的提高，不少壁纸的品种都具有了非常良好的可擦洗性，一点都不比乳胶漆差。比如塑料壁纸就十分容易打理，脏了用湿布一擦即可，颜色也不会变化。

6.4.6 计算壁纸的用量

壁纸的计算通常是以墙面面积除以单卷壁纸能够贴的面积得出需要的卷数。一般壁纸的规格为每卷长 10m、宽 0.53m，一卷壁纸满贴面积约为 5.3m^2。但实际上墙纸的损耗较多，素色或细碎花的墙纸好些，如果在墙纸的拼贴中要考虑对花，图案越大，损耗越大，因此要比实际用量多买 10% 左右。

6.4.7 乳胶漆是否有毒

乳胶漆有机物含量低，只有游离分子单体如各种丙烯酸酯、苯乙烯、醋酸乙烯等有不同程度的毒性，但其含量在 0.1% 以下，不会对人体造成危害，所以可以说乳胶漆基本上无毒的，是环保型产品。市场上还是一些不法厂商用廉价的水溶性涂料冒充内墙乳胶漆，主要产品有 106、107、803 内墙涂料，其中 107 因为含有大量的游离甲醛早已经被国家明令禁止使用，而且这些水性涂料涂层耐水性差，易掉粉、脱落。

6.4.8 乳胶漆施工是否一定要刷上一遍底漆

底漆可封闭基层碱性物质向乳胶漆涂层渗透，以减少碱性物质对面漆的侵蚀，还能够加强面漆的附着力。所以对于一些要求较高，需要长时间使用的室内空间，最好还是上一遍底漆后再上面漆。

6.4.9 天花、墙身起波浪，凹凸不平

天花、墙身出现起波浪、凹凸不平的现象基本都是由于扇灰工程不过关造成的。因此在扇灰的过程中，扇灰的次数一定要足，一般为 3 遍。对不平的地方一定要扇平，且厚度均匀。用砂纸打磨墙体时要用太阳灯边照遍打磨，且要留意不平整的地方，补平后再打磨。整体光滑度、平整度都过关了就可刷墙面漆了。

6.4.10 墙体表面因渗水、漏水而泛黄或起泡

墙体时间久会泛黄或起泡，业主遇到这样的事情是很苦恼的。墙体泛黄、起泡的主要原因是受潮或是有渗水、漏水的情况发生。如遇到这样的问题，就要铲开扇灰层，凿开暗藏水管的水泥封槽检查水管是否渗漏，若是就立刻修复再水泥砂浆封槽，再重新扇灰刷乳胶漆。这样的检修是比较麻烦的，所以在一开始装水管时要把好关，保证水管不会渗漏才封槽。

第7章 油漆施工

油漆工程是装修中的面子工程，木工完工后最终效果还是要靠油漆工程来完成，所以业内有“三分木，七分油”的说法。油漆工程通常包括木制品油漆及其他如防火、防腐涂料等各类特种涂料的施工。在家庭装饰中主要有家具、木房门、木线条的油漆施工。油漆施工是一项细活，要求施工人员胆大心细，且施工环境要求也比较严格，不得有扬尘，否则会直接破坏油漆的效果。

7.1 油漆施工常用工具及材料

7.1.1 油漆施工常用工具

油漆施工也是一项面子工程，油漆做得好，出来的整体效果就更好了，同时也会把家具提升一个档次。在油漆施工中所用到的工具较少，下面介绍一下油漆施工常用的工具。

1. 滚筒

详见第6章，滚筒在油漆施工中主要用于涂刷防潮层。

2. 砂纸夹板

详见第6章，砂纸夹板在油漆施工中主要用于油漆涂刷干后进行打磨。

3. 羊毛刷

详见第6章，羊毛刷在油漆施工中主要用于涂刷油漆。涂刷过程中要留心，防止出现漏刷、刷流等现象。

4. 铲刀

用于清除灰土，调配腻子，铲刮铁锈、旧漆膜及粘附在基层表面的杂物等。

5. 压缩空气机

详见第5章，在油漆施工中，气泵不是施工工具，而是提供动力的工具，喷枪就是以它为动力进行作业的。

6. 喷枪

喷枪，包含枪身、枪头，该枪身和枪头通过一连接机构连接；该枪头包含一个喷嘴，该喷嘴内部塞焊有若干金属圆钢；连接机构包含法兰和链条销子，喷嘴制造成扁平状；其更换比较方便，成本也较低，并能有效防止枪头脱落和磨损，如图7-1所示。

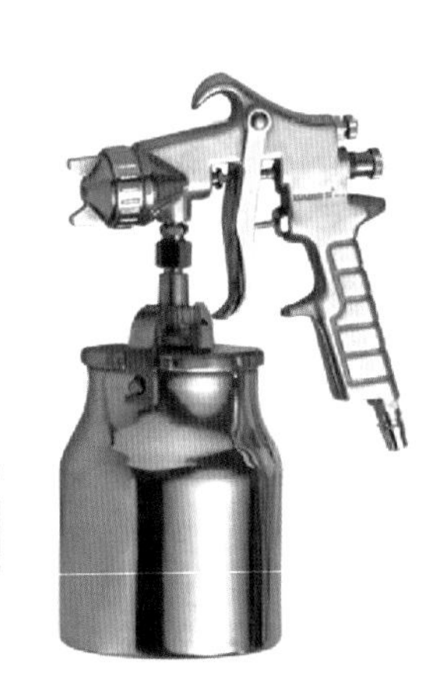

图7-1 喷枪

喷枪喷涂油漆比羊毛刷涂刷更方便省事，不用担心漏刷、刷流痕等现象出现，且相比之下喷涂更均匀，更美观。

除了以上工具之外，油漆还会用到刻刀、刮刀、砂纸等工具，这里就不一一详细阐述了。

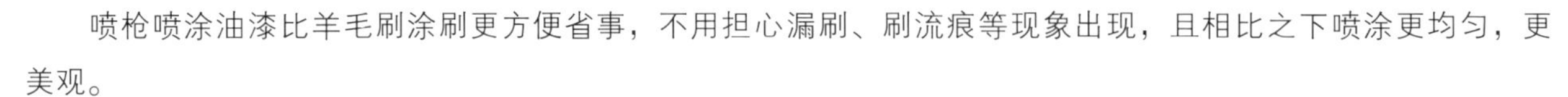

7.1.2 油漆施工常用材料

油漆施工的常用材料主要是涂料，而油漆涂料的种类是多种多样的，有防火涂料、地面涂料、油漆涂料等，各种涂料都有各自不同的作用与功能。

一、防火涂料

防火涂料，是指涂装在物体表面，当遭受到火灾温度骤然升高时，防火涂料层能迅速膨胀，增加了涂层的厚度或者是防火涂层受热分散出阻燃性气体，形成无氧不燃烧层，起到防火、吸热、耐热、隔热作用的消防安全装修材料。

防火涂料多用于一些对于消防有较高要求的部位，比如家居装修中的吊顶，常用木龙骨作为骨架之后再贴上石膏板。木龙骨的防火性能很差，所以在作为家庭装修材料使用时必须在木龙骨上在刷上防火涂料。此外，和木龙骨一样防火性能较差的材料，在用于施工时也必须再刷上一层防火涂料。

防火涂料的种类很多，也有多种分类方法，以防火涂料的防火机理不同，可分为膨胀型防火涂料和非膨胀型防火涂料两大类。膨胀型防火涂料是目前使用最广泛的一种防火涂料，它在火焰或在高温作用下，可产生比原来涂层厚几十倍甚至上百倍不易燃烧的海绵碳质层和 CO_2、NH_3、HCl、Br_2 及水蒸气等不燃烧气体，从而有效地起到防火阻燃的作用。非膨胀型防火涂料在着火时涂层基本不发生膨胀变化，但是会形成釉状保护层，从而隔绝材料表面的氧气作用，延迟燃烧，但是其防火隔热效果不如膨胀型防火涂料。

按照使用材料的不同防火涂料可以分为钢结构防火涂料、混凝土防火涂料、饰面型防火涂料和木材防火涂料等类型。钢结构防火涂料可使钢结构构件的耐火能力从 15min 提高到 2h（根据涂层厚度而定）。木材防火涂料可大大提高木质材料的抗燃性能，当涂层厚度为 1mm 时，耐火极限可达 30min。其他各种类型的防火涂料的使用也都可以不同程度地提高材料的难燃性能。

二、地面涂料

地面涂料是采用耐磨树脂和耐磨颜料制成的用于地面涂刷的涂料。与一般涂料相比，地面涂料的耐磨性和抗污染性特别突出，因此广泛用于公共空间如商场、车库、仓库、工业厂房的地面装饰。

地面涂料的种类很多，最常见的一般有环氧树脂涂料和聚氨酯涂料两大类。这两类涂料都具有良好的耐化学品性、耐磨损和耐机械冲击性能。其中聚氨酯涂料有较高的强度和弹性，涂铺地面后涂层光洁平整、弹性好、耐磨、耐压、行走舒适且不积尘易清扫，是一种高级的地面涂料，但是聚氨酯对潮湿的耐受性差，且对水泥基层的黏结力也不如环氧树脂涂料。环氧树脂涂料是以环氧树脂等高分子材料加溶剂及颜料制成的，能调配出多种颜色，涂料干燥快，涂层黏结力强，耐磨性更好，并且表面光洁，装饰效果也不错。一般来说，环氧地面涂料只适用于室内地面装饰，而聚氨酯地面涂料是可以在室外使用。如果在环氧树脂涂料中加入功能性材料，则可制成功能性涂料，如抗静电地坪涂料、砂浆型防滑地坪涂料等。

三、油漆

油漆主要分为木器漆和金属漆，木器漆主要有硝基漆、聚氨酯漆等，金属漆主要有磁漆。

（1）硝基清漆。硝基清漆是一种以硝化纤维素（硝化棉）为主要成膜物质，醇酸树脂、增塑剂及有机溶剂调制而成的透明漆，属挥发性油漆，根据表面的光泽度可以分为亮光、半哑光和哑光三种。硝基清漆具有干燥速度快，光泽柔和、手感好，同时易翻新修复，层间不须打磨，施工简单方便的优点，缺点是高湿天气易泛白、耐温、耐候（耐老化）性都比较差，硬度低，较易磨损，同时表面丰满度低，一般施工很难达到聚氨酯或聚酯漆的厚度，所以硝基清漆在施工中往往要刷很多遍才行。

（2）聚酯漆。聚酯漆是以聚酯树脂为主要成膜物制成的一种厚质漆，是装修用漆的最主要品种之一，聚酯漆有聚酯清漆（高光、哑光、半哑光）、有色漆、磁漆等各种品种，聚酯漆通常是论“组”卖的，一组包括三个独立的包装罐，即主漆、固化剂、稀释剂，这些也是聚酯漆的主要组成部分，缺一不可。聚酯漆的优点是丰满度、硬度、柔韧性比较好，耐酸碱、耐水性、耐候性也不错；缺点是不耐黄变，因为聚酯漆施工过程中需要进行固化，这些固化剂的主要成分是 TDI（甲苯二异氰酸酯），这些处于游离状态的 TDI 会变黄，不但使家私漆面变黄，甚至还会使邻近的墙面变黄，这是聚酯漆最大的缺点。因此用聚酯漆装修的房屋应用较厚的窗帘避光，特别是浅色的家具、木地板不宜用一般的聚酯漆，以免黄变。目前市面上已经出现了耐黄变聚酯漆，但也只能“耐黄”，还不能做到完全防止变黄。另外，超出标准的游离 TDI 是一种有毒有害物质，会对人体造成伤害。此外聚酯漆对施工环境和施工工艺要求也较高且漆膜损坏不易修复。

（3）不饱和聚酯钢琴漆。俗称钢琴漆，是以不饱和聚酯树酯为基础加入促进剂、引发剂、石蜡液制成的。该漆属无溶剂型漆，涂层较厚，光泽性、附着力和耐腐蚀性能优良。

（4）水性木器漆。以丙烯酸、聚氨酯或者丙烯酸与聚氨酯的合成物为主要成分，水做稀释剂。具有不燃烧、环保、漆膜晶莹透亮、柔韧性好并且耐水、耐黄变性能好的优点；缺点是表面丰满度差，耐磨及抗化学性较差，油污易留痕迹，温度过低或者潮湿气候下不易施工。

（5）清油。又名熟油、调漆油，是家庭装修中对门窗、护墙裙、暖气罩、配套家具等进行装饰的基本漆类之一。

（6）手扫漆。属于硝基清漆的一种，是由硝化棉、各种合成树脂、颜料及有机溶剂调制而成的一种非透明漆。此漆专为人工施工而配制，具有快干特征。

（7）原漆。又名铅油，是由颜料与干性油混合研磨而成，广泛用于面层的打底，也可单独作为面层涂饰。

（8）磁漆。是以清漆为基料加颜料研磨制成，常用的有酚醛磁漆和醇酸磁漆两类。涂层干燥后呈磁质色彩，可用于金属材料表面。

根据施工做法的不同可以分为清油（又称清水）、混油（又称混水）。清油是在木质材料表面上一层透明漆，以体现木质本身材质、颜色为主，通常会在柚木、胡桃木、樱桃木等较名贵具有漂亮纹理的木材表面采用清油工艺。混油油漆则会覆盖木质的本色，主要体现油漆本身的颜色，显得更为现代、简洁，在装饰中这两种做法都有广泛采用。

1. 清油

清油的做法即在木质表面刷上一层透明的清漆，起到即保护木质材料又不掩盖木质本身纹理的作用。清漆又名凡立水，是一种不含颜料的透明油漆品种，又分油基清漆和树脂清漆两类。品种可以是酯胶清漆、酚醛清漆、醇酸清漆、硝基清漆及虫胶清漆等。特点是光泽好，成膜快，用途广，主要适用于木器、家具等。清油施工效果如图 7-2 所示。

图 7-2　清油施工书柜实景效果

清油工艺分为上底色和不上底色两种。不上底色的清油，就是油漆工人在对木材表面完成处理以后，直接在木材表面涂刷清漆，这样的结果是基本上能够反映出木材表面的纹路以及原来的色彩，真实感比较强；但是，由于这样做的工艺处理解决不了木材表面的色差变化，以及木材表面的结疤等木材本身的缺陷。而上底色的清油工艺则可以在一定程度上解决这个问题，油漆工人在木材表面上先做底色（油色或者水色），在底色做完并且干透以后，再上清漆。在木材的真实质感上要差一些，但是统一性会更好。

2. 混油

混油工艺通常是在胶合板、密度板或者大芯板等木质材料上打磨、批原子灰和腻子，然后上带有颜色的油漆。做混油的木制品材料多为松木或椴木等，如果采用柚木、樱桃木等实木做混油，效果并不好而且还浪费材料。混油工艺分为喷漆、擦漆及刷漆等不同的施工工艺，相对来说刷漆工艺的效果一般，会在漆膜上留有刷痕，在平整性和光洁性上不如喷漆或擦漆工艺，显得较为低档。混油的缺点是漆膜容易泛黄，所以在施工中，最后在油漆中加入少许的黑漆或蓝漆压色，使油漆漆膜不容易在光照下泛黄。

目前，装修中混油可使用的油漆种类很多，常用的有醇酸调和漆、硝基调和漆、聚酯漆、水性漆等。相对于清油工艺而言，混油工艺对于油漆工人的技术要求比较高，操作起来比较费工时，价格也相对要高一些。混油施工实景效果如图 7-3 所示。

图 7-3　白色混油书柜

7.1.3　油漆类材料的选购

业主可以根据自己的需要选择涂料，比如要求油漆漆膜的光泽均一，漆膜丰满可以选择聚酯漆；浅色板材则应该购买耐黄变系列油漆，以防止漆膜时间长了变黄；地板漆则可购买耐刮划系列油漆；要求绿色环保，则可选择水性环保木器漆，有毒有害物质较少。除了根据自己的需要选择外，在质量上需要考虑以下几点：

（1）选品牌。选购装饰涂料最好选择品牌，因为大多数的涂料（乳胶漆除外）或多或少都含有一定量的有毒有害物质，尤其是木器漆，其危害更大。选择时还应从外包装上进行辨别，正规厂家生产的产品，各种标志齐全，厂名、厂址、商标明晰。此外正规厂家的产品都标明产品的净重，且分量充足，无缺斤短两的现象。

（2）看外观。黏稠度高的地面涂料，质量也就相对较好。涂料外观应呈现均一状态，无明显的分层及沉淀现象；固化剂应清澈透明，无乳光、杂质；稀释剂应水白、透明、无异味。

（3）闻味道。涂料中的有毒有害物质主要有三苯、游离 TDI、可溶性重金属、有机挥发物等，这些有毒有害物质的含量是否达标是选择涂料的一个重要指标。涂料开罐后，贴近罐口闻一闻气味，质量好的涂料味道不会很刺激，施工后气味排放快，在通风良好的情况下，5～7 天后不应再有明显的气味；如果涂料开罐后刺激性较强，最好不要使用。

（4）看漆膜。涂料的主要作用是装饰和保护。装饰效果，如光泽的均一性、色彩的多样性、丰满度等；保护作用，如硬度、耐划性、耐化学性、耐老化性等；从施工性能上讲，如流平性、打磨性、填充性、干速等；产品应具有良好的施工性，易刷涂、干燥快、良好的硬度、无明显的刷痕、手感细腻滑爽、无发白现象。

7.2 图解油漆施工工艺标准步骤及验收要点

7.2.1 油漆施工工艺的标准步骤

油漆施工对施工环境要求比较严格，施工前要先进行场地打扫，不能出现扬尘，且涂刷过程中不能急，要细心稳妥地涂刷。下面介绍木器漆的施工，至于防火及防腐等特种涂料的施工相对比较简单，只需要依照产品说明进行涂刷即可。

第 1 步：调配油漆，把桶装的聚酯油漆和固化剂分别抱在手上，用力摇动 5min，如图 7-4 所示。接着按照厂家产品说明书要求调配，搅拌均匀，直至可以涂刷，如图 7-5 所示。

图 7-4 摇动油漆和固化剂

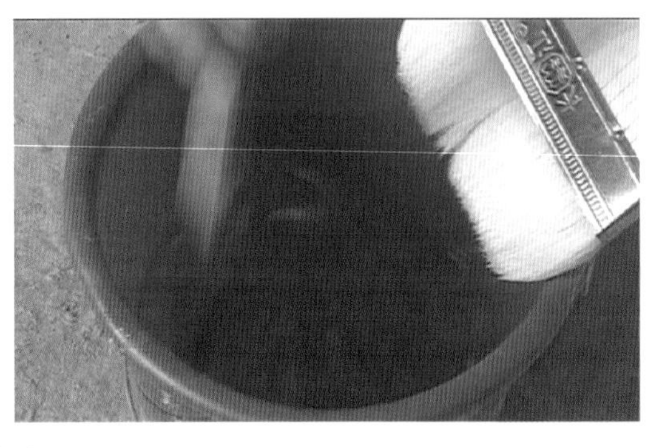

图 7-5 调配油漆和固化剂

第 2 步：现调保护漆，均匀涂刷面板，刷好后可使被刷物品不渗水，不受污染，如图 7-6 所示。

第 3 步：物品涂刷油漆前要打扫卫生，用毛巾把被刷物品清理干净，无灰尘，无挂胶，同时应除去上面凸的疤痕，如图 7-7 所示。

图 7-6　涂刷保护漆

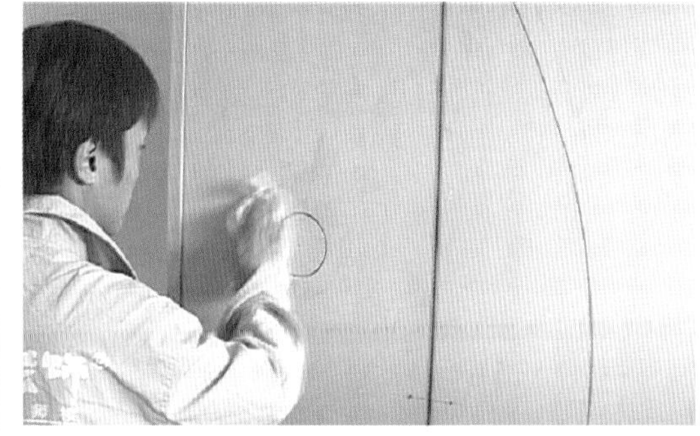

图 7-7　清理面层

第 4 步：保护物品与其他物体要分开处理，家私和墙面也要做分开处理，不同界面要用分色纸分开，无须上漆的物品，如家私、柜内吊轨、合页、门锁等用保护材料保护好，如图 7-8 所示。

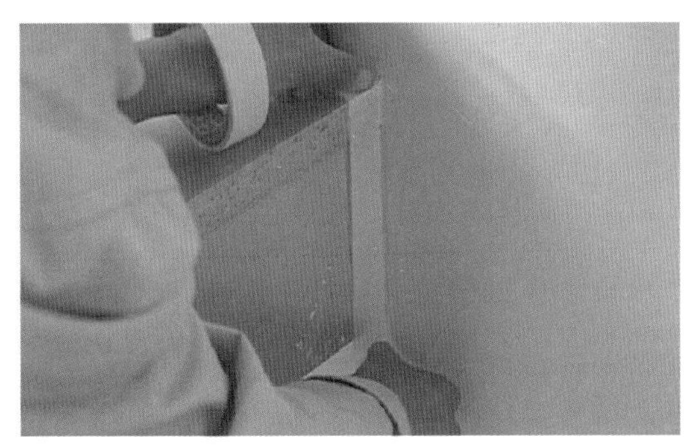

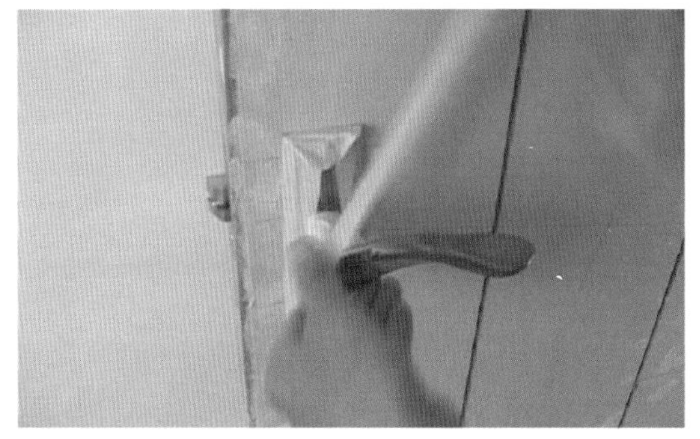

图 7-8　保护处理

第 5 步：涂刷底漆，底漆可以使被刷物件表面与深层之间创造良好的结合力，提高整个深层的保护性能，如图 7-9 所示。

第 6 步：补钉眼腻子调色，调色用的材料是腻子粉、胶水、铁红色粉、黄色粉、黑色粉，用这些材料按照一定比例调配出各种颜色的腻子，如图 7-10 所示。

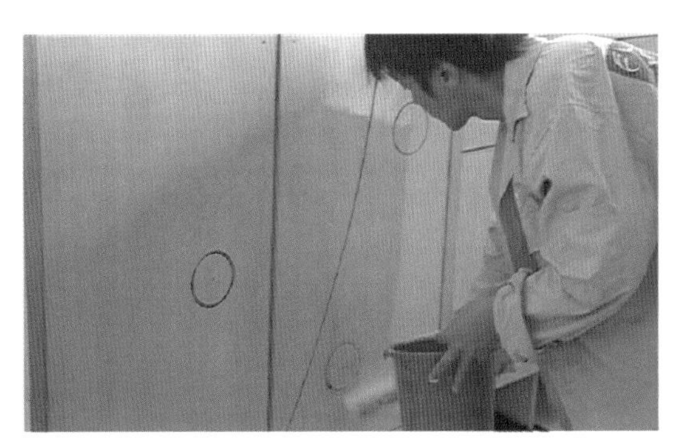

图 7-9　涂刷底漆

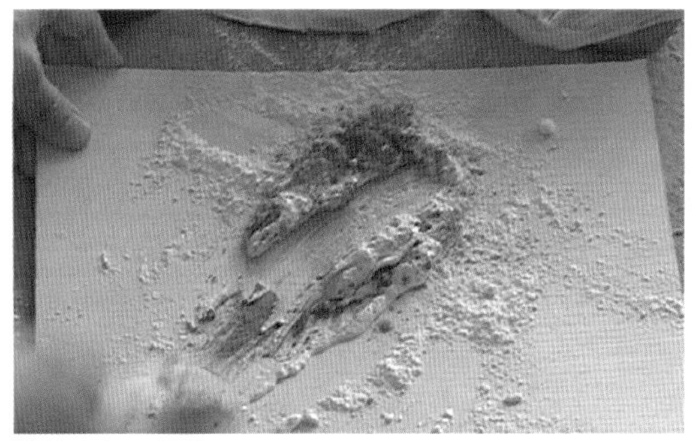

图 7-10　调配各种颜色腻子

第 7 步：补钉眼腻子，根据木色补相同颜色的腻子，补的腻子要高出物面，以防干后凹进物面，要顺着物面的直纹方向补腻子，如图 7-11 所示。

第 8 步：打磨，用砂纸把物品上面补的腻子磨平，同时刷底漆，只见亮点不见亮面为准，如图 7-12 所示。

第 9 步：涂刷中漆，中漆的作用是保护底漆和腻子层，增加底漆与面漆的层面结合力，消除底层的缺陷和过分的粗糙度，增加深层的丰满度，提高深层的保护性和装饰性，如图 7-13 所示。

图 7-11　补钉眼腻子

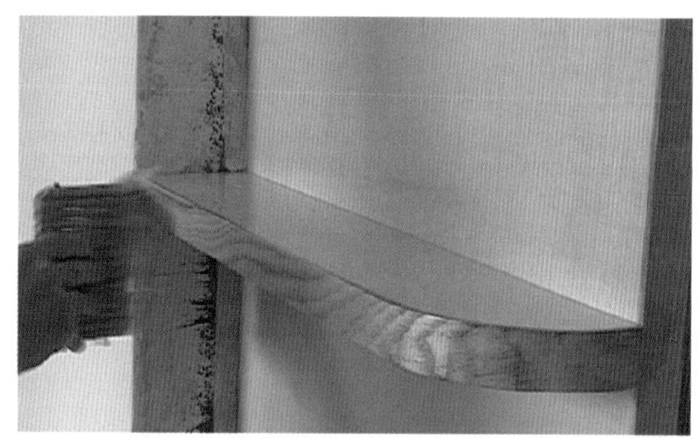

图 7-12　用砂纸把物品上面补的腻子磨平同时刷底漆

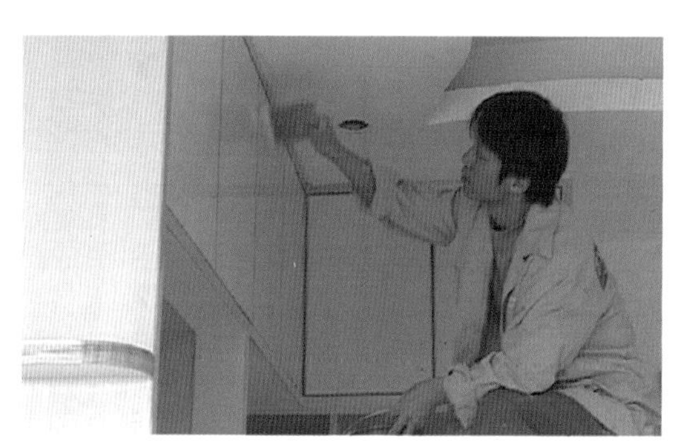
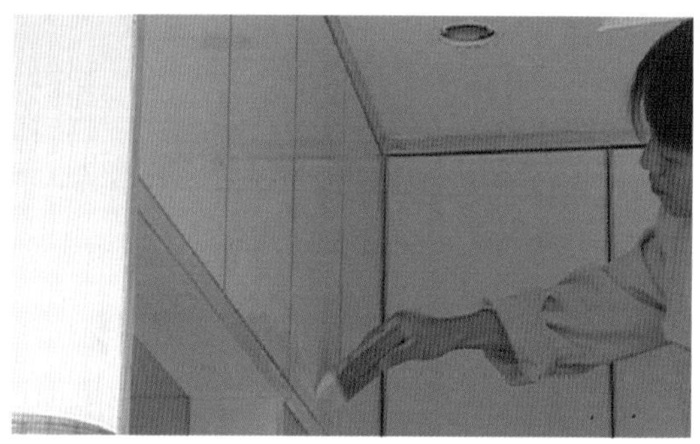

图 7-13　涂刷中漆

第 10 步：油漆第二次打磨，目的是清除被漆物件表面的毛刺和杂物，清除层面的粗糙颗粒和杂质，从而获得一定平整度，使深层的平滑涂层或底材表面得到所需要的粗糙度及增强深层的吸附力，如图 7-14 所示。

第 11 步：涂刷面漆，有手工涂刷和机动工具喷漆两种，其中手工涂刷如图 7-15 所示。

第 12 步：机动工具喷漆，应使用压缩空气机（见图 7-16）和喷枪（见图 7-17），一般喷嘴口大小为 3.5～4.5mm，如图 7-18 所示，喷距为 200～250mm。分为纵行喷涂、横行喷涂和纵横交替喷涂，如图 7-19 所示。

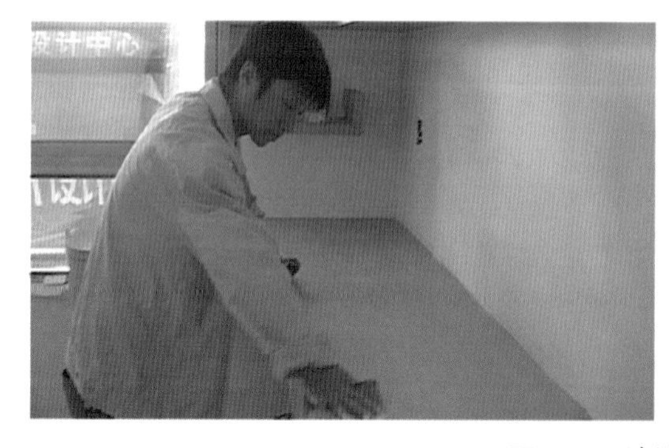

图 7-14　油漆第二次打磨

图 7-15　手工涂刷

图 7-16　压缩空气机

图 7-17　喷枪

图 7-18　喷嘴口大小

图 7-19　纵行喷涂和横行喷涂

7.2.2　油漆施工的验收要点

油漆施工也是一项面子工程，做得好的油漆摸上去会很舒适，很顺滑，有光线的时候看上去表面会反光。油漆施工也是一项细活，在验收的过程中也要细心检查，遇到不合格的要及时提出并要求尽快返工。

（1）用手触摸木器的表面，看是否光滑，应确保没有起泡，没有裂缝，而且油漆厚度要均衡、色泽一致。

（2）除了表面平整光洁外，清漆纹理清晰，表面无裹棱、流坠和皱皮现象，颜色基本一致，无刷痕。

（3）家具侧面、底面不得有漏刷及涂刷不到位的地方。如果底面看不到，可以借助镜子的反射来观察。

（4）家具造型越来越多变，木器拐角接缝也多了，接缝处不得有鼓起，水平、垂直偏差不得大于 0.5mm。

（5）漆膜表面不得有返白、发黄等现象，表面要饱和、干净，确保没有颗粒，刷漆时门锁要做好保护。

7.3　油漆施工的注意事项

涂料习惯被称为油漆，但实际上油漆只能算是涂料的一种，随着许多有机合成树脂涂饰产品的出现，再不能用"油漆"来简单概括，称为"涂料"才比较科学合理。涂料的品种非常多，在装饰工程应用较多的有乳胶漆、防水涂料、防火涂料、地面涂料和油漆（通常指的是木器油漆）。

油漆是采用不同的施工方法涂覆在物件表面，形成黏附牢固，具有一定强度的连续固态薄膜，只有经过施工到被涂物件表面形成涂膜后才能表现其作用。油漆的作用有两个，一是保护表面，二是修饰作用。以木制品来说，由于木制品表面属多孔结构，不耐脏污，同时木制品的表面多节眼，不够美观，在木制品上使用涂料中的油漆就能很好地解决这些问题。

7.3.1 油漆施工工序

物体经过漆前处理后，根据用途的不同，选用涂料品种和确定涂装方案，进行施工。工序为涂装底→涂刮腻子→涂中间层→打磨→涂面漆和清漆→抛光上蜡→维护保养。

1. 涂装底漆

目的是在被涂物件表面与随后的涂层之间创造良好的结合力，提高整个涂层的保护性能。底漆施工方法在装修装饰工种中通常采用刷涂、滚涂、喷涂等方法。

注意事项如下：

（1）底漆中颜料含量较多，使用过程中要注意充分搅匀。

（2）底漆的涂膜厚度应根据品种来确定，注意控制。涂漆应均匀、完整，不应有露底或流挂的现象。

2. 涂刮腻子

涂过底漆的制品表面，往往留有细孔、裂缝、针眼以及凹凸的地方，涂刮腻子，可将基层修饰均匀平整达到涂装要求，改善整个涂膜外观。涂刮腻子的施工方法一般采用嵌、批两种。

注意事项如下：

（1）嵌、批腻子要在涂刷底漆并干燥后进行，以免腻子中的漆料被基层过多的吸收，影响腻子的附着性，出现脱落现象。

（2）要尽量降低腻子的收缩率，一次填刮厚度不超过 0.5mm。

（3）稠度和硬度要适当。

（4）批刮动作要快，不宜过多地往返批刮，经免出现卷皮脱落或将腻子中的漆料挤出，表面不易干燥。

3. 涂中间层

中间层的作用是保护底漆和腻子层，增加底漆与面漆的层间结合力，消除底漆的缺陷和过分的粗糙度，增加涂层的丰满度，提高涂层的保护性和装饰性。

4. 打磨

打磨是清除被漆物件表面的毛刺及杂物，清除涂层表面的粗颗粒及杂质，从而获得一定的平整度，对平滑的涂层或底材表面，打磨得到所需要的粗糙度，以增强涂层间的附着力。打磨方法有手工打磨和机械打磨两种，每涂一层涂膜都应当打磨。

注意事项如下：

（1）打磨必须要在基层或涂膜干实后进行，以免磨料钻进基层或涂膜内。

（2）不易沾水的基层不能湿磨。

（3）涂膜坚硬不平或软硬相差较大时，必须选用磨料锋利的磨具打磨。

（4）打磨后，应清除表面的灰尘，以利于下道工序的进行。

5. 涂面漆

涂面漆可以使整个涂膜的平整度、光亮度、丰满度等装饰性能及保护性能满足要求。施工时要求涂得薄而均匀，应在第一道漆干透后，方可涂第二道面漆。有时为了增强涂层的光泽、丰满度，可在涂层最后一道面漆中加入一定数量的同类型清漆。

注意事项如下：

（1）涂面漆时，应特别精心操作。

（2）面漆应用细筛网或多层纱布仔细过滤。

（3）涂漆场所应干净无尘，必须经足够时间干透，方可投入使用。

6. 抛光上蜡

抛光上蜡是为了增强最后一道涂层的光泽和保护性，延长涂膜的使用寿命。施工时先将涂层表面用棉布、呢绒、海绵等浸润砂蜡，进行磨光，然后擦净，再用上光蜡进行抛光，使表面富有均匀的光泽。

7. 保养

采用表面涂装完毕后，必须注意涂膜的保养，绝对避免摩擦、撞击以及沾染灰尘、油腻、水迹等，应根据涂膜的性质和使用气候条件，在 3～15 天之后方可使用。

7.3.2　油漆施工方法

1. 被涂物件基层处理

基层处理指的是清除物件表面上对涂层质量或装饰面使用寿命有影响的氧化皮、锈蚀、油污、灰土、水分、酸、碱等杂物，减轻或根除被刷物体表面的缺陷，并涂上适宜的底漆，为涂刷油漆提供良好的基础。底漆的作用是增强附着力，提高平整度，达到装饰效果，延长使用寿命。

基层处理处理方法有：

（1）用手工工具清除基层上比较容易干净的灰尘、锈蚀、旧漆等。

（2）用动力设备或化学方法清除基层上不易处理的物质、油脂、酸、碱物等。

（3）通过化学侵蚀、喷砂及其他方法，对底层进行加工处理，使其变糙，提高涂膜的附着力。

（4）当原有底材不宜涂饰时，用化学方法改善底材的性能，使其适合涂饰。

2. 手工工具涂刷法

手工工具涂刷法主要包括刷涂、喷涂、滚涂、擦涂、刮涂、丝筛涂等刷法，施工中主要采用刷涂、喷涂两种方法。

（1）刷涂法。

1）刷具的选用。通常情况下，刷磋漆、调合漆选用硬毛刷；刷清漆选用猪鬃刷；刷硝基漆，丙烯酸等树脂类涂料用单毛刷或板刷；刷天然漆用马尾刷。

2）基本操作方法。普通油漆的刷涂分蘸油、摊油、理油三个步骤。

a. 蘸油。为了便于清洗刷具，蘸油前可以将刷毛放在稀料里浸湿，然后甩去刷毛上多余的稀料。刷毛入油深度不要超过其长度的一半，以免以后刷毛清洗困难。

b. 摊油。摊油就是将刷具上的涂料铺到涂刷面上。摊油时用力适中，由摊油段的上半部向下走刷耗用油刷背面的涂料，油刷走到头后再由下向上走刷耗掉油刷正面的涂料。

c. 理油。摊油后，一刷一刷地用油刷顶部轻轻地涂料，上下理顺；理油走刷要平稳，用力要均匀，为了避免接痕，刷涂的各片段在相互连接时，最好能经常移动一下位置。

3）刷涂注意事项及特殊技术：

a. 涂层的厚度。涂层不可过厚，对木材等多孔隙的新基层应刷厚一些，以便吸收打磨。每次刷漆面积不宜过大，每次收刷时，留好茬口以免刷痕。

b. 卡边的方法。卡边是指在有大油刷、滚筒大面积涂刷时，如果涂饰制品周围有墙角，为涂刷方便避免沾染不应涂刷的地方，应先用小油刷将不易刷的部位涂刷一下。

c. 分色线的刷法。将刷毛搭在离交接 25mm 位置时，拇指按住刷把一侧，另外三指按住油刷的另一边，流畅平整地向交接处移动。

d. 接缝部位的涂刷。第一刷与接缝成垂直方向，第二刷与接缝平行涂刷，最后一刷要按整个涂刷的刷涂方向，轻轻平稳地理几刷。

（2）擦涂法。擦涂是一种特殊的手工涂刷方法。这种方法适合利用于各种软材料或漆擦将涂料擦涂在制品表面。

1）软性材料擦涂主要有填孔材料、硝基漆、虫胶漆、擦蜡等。

2）漆擦擦涂是用泡沫材料上包有羊毛或马毛的擦子进行涂饰。

3）滚涂法是由羊毛或化纤等吸附性材料制成筒状工具，蘸上涂料，然后轻微用力滚压在被涂制品的表面。

（3）刮涂法。刮涂法是使用金属或非金属刮刀，用手工涂刷。

刮涂腻子的方法有往返刮涂、一边倒刮涂、圆形物体的刮涂法、全面刮腻子、局部补。

刮涂清漆选用砂纸将木饰面底层打磨一次，抹净粉尘，然后厚刷一层清漆，再选用头宽口窄的钢刮刀，按纵行满刮腻子的方法进行刮涂。

刮大漆或桐油一般先用刮涂法后刷涂法，其操作正好与清漆相反。它是采用木刮板蘸大漆或桐油 15～20mm 深，并不断旋转刮板，然后将漆厚刮在物面顺向一边，再将厚层物面横向一板挨一板地刮一遍，刮完后立即用短毛鬃刷按大漆刷涂方法将刮面刷匀、理平。

（4）丝筛涂法。丝筛法的涂装可在白铁皮、胶合板、硬纸板上涂饰成多种颜色的套板图案。涂刷时将已列好的丝筛平放，在涂刮的表面，用硬橡胶刮刀将涂料刮在丝筛表面，使涂料渗透到下面，形成图案或文字。

3. 机动工具喷涂法

机动工具喷涂法是用压缩空气及喷枪使涂料雾化后刷涂的施工方法，通称为喷涂法。

空气喷涂法基本操作规程如下：

（1）漆前准备。将漆液搅拌均匀，加入稀释剂，充分调匀后，用 120～140 铜丝过滤。

（2）调整喷嘴大小，一般腻子喷嘴口 3.5～4.5mm，清漆、磁漆 2～3m，文字图案 0.2～0.3mm。喷距一般为 200～250mm。

（3）喷涂压力一般为 0.34MPa，腻子、清漆、磁漆 0.24～0.29MPa。

（4）操作方法。为了得到平整、光滑和美观，施工人员按纵行喷涂、横行喷涂、纵横交替喷涂法操作方法进行。

7.4 油漆施工常见问题及解决方法

油漆施工也是一项面子工程，处理不好同样会影响到工程质量以及整体的美观性，施工过程中要特别注意施工环境的清洁，不得有扬尘，且施工过程中要细心仔细，尽量做到精细。

7.4.1 清水和混水施工的区别

清水和混水是油漆施工的通俗说法，又称为清油和混油。其区别就是清水（清油）刷的是透明漆，混水（混油）刷的是不透明的颜色漆。因为清水刷的是透明漆，因而就要求被刷清水的材料本身必须具有非常漂亮的纹理，比如饰面板就基本上都是搭配清水工艺。而一些材料本身没有什么漂亮的纹理，所以必须用一种不透明的颜色漆去遮盖，比如密度板、刨花板、胶合板等就可以和混水施工搭配在一起。

7.4.2 漆膜表面出现凹陷透底的针尖细孔现象

有时候刚刷完涂料不久，在漆膜表面就会出现的一种凹陷透底的针尖细孔现象。导致这种现象主要原因有以下几点：

（1）板材表面处理不好，多木毛、木刺，填充困难。

（2）底层未完全干透，就施工第二遍。
（3）配好的油漆没有静置一段时间，油漆黏度高，气泡没有消除。
（4）一次性施工过厚。
（5）固化剂、稀释剂配套错误。
（6）固化剂加入量过多。
（7）环境温度湿度高。
（8）木材含水率高。
其解决方法有：
（1）板材白坯要打磨平整，然后用底漆封闭。
（2）多次施工时，重涂时间要间隔充分，待下层充分干燥后再施工第二遍。
（3）配好的油漆要静置一段时间，让气泡完全消除后再施工。
（4）油漆的黏度要适合，不要太稠。
（5）一次性施工不要太厚，做到"薄刷多遍"。
（6）使用指定的固化剂和稀释剂，按指定的配比施工。
（7）不要在温度和湿度高的时候施工。
（8）施工前木材要干燥至一定含水率，一般为10%~12%。

7.4.3　钉眼太大，油漆补灰色差太大

木工做家具时有时打钉的钉眼太大，增加了补灰的难度，同时有的油漆工补灰的色差太大，一眼就能看出是补过灰的，直接影响到美观性。解决方法是木工各种钉的用法用量必须掌握好，钉直钉时必须顺着木纹方向去钉，这样钉眼会小很多，油漆工调灰时要反复调，调到颜色一样为止。一般一个套间应多调几种灰，不同地方的颜色应用不同颜色的灰。

7.4.4　涂刷清漆后，木纹不清晰

木工涂刷完清漆后有时会发现木纹色泽深浅不一，模糊。其原因有：
（1）油漆存放时间太长，颜料沉淀，上浅下深操作时没有搅拌均匀。
（2）没有使用同种木材，产生有着色深浅不同。
（3）涂刷操作不规范。
解决方法有：
（1）油漆使用前充分搅拌，均匀一致。
（2）不同种木材采用不同处理方式和涂刷方法，达到色调统一的效果。
（3）涂刷操作要规范。

7.4.5　下雨后涂料会起鼓

下雨后外墙涂料有时会起鼓。涂料起鼓原因是：基层材料的耐水性差、腻子层受油污和灰尘污染所导致。

其解决方法是：要避免涂膜起鼓，首先涂料施工前一定要把基材处理彻底，清理干净，确保基材干燥、无油污、无灰尘。同时也要注意施工的配套性，比如弹性涂料上就不能涂刷非弹性涂料。

7.4.6　涂料浮色发花

浮色发花是涂料尤其是深色涂料的常见现象。涂料浮色发花主要发生在漆膜干燥的初期阶段。首先颜填料粒子的粒径对涂料浮色发花有一定的影响。涂料在干燥过程中，挥发分夹带一部分颜填料至漆膜的表面，粒径较细

的粒子易于上浮，导致颜料、填料的分布不均而造成浮色。其次，白色的基础漆与外购的色浆混容性差，也会导致漆膜浮色发花现象的发生。

7.4.7 涂料不干或慢干

涂料刷完后，涂膜经过一段时间后仍不干，不硬化，这种情况在油漆施工中也时常有发生。其原因有:

（1）被涂面上含有水分。

（2）固化剂加入的分量太少或忘记加固化剂。

（3）所使用的稀释剂含水、含醇高。

（4）温度过低，湿度太高，很难到达干燥的条件。

（5）涂膜过厚，层间涂刷间隔时间短。

其解决方法:

（1）调漆时按一定的比例加入固化剂。

（2）两次或多次施工，延长层与层之间施工时间，涂面若无法干燥，则应将涂层铲去或用布蘸丙酮清洗掉。